DEUTSCHE AKADEMIE DER WISSENSCHAFTEN ZU BERLIN
FORSCHUNGSSTELLE FÜR LIMNOLOGIE

LIMNOLOGICA

HERAUSGEGEBEN VON THEODOR SCHRÄDER
UNTER MITWIRKUNG VON ALFRED RIETH

BAND 2 · HEFT 1

AKADEMIE-VERLAG · BERLIN
1964

INHALTSVERZEICHNIS

Band 2 · Heft 1
(Ausgegeben im Januar 1964)

Band 2, Heft 2 wird folgende Arbeiten enthalten:

KRAUSCH, HEINZ-DIETER: Die Pflanzengesellschaften des Stechlinsee-Gebietes I. Die Gesellschaften des offenen Wassers

MOTHES, GEORG: Die makroskopische Bodenfauna des Stechlinsees. Ein Überblick über ihre quantitative Verteilung

MOTHES, GEORG: Die Hydracarinen des Stechlinsees

KRYSTYNA STANGENBERG-OPOROWSKA: Übersicht über die polnische limnologische Literatur 1953—1962. 1. Teil

Bericht über die internationale pflanzensoziologische Exkursion durch Nordost-Polen vom 4.—10. Juni 1963 (W. R. MÜLLER-STOLL & H.-D. KRAUSCH)

Buchbesprechungen

Die LIMNOLOGICA erscheinen in zwangloser Folge als Schriftenreihe der Forschungsstelle für Limnologie der Forschungsgemeinschaft der naturwissenschaftlichen, technischen und medizinischen Institute der Deutschen Akademie der Wissenschaften zu Berlin. Vorgesehen sind jährlich 3 bis 4 Hefte wechselnden Umfangs. Je etwa 30 Druckbogen (480 Seiten) werden einen Band bilden.
Die LIMNOLOGICA veröffentlichen Originalarbeiten aus allen Gebieten der wissenschaftlichen Erforschung der Binnengewässer aller Art und der benachbarten Lebensräume, mit Vorrang die Forschungsergebnisse der Mitarbeiter der Forschungsstelle für Limnologie und der in den Einrichtungen der Forschungsstelle als Gäste arbeitenden Wissenschaftler. Neben diesen Originalarbeiten sind Sammelberichte, Tagungsberichte und Literaturbesprechungen vorgesehen.

Anschrift des Herausgebers:
Dozent Dr. habil. THEODOR SCHRÄDER, Direktor der Forschungsstelle für Limnologie der Deutschen Akademie der Wissenschaften zu Berlin, Jena-Lobeda, Alte Landstraße 3

Erschienen im Akademie-Verlag GmbH, Berlin W 8, Leipziger Straße 3—4

Lizenznummer: 202 · 100/434/64
Kartengenehmigung: Nr. 752/63
Gesamtherstellung: VEB Druckerei „Thomas Müntzer" Bad Langensalza
Bestellnummer: 2111/2/1 · ES 18 E 4/18 G 1, 2, 3 · Preis: DM 24,50

Limnologica (Berlin)	2	1	1964	1–8

Aus der Forschungsstelle für Limnologie
der Deutschen Akademie der Wissenschaften zu Berlin, Jena-Lobeda

Direktor: Dozent Dr. habil. TH. SCHRÄDER

THEODOR SCHRÄDER

Tätigkeitsbericht 1962 der Forschungsstelle für Limnologie

1. Allgemeines

In seinem Aufsatz „Die Forschungsstelle für Limnologie der Deutschen Akademie der Wissenschaften zu Berlin", mit dem das im Juli 1962 herausgegebene erste Heft der Schriftenreihe „Limnologica" eingeleitet wurde [53], gab der Verfasser eine Darstellung der Vorgeschichte und des Status der zum 1. Februar 1959 begründeten Einrichtung der Forschungsgemeinschaft der Akademie sowie ihrer Entwicklung und Tätigkeit in den ersten drei Jahren ihres Bestehens. Der vorliegende Bericht für das Jahr 1962 schließt an diesen Aufsatz an.

Der Stab der wissenschaftlichen Mitarbeiter (vgl. [53], S. 5) veränderte sich im Berichtsjahr durch das Ausscheiden von Frau Dr. BRIGITTE KOCH-ALTHAUS (Arbeitsgruppe Zoologie) und den Neueintritt von Herrn Dipl.-Min. GOTTFRIED PROFT (Arbeitsgruppe Physiographie).

Die Arbeitsmöglichkeiten an der Außenstelle Stechlinsee konnten im Spätsommer 1962 durch die Übernahme weiterer Räume in der ehemaligen Gaststätte wesentlich verbessert werden. Zu den bisherigen 4 Laboratorien konnten zwei neue eingerichtet werden, darunter ein Speziallabor für die Arbeitsgruppe Bakteriologie. Die Unterkunftsmöglichkeiten erweiterten sich auf 9 Räume, von denen 6 heizbar und daher auch im Winterhalbjahr benutzbar sind, mit insgesamt 14 Betten.

Die Ausrüstung der Forschungsstelle vermehrte sich 1962 um 22 optische Geräte, darunter 9 Mikroskope, 18 mechanische und 4 elektrische Geräte sowie einige weitere Laborgeräte und Möbel. Ferner wurden für die Außenstelle ein drittes Ruderboot und zwei weitere Außenbordmotore beschafft.

2. Forschungstätigkeit

Auch im Jahre 1962 lag der Schwerpunkt der Forschungstätigkeit auf der floristisch- und faunistisch-ökologischen Bestandsaufnahme der Organismen im Gebiete des Stechlinsees im nördlichen Brandenburg vor der zu erwartenden thermischen Veränderung nach Inbetriebnahme des Atomkraftwerks. Mit dem Fortschreiten der Arbeiten verstärkte sich der Eindruck, daß dieser rund 70 m tiefe, ausgesprochen oligotrophe See mit seinen zahlreichen benachbarten Gewässern unterschiedlichen Trophiegrades zu den lohnendsten Objekten der limnologischen Grundlagenforschung in Deutschland gehört.

Da auch die größten Binnengewässer keine völlig autarken Lebensräume sind, sondern in Wechselbeziehung mit der umgebenden Landschaft stehen, macht die Forschungsarbeit der Forschungsstelle für Limnologie bewußt nicht an der Uferlinie der Gewässer halt, sondern bezieht vor allem im Raume des Stechlinsees in vielen Fällen auch die zur Atmosphäre gehörenden terrestrischen Lebensräume in ihre Arbeiten ein. Diese „gesamtökologische" Arbeitsrichtung führte vor allem bei der Bearbeitung der Tiergruppe der Testaceen sowohl in den Seen wie auch in den Mooren und im Erdboden zu besonderen Erfolgen.

Arbeitsgruppe Physiographie

Im Berichtsjahr wurde mit hydrogeographischen Untersuchungen im Zechsteingebiet der Orla-Senke (Bezirk Gera, Thüringen) begonnen (L. KREY). Ziel dieser Arbeiten ist die Erforschung des Oberflächen- und Grundwassers und der Wechselbeziehungen, die aus der Möglichkeit der Verkarstung der Zechsteinkalke resultieren, gleichzeitig als physiographische Grundlage für später geplante Untersuchungen der Fauna des Grundwassers. Die hydrologischen Faktoren des dicht besiedelten und, mit Ausnahme seiner südlichen Flanke im Kulm des Schiefergebirges und seiner nördlichen Flanke im angrenzenden Buntsandstein, fast waldfreien Gebietes erwiesen sich als stark anthropogen beeinflußt. Anzeichen einer Verkarstung sind die zahlreichen im Gebiet vorhandenen Erdfälle verschiedener Altersstufen; ihrer Entstehung nach Erdeinbrüche infolge unterirdischer Gipsauslaugungen im Zechstein, mit Ausmaßen von maximal 50 m Durchmesser und 20 m Tiefe.

Nach dem Dienstantritt des neuen Mitarbeiters der Forschungsstelle zum 1. Oktober 1962 begannen erste orientierende Untersuchungen zur Limnochemie des Wassers und der Sedimente in norddeutschen Seen unterschiedlichen Trophiegrades, mit Schwerpunkt im Stechlinsee-Gebiet (G. PROFT).

Arbeitsgruppe Bakteriologie

Zu Beginn der mikrobiologischen Untersuchungen im Stechlinsee-Gebiet war die Methodik der Zucht von Stämmen nährstoffarmer Gewässer noch weitgehend problematisch, da sich die Wasserbakteriologie bisher, von Gesichtspunkten der Wasser- und Abwasserhygiene geleitet, vorwiegend mit den auf den üblichen Nährböden leicht wachsenden saproben Formen beschäftigt hat. Die Erforschung der Vertikalverteilung und des Jahresgangs der Keimzahl sowie die taxonomische Analyse von etwa 100 Bakterienstämmen aus dem Pelagial des Stechlinsees wurde im Berichtsjahr abgeschlossen [H.-D. BABENZIEN: Hydrobakteriologische Untersuchungen im Stechlinsee. Erscheint in: Limnologica 2 (1), 1964]. Diese Arbeiten werden in den kommenden Jahren mit der Untersuchung der Bakterienflora der Sedimente der Seen des Stechlingebietes fortgesetzt und sollen, verbunden mit den limnochemischen Untersuchungen in norddeutschen Seen, zur Aufklärung der Mineralisationsprozesse bestimmter organischer Stoffe beitragen.

In engster Zusammenarbeit mit dem Institut für Mikrobiologie der Universität Greifswald, dessen Direktor Prof. Dr. W. SCHWARTZ der Arbeitsgruppe Bakteriologie der Forschungsstelle auch weiterhin ein Gastlabor zur Verfügung stellte, wurde die

Untersuchung der mikrobiologischen Besiedlung des Oberflächenhäutchens verschiedener Kleingewässer in der Umgebung von Greifswald weitergeführt (H.-D. BABENZIEN).

Aus der Arbeitsgruppe erschienen im Berichtsjahr die unter [20] und [21] aufgeführten Veröffentlichungen.

Arbeitsgruppe Botanik

In den Laboratorien des gastweise im Institut für Kulturpflanzenforschung der Deutschen Akademie der Wissenschaften zu Berlin (Direktor: Akademiemitglied Prof. Dr. Dr. h. c. H. STUBBE) in Gatersleben untergebrachten Arbeitsbereichs Algologie liefen die Arbeiten zur experimentellen Ökologie und Taxonomie von Phycomyceten, Algen und Moosen mit Untersuchungen zur Feststellung der Variabilität einzelner Arten weiter. Insbesondere wurden ein Phycomycet, zwei Lebermoosarten, eine Rhodophycee und mehrere Vertreter der Heterosiphonales an einem reicheren Kulturmaterial beobachtet (A. RIETH). Als Arbeitsergebnisse erschienen im Berichtsjahr die unter [40] bis [46] aufgeführten Veröffentlichungen.

Die Untersuchung des Phytoplanktons in den Seen des Stechlingebietes wurde intensiv fortgesetzt. Besondere Beachtung wurde dabei der quantitativen Horizontal- und Vertikalverteilung der Organismen im Pelagial geschenkt. Eine Anzahl benachbarter Seen wurde orientierend in die Untersuchungen einbezogen (G. BUSSE). Die Arbeiten werden fortgesetzt.

In Erweiterung der bisherigen Bearbeitung von Gruppen der Protophyten wurde im Berichtsjahr auch mit einer floristischen Bestandsaufnahme der Hyphomyceten (Fungi imperfecti) im Stechlinsee-Gebiet begonnen (S. J. CASPER). In Weiterführung von Untersuchungen zur monographischen Bearbeitung der Gattung *Pinguicula*, die im Institut für Spezielle Botanik der Universität Jena begonnen wurden, konnten drei neue Arten beschrieben und eine kritische Wertung der Stellung der Lentibulariaceen im System der Angiospermen gegeben werden; diese Arbeiten werden mit Untersuchungen zur Systematik und Ökologie der hygrophilen und hygrophytischen Lentibulariaceen im norddeutschen Seengebiet fortgeführt. Im Berichtsjahr erschienen die unter [22] und [23] aufgeführten Veröffentlichungen.

Der Arbeitsbereich Vegetationskunde schloß im Berichtsjahr die Aufnahme der Wasserpflanzen- und Röhrichtgesellschaften des Stechlinsee-Gebietes ab, die 1964 in zwei Teilen in den „Limnologica" erscheinen wird (H.-D. KRAUSCH: Die Pflanzengesellschaften des Stechlinsee-Gebietes. I. Gesellschaften des offenen Wassers. II. Die Röhrichtgesellschaften.). Die Vegetationskarte der Helophyten und Submersen ist gleichzeitig die Grundlage für die ökologische Einordnung der verschiedenen Tiergesellschaften des bis in rund 20 m Tiefe reichenden Stechlinsee-Litorals. In Fortführung der Aufnahme der Vegetationseinheiten des Gebietes werden in den folgenden Jahren die Pflanzengesellschaften der Moore, des Grünlandes und der Wälder bearbeitet werden. Während des Berichtsjahres erschienen die unter [32] bis [39] aufgeführten Veröffentlichungen.

Arbeitsgruppe Zoologie

Der Schwerpunkt der Forschungstätigkeit lag weiterhin bei der faunistisch-ökologischen Bearbeitung ausgewählter Tiergruppen in den Gewässern des Stechlinsee-Systems.

Testaceen (W. SCHÖNBORN): Im Berichtsjahr erschienen drei Arbeiten zur Taxonomie und Ökologie der Testaceen in den Klarwasserseen des Stechlinsee-Gebietes sowie eine Arbeit zur Ökologie der sphagnikolen, bryokolen und terrikolen Testaceen ([47] bis [50]). Die Ausdehnung der Bearbeitung dieser Tiergruppe auch auf die Moore und die terrestrischen Biotope führte zu besonders aufschlußreichen Ergebnissen. Die Erforschung der vertikalen Verteilung der Testaceen im Moor ergab, daß 3 Horizonte und 6 Assoziationstypen zu unterscheiden sind, wenn ein horizontales Feuchtigkeitsgefälle vorliegt; die Ursachen dieser Verteilung liegen in der unterschiedlichen Ernährungsweise und den unterschiedlichen Feuchtigkeitsansprüchen der einzelnen Arten. Der oberste Horizont, der von den grünen Teilen der Sphagnen gebildet wird, ist in den trockneren Stufen V bis VIII des Feuchtigkeitsgefälles von Testaceen unbesiedelt [W. SCHÖNBORN: Die Stratigraphie lebender Testaceen im Sphagnetum der Hochmoore. Erschienen in: Limnologica 1 (4), 1963]. Weitere Untersuchungen wurden im Berichtsjahre im Naturschutzgebiet Serrahn (Mecklenburg) durchgeführt. Hier lag die Hauptaufgabe in einer modernen systematischen Bearbeitung der Boden-Testaceen, die bisher für Deutschland fehlt. Es ergab sich, daß ein ganzer Teil der von französischen und belgischen Autoren neu beschriebenen Arten mit xerischen Merkmalen auch in Deutschland verbreitet ist, hier aber bisher infolge der Schwierigkeiten der Bestimmung übersehen wurde.

Rotatorien (B. KOCH-ALTHAUS): Die bisherige Bearbeiterin dieser Tiergruppe konnte vor ihrem aus zwingenden familiären Gründen und wegen Fortzugs von Jena notwendig gewordenen Ausscheiden aus ihrer Planstelle die Bearbeitung der Rotatorien des Stechlinsees abschließen, soweit es sich um die Lebensräume des Pelagials und des Litorals — ohne Psammal — handelt. Nach der Vorwegnahme einiger taxonomischer Teilergebnisse in kleineren Veröffentlichungen wurden die Gesamtergebnisse der Untersuchungen im Stechlinsee in einer umfangreichen Arbeit niedergelegt [B. KOCH-ALTHAUS: Systematische und ökologische Studien an Rotatorien des Stechlinsees. Erschienen in: Limnologica 1 (5), 1963]. Im Stechlinsee wurden 159 Arten und Formen festgestellt, darunter 7 neue Spezies, 3 vermutlich neue Spezies, 3 neue Subspezies und 2 noch problematisch gebliebene Formen, die vielleicht neue Spezies darstellen. Von den bereits bekannten Arten ist der Stechlinsee für 4 Arten der erste mitteleuropäische, für eine der erste deutsche Fundort. Im Berichtsjahr erschienen die im Verzeichnis unter [30] und [31] aufgeführten Veröffentlichungen.

Cladoceren (D. FLÖSSNER): Die Untersuchungen zur Ökologie der litoralen Cladoceren, die zunächst im Stechlin-, Gerlin- und Nehmitzsee durchgeführt worden waren, wurden im Berichtsjahr auf einige weitere Seen des Gebietes mit höherem Trophiegehalt ausgedehnt und abgeschlossen. [D. FLÖSSNER: Zur Cladocerenfauna des Stechlinsee-Gebietes. II. Ökologische Untersuchungen über die litoralen Arten. Erscheint in: Limnologica 2 (1), 1964]. Von etwa 78 für die deutsche Fauna überhaupt bekannten Arten wurden 63 im Stechlinsee nachgewiesen. Mit zönotischen Methoden wurde ihre ökologische Verteilung analysiert, für die die spezifische Ernährungsweise und die unterschiedliche Substratbindung der einzelnen Arten maßgebend sind. Die faunistische Bearbeitung erbrachte zwei bemerkenswerte Nachweise, darunter den Erstfund von *Scapholeberis microcephala* G. O. SARS für Deutschland. Die taxonomischen Untersuchungen am eingesammelten Tiermaterial befaßten sich mit der Variabilität der Gattung *Chydorus*, mit der Morphologie und Genese sekundärer Geschlechtsmerkmale bei Chydoriden sowie mit der Nachprüfung des kritischen *Chydorus thienemanni* MEUCHE, der sich als artidentisch mit *Chydorus piger* G. O. SARS erwies. Zwei Veröffentlichungen aus diesem Themenkreis erschienen im Berichtsjahr ([28], [29]).

Tierwelt des Benthals (G. MOTHES): Eine Erfassung der quantitativen Verteilung des Benthos im Stechlinsee steht kurz vor dem Abschluß. In dem von 0 bis rund 20 m reichenden Litoral des Sees finden sich, bedingt durch die mit zunehmender Tiefe sich ablösenden Gürtel der submersen Pflanzengesellschaften, auch unterschiedliche Besiedlungsdichten der Bodentiere. Im obersten Litoral (0—1 m Tiefe) ist die Abundanz des Benthos hoch; in der anschließenden *Chara*-Zone werden die höchsten Abundanzwerte erreicht (22000 Individuen je m², bei Mitzählung auch der kleinen Chironomiden-Larven). In der *Nitellopsis*-Zone nimmt im oligotrophen Hauptsee (mit Ausnahme der flachen Buchten) die Besiedlungsdichte ab, steigt aber in der *Nitella-Vaucheria*-Gesellschaft wieder an, wenn die Schafklaumuschel *Dreissena* nicht mitgezählt wird. In dem von rund 20 bis 67 m Tiefe reichenden Profundal lassen sich drei Zonen unterscheiden: Profundal I (20—35 m) mit relativ hoher, Profundal II (35—60 m) mit niedriger und Profundal III (60—67 m) mit hoher Besiedlung.

Die Erforschung des Artenbestandes innerhalb des Benthos muß hinsichtlich der Chironomiden infolge der umfangreichen und langwierigen Zuchten, die diese artenreiche und taxonomisch schwierige Tiergruppe zu einer einwandfreien Bestimmung erfordert, noch einige Jahre weitergeführt werden. Dagegen konnte im Berichtsjahr die Erfassung des Artenbestandes der Hydracarinen soweit gefördert werden, daß mit einer abschließenden Bearbeitung im Jahre 1963 gerechnet werden kann.

Terrestrische Ökologie: In den terrestrischen Randgürteln der Gewässer des Stechlingebietes wurden, in Fortsetzung früherer Arbeiten über die Schichtung im Hypolithion und die Struktur sowie den zoozönotischen Konnex in Baumstümpfen, weitere Konzentrationsstellen untersucht. Auch für diese Biochorien ergab sich ein zwar prinzipiell ähnlicher Aufbau der Choriozönosen, jedoch mit bestimmten, für das betreffende Biochorion charakteristischen Modifikationen. So fehlt bei den Exkrementen die räumliche Trennung der spezifischen zoophagen Arten (A-Merochoriozönose) von den koprophagen Arten (C-Merochoriozönose); bei Hutpilzen fehlt eine spezifische C-Merochoriozönose auf Kosten der struktur-unspezifischen Arten (des Anulums) und beim Kadaver fehlt das Anulum. Die Untersuchungsergebnisse sind in zwei Abhandlungen niedergelegt, die 1963 im Druck erscheinen (W. SCHÖNBORN: Vergleichende zoozönotische Untersuchungen an Exkrementen, Kadavern, Hutpilzen und Vogelnestern; W. SCHÖNBORN: Die Biochorien, ihre Abgrenzung und Einteilung).

In den Wäldern des Stechlinsee-Gebietes wurden auch ornithologische Beobachtungen und Untersuchungen durchgeführt. Neben einigen kleineren Mitteilungen, die im Berichtsjahr im Druck erschienen ([24], [25], [27]), wurde ein umfangreiches Manuskript (D. FLÖSSNER: Die Vogelgemeinschaft eines Traubeneichen-Buchenwaldes im Norden der Mark Brandenburg) als Ergebnis ökologischer Untersuchungen auf phytozönologischer Grundlage abgeschlossen und zum Druck eingereicht.

Arbeitsgruppe Dokumentation

Im Berichtsjahre erschienen die ersten drei Hefte der vom Leiter der Forschungsstelle unter Mitwirkung seines Stellvertreters Prof. Dr. A. RIETH im Akademie-Verlag

Berlin herausgegebenen Schriftenreihe „Limnologica", die in erster Linie der Veröffentlichung der Forschungsergebnisse der Mitarbeiter der Forschungsstelle dient, daneben vor allem aber auch Dokumentationen der Fachliteratur des befreundeten Auslandes bringt. Im Berichtsjahr erschien in Band 1, Heft 2 als erste Dokumentation die Jahresübersicht über die tschechoslowakische hydrobiologische Literatur 1960 (V. SLÁDEČEK, Prag). Als nächste folgen die Jahresübersicht über die tschechoslowakische Literatur 1961 (V. SLÁDEČEK, Prag; Band 1, Heft 4) und eine Dokumentation der lettländischen limnologischen Literatur 1949—1962 (Z. SPURIS, Riga; Band 2, Heft 1).

Ein Austausch der Hefte der Schriftenreihe mit befreundeten Institutionen in der ganzen Welt ist angelaufen und ließ die Anzahl der bis dahin rund 100 für die Bibliothek der Forschungsstelle eingehenden Periodica bereits wesentlich ansteigen.

3. Lehrtätigkeit, Kolloquien, Vorträge, Gäste

Der Leiter der Forschungsstelle hielt im Berichtsjahr als Dozent für Zoologie an der Math.-Nat.-Fakultät der Friedrich-Schiller-Universität Jena folgende Vorlesungen:

Rest des Herbstsemesters 1961/62:

Spezielle Zoologie der Chordaten (3 Wochenstunden),
Die Binnengewässer als Lebensräume I (2 Wochenstunden).

Frühjahrsemester 1962:

Tierökologie (2 Wochenstunden),
Die Binnengewässer als Lebensräume II (2 Wochenstunden).

Herbstsemester 1962/63:

Nord- und Ostsee als Lebensräume (2 Wochenstunden).

Die hydrobiologischen Spezialvorlesungen wurden von 21 bzw. 30 Hörern besucht.

Zwei Studierende der Biologie der Universität Halle-Wittenberg absolvierten vom 5. Februar — 3. März, zwei Studierende der Universität Jena vom 18. Juli — 1. August ein Berufspraktikum an der Außenstelle Stechlinsee. Eine Exkursion des Zoologischen Instituts der Universität Leipzig mit 10 Teilnehmern weilte am 26. und 27. Juli 1962 an der Außenstelle.

In Erwiderung von Studienreisen des Leiters der Forschungsstelle in den vergangenen Jahren erfolgten im Berichtsjahr Gegenbesuche der Nationalrepräsentanten in der Internationalen Vereinigung für Limnologie für die UdSSR, Prof. Dr. W. I. ŽADIN, Leningrad (4.—17. Mai 1962) und für die ČSSR, Doz. Dr. V. SLÁDEČEK, Prag (14. bis 18. September 1962) in der Zentrale der Forschungsstelle in Jena, ihren auswärtigen Arbeitsgruppen und in der Außenstelle Stechlinsee. Zu kürzeren Besuchen erschienen im Berichtsjahr Fachkollegen aus Ungarn, Österreich und der Bundesrepublik.

Zur Durchführung spezieller Forschungsarbeiten im Stechlingebiet besuchten auch im Berichtsjahre Mitarbeiter des Instituts für angewandte Isotopenforschung Berlin-Buch der Deutschen Akademie der Wissenschaften und des Geologischen Instituts der Bergakademie Freiberg zu häufigen bzw. längeren Gastaufenthalten die Außenstelle Stechlinsee.

Infolge der noch fortbestehenden räumlichen Trennung der teils in Jena-Lobeda und an der Außenstelle Stechlinsee, teils gastweise in Gatersleben, Greifswald und Potsdam untergebrachten Arbeitsgruppen konnten im Berichtsjahr regelmäßige Kolloquien aller Mitarbeiter der Forschungsstelle nicht durchgeführt werden.

Im Berichtsjahr wurden folgende Vorträge gehalten:

BABENZIEN, HANS-DIETRICH: Hydrobakteriologische Untersuchungen im Stechlinsee. Kolloquium des Instituts für Mikrobiologie der Universität Greifswald (27. November 1962).

KRAUSCH, HEINZ-DIETER: Zur Frage der Charakterartenlehre. Arbeitskreis Vegetationskunde der Biologischen Gesellschaft in der DDR, Berlin (15. Februar 1962).

— Grundzüge der Entwicklung der Kulturlandschaft Brandenburgs. Geographische Gesellschaft in der DDR, Sektion Potsdam (10. April 1962).

Dr. HERMANN KUSEL, Pflanzenphysiologisches Institut der Universität Wien: Das Permeabilitätsproblem am Beispiel der Gattung *Beggiatoa*. Arbeitsgruppe Botanik, Gatersleben (9. August 1962).

Professor Dr. W. I. ŽADIN, Zoologisches Institut der Akademie der Wissenschaften der UdSSR, Leningrad: Limnologische Forschung in der UdSSR. Außenstelle Stechlinsee (15. Mai 1962).

Dozent RNDr. VLADIMÍR SLÁDEČEK, C. Sc., Institut für Wassertechnologie der Hochschule für Chemische Technologie, Prag: Hydrobiologische Forschungen in der ČSSR. Außenstelle Stechlinsee (17. September 1962).

SCHRÄDER, THEODOR: Natur und Gewässer Schwedens. Geographische Gesellschaft in der DDR, Sektionen Jena (5. Februar 1962) und Karl-Marx-Stadt (5. Mai 1962).

— Aktuelle Probleme der wissenschaftlichen Erforschung der Binnengewässer. Kolloquium des Zoologischen Instituts der Universität Greifswald (29. März 1962).

— Limnologie der Gewässer Österreichs. Geographische Gesellschaft in der DDR, Sektionen Rostock (25. April 1962) und Güstrow (26. April 1962).

— Wesen, Aufgaben und Bedeutung der Limnologie. Kolloquium des Zoologischen Instituts der Universität Halle-Wittenberg (20. Juni 1962).

— Fische als Indikatoren der Wasserbeschaffenheit. Einführungskurs der Abteilung Trink-, Brauch- und Abwasserbiologie des Zoologischen Instituts der Universität Leipzig (11. September 1962).

Dr. G. H. SCHWABE, Hydrobiologische Anstalt der Max-Planck-Gesellschaft, Plön (Holstein): Oscillatorien als Besiedler extremer Biotope. Gemeinsames Kolloquium mit der Fachrichtung Biologie der Universität Jena (29. November 1962).

4. Veröffentlichungen 1962

Im Jahre 1962 erschienen aus der Forschungsstelle für Limnologie die folgenden 34 Veröffentlichungen und 6 Kurzreferate im Druck (Veröffentlichungen [1] bis [19] der Jahre 1959—1961 vgl. SCHRÄDER [53], S. 14):

[20] BABENZIEN, HANS-DIETRICH: Probleme und Aufgaben der Hydrobakteriologie. Limnologica (Berlin) **1** (1), 45—49.

[21] BABENZIEN, H.-D., A. SCHWARTZ & W. SCHWARTZ: Über Chlorschwund im Trinkwasser. II. Einfluß von Bakterien und organischen Verbindungen auf den Chlorschwund. Zbl. Bakteriol. I (Orig.) **185**, 398—415.

[22] CASPER, S. JOST: Revision der Gattung *Pinguicula* in Eurasien. Feddes Repert. **66** (1/2), 1—148.

[23] CASPER, S. JOST: On *Pinguicula macroceras* LINK in North America. Rhodora **64** (No. 759), 212—221.

[24] FLÖSSNER, DIETRICH: Eine Wiederansiedlung der Bekassine bei Olbernhau. Falke **9** (6), 212.

[25] FLÖSSNER, DIETRICH: Zum Vorkommen des Ortolans im Norden der Mark Brandenburg. Falke **9** (7), 248.

[26] FLÖSSNER, DIETRICH: Zur Ökologie der Bergbachtrikladen im Erzgebirge. Limnologica (Berlin) **1** (1), 35—44.

[27] FLÖSSNER, DIETRICH: Ornithologische Beobachtungen im Gebiet des Stechlinsees. Falke **9** (10), 343—344.

[28] FLÖSSNER, DIETRICH: Zur Cladocerenfauna des Stechlinsee-Gebietes. I. Über Morphologie und Variabilität einiger Formen und über Funde seltener Arten. Limnologica (Berlin) **1** (3), 217—229.

[28a] FLÖSSNER, DIETRICH: desgl., Kurzreferat; Mber. Dt. Akad. Wiss. **4** (10), 687.

[29] FLÖSSNER, DIETRICH: Zur Variabilität und Synonymie von *Chydorus piger* G. O. SARS 1861 (Crustacea, Cladocera). Zool. Anz. **169** (9/10), 397—401.

[29a] FLÖSSNER, DIETRICH: desgl., Kurzreferat: Mber. Dt. Akad. Wiss. **4** (10), 686–687.

[30] KOCH-ALTHAUS, BRIGITTE: Weitere neue und bemerkenswerte Rotatorien aus dem Stechlinsee. Limnologica (Berlin) **1** (1), 65–82.

[31] KOCH-ALTHAUS, BRIGITTE: Beitrag zur Rotatorienfauna des Bodensees. Limnologica (Berlin) **1** (2), 93–110.

[32] KRAUSCH, HEINZ-DIETER: Der Sandnelken-Kiefernwald an seiner Westgrenze in Brandenburg. Mitt. flor.-soz. Arbeitsgem. N. F. **9**, 141–144.

[33] KRAUSCH-HEINZ-DIETER: Vorschläge zur Gliederung der mitteleuropäischen Sand- und Silikat-Trockenrasen. Mitt. flor.-soz. Arbeitsgem. N. F. **9**, 266–269.

[34] KRAUSCH, HEINZ-DIETER: Volkstümliche Pflanzennamen aus Brandenburg, gesammelt 1961. Märk. Heimat **6**, 78–81.

[35] KRAUSCH, HEINZ-DIETER: Gräser unserer heimischen Wiesen. Natur und Heimat (Berlin) **11** (3), 146–149.

[36] KRAUSCH, HEINZ-DIETER: Die Menzer Heide. Beiträge zur Geschichte eines märkischen Waldes. Jb. brandenb. Landesgesch. **13**, 96–118.

[37] KRAUSCH, HEINZ-DIETER: Nachrichten über Abfluß- und Seespiegelveränderungen des Stechlinsee-Gebietes. Limnologica (Berlin) **1** (3), 211–215.

[38] KRAUSCH, HEINZ-DIETER: Volkstümliche Pflanzennamen im Kreise Guben. Gubener Heimatkalender 1963, 111–129.

[39] KRAUSCH, HEINZ-DIETER: Eine botanische Wanderung von Niederfinow bis Oderberg. Heimatkalender Kreis Bad Freienwalde (Oder) 1963, 126–137.

[40] RIETH, ALFRED: Über *Porphyridium cruentum* (AG.) NAEG. III. Sind alle Standorte von *P. cruentum* im Binnenlande anthropogen? Mber. Dt. Akad. Wiss. **4** (8), 488–492.

[41] RIETH, ALFRED: Das Akinetenstadium von *Vaucheria*. Mber. Dt. Akad. Wiss. **4** (8), 519–522.

[42] RIETH, ALFRED: *Vaucheria borealis* aus den Norischen Alpen. Österr. Botan. Z. **109** (4/5), 510–520.

[43] RIETH, ALFRED: Beitrag zur Kenntnis der Phycomyceten. IV. *Pleotrachelus wildenani* PETERSEN neu für Deutschland. Die Kulturpflanze **10**, 93–110.

[44] RIETH, ALFRED: Weitere Beobachtungen an Kulturen von *Porphyridium cruentum* (AG.) NAEG. mariner Herkunft. Die Kulturpflanze **10**, 168–194.

[45] RIETH, ALFRED: *Micromyces furcata* n. sp. nebst einigen Bemerkungen über seinen Wirt. Die Kulturpflanze, Beih. **3**, 286–295.

[46] RIETH, ALFRED: Über *Gongrosira dichotoma* KÜTZ. und *Asterosiphon* DANG. I. Gibt es ein „Gongrosira-Stadium" bei *Vaucheria*? Limnologica (Berlin) **1** (3), 197–210.

[47] SCHÖNBORN, WILFRIED: Über Planktismus und Zyklomorphose bei *Difflugia limnetica* (LEVANDER) PENARD. Limnologica (Berlin) **1** (1), 21–34.

[47a] SCHÖNBORN, WILFRIED: desgl., Kurzreferat: Mber. Dt. Akad. Wiss. **4** (6), 399–400.

[48] SCHÖNBORN, WILFRIED: Neue Testaceen aus dem Großen Stechlinsee und dessen Umgebung. Limnologica (Berlin) **1** (1), 83–91.

[48a] SCHÖNBORN, WILFRIED: desgl., Kurzreferat: Mber. Dt. Akad. Wiss. **4** (6), 399.

[49] SCHÖNBORN, WILFRIED: Die Ökologie der Testaceen im oligotrophen See, dargestellt am Beispiel des Großen Stechlinsees. Limnologica (Berlin) **1** (2), 111–182.

[49a] SCHÖNBORN, WILFRIED: desgl., Kurzreferat: Mber. Dt. Akad. Wiss. **4** (10), 683–685.

[50] SCHÖNBORN, WILFRIED: Zur Ökologie der sphagnikolen, bryokolen und terrikolen Testaceen. Limnologica (Berlin) **1** (3), 231–254.

[50a] SCHÖNBORN, WILFRIED: desgl., Kurzreferat: Mber. Dt. Akad. Wiss. **4** (10), 685–686.

[51] SCHRÄDER, THEODOR: Verunreinigung von Staugewässern. In: Wasser und Abwasser, Bd. 1961: Zur Limnologie der Speicherseen und Flußstaue. Wien 1962, S. 153–169.

[52] SCHRÄDER, THEODOR: Limnologie – Die Wissenschaft von den Binnengewässern. Natur und Heimat (Berlin) **11** (5), 258–262.

[53] SCHRÄDER, THEODOR: Die Forschungsstelle für Limnologie der Deutschen Akademie der Wissenschaften zu Berlin. Limnologica (Berlin) **1** (1), 1–20.

Anschrift des Verfassers:
Dozent Dr. habil. THEODOR SCHRÄDER,
Direktor der Forschungsstelle für Limnologie der DAW,
Jena-Lobeda, Alte Landstr. 3

Limnologica (Berlin)	2	1	1964	9–34

Aus der Forschungsstelle für Limnologie
der Deutschen Akademie der Wissenschaften zu Berlin, Jena-Lobeda
Direktor: Dozent Dr. habil. TH. SCHRÄDER

und dem Institut für Mikrobiologie der Universität Greifswald
Direktor: Prof. Dr. W. SCHWARTZ[1])

HANS-DIETRICH BABENZIEN

Hydrobakteriologische Untersuchungen im Stechlinsee

Mit 11 Abbildungen und 5 Tabellen

(Eingegangen am 22. Februar 1963)

Inhaltsverzeichnis

A. Einleitung

Die im folgenden dargestellten Untersuchungen wurden mit dem Ziele durchgeführt, eine erste Übersicht über den gegenwärtigen bakteriologischen Zustand des Stechlinsees zu gewinnen. Eine solche Problemstellung ergab sich aus der Rolle, die der Stechlinsee nach Inbetriebnahme des Kernkraftwerkes I der DDR bei Rheinsberg im Kühlwasserkreislauf spielen wird (STEENBECK 1958, SCHRÄDER 1962).

An ähnlich gerichteten hydrobakteriologischen Untersuchungen besteht bei uns ein auffallender Mangel, der besonders bei der Suche nach Vergleichsmaterial deutlich wird. Es fehlen leider auch noch immer einheitliche Richtlinien für die Lösung solcher Aufgaben, worauf bereits BAIER (1936) hingewiesen hat. Die ohnehin spärlichen hydrobakteriologischen Daten sind deshalb nur mit Vorbehalt zu vergleichen; insbesondere ist über eine bakteriologische Charakterisierung der limnologischen Seentypen kaum etwas bekannt.

Bei unseren Untersuchungen gingen wir davon aus, daß die Ermittlung des Keimgehaltes noch immer die beste Orientierung über das Mikroorganismenleben an einem Standort bietet. Daher legten wir Wert auf die Erfassung der jahreszeitlichen Schwankungen der Bakterienzahlen und ihre Verteilung im See. Außerdem versuchten wir einen Querschnitt der systematischen Zugehörigkeit und der physiologischen Leistungen

[1]) Herrn Prof. Dr. W. SCHWARTZ sei auch an dieser Stelle für die Überlassung eines Arbeitsplatzes und mancherlei Förderung herzlich gedankt.

der Bakterien zu erhalten. Ergänzt wurden diese Untersuchungen durch die Bestimmung von Temperatur und Sauerstoff, die einen Einblick in die jeweilige Situation des Gewässers ermöglichen.

Eine hydrographische Beschreibung des Untersuchungsgebietes erübrigt sich an dieser Stelle, da eine ausführliche Arbeit von Möller (1936) vorliegt, die inzwischen von Wagner (1961) ergänzt wurde, und weitere neuere Angaben in den vorhergehenden Heften dieser Schriftenreihe mitgeteilt worden sind. Es soll nur festgestellt werden, daß es sich um einen oligotrophen See mit einer Größe von 4,3 km² und einer Durchschnittstiefe von 23,5 m bei einer maximalen Tiefe von etwa 70 m handelt. Ständige Zuflüsse sind nicht vorhanden; allochthones Material wird dem See lediglich im Herbst durch den Laubfall (Buchen) zugeführt. Der Stechlinsee ist durch einen Abflußkanal, dessen Querschnitt in den letzten Jahren verbreitert wurde, über den kleinen Gerlin-See mit dem mesotrophen Nehmitz-See verbunden.

B. Methodik

Die Entnahme von Wasserproben für bakteriologische Zwecke erfolgte mit dem Wasserschöpfer nach Sorokin (1960), den wir mit unwesentlichen Veränderungen anfertigen ließen (vgl. die Abbildung in Babenzien 1962). Wir haben mit diesem Gerät sehr gute Erfahrungen gemacht; es ermöglichte eine sichere, sterile und routinemäßige Probenahme aus beliebigen Tiefen. Für die Bestimmung von Sauerstoff und Temperatur wurde außerdem der Wasserschöpfer nach Ruttner verwendet.

Zur Keimgehaltsbestimmung arbeiteten wir nach Vorversuchen mit Nährböden von abgestufter Nährstoffkonzentration mit dem Pepton-Agar (PAg) nach Wolters & Schwartz (1956)[1]), mit dem wir die höchsten Keimzahlen erreichten. Die Vorversuche führten auch zur Wahl einer Bebrütungstemperatur von 25° und einer endgültigen Auswertung der Platten nach 10 Tagen. Zu Vergleichszwecken wurde unter denselben Bedingungen Fleischbouillon-Agar (FBAg)[2]) verwendet. Dabei war festzustellen, daß sich auf FBAg die endgültige Keimzahl schon nach kürzerer Zeit einstellte, allerdings unter der auf PAg blieb.

Um die Keimzahlbestimmung zu erleichtern, unternahmen wir einige Versuche mit 2,3,5-Triphenyltetrazoliumchlorid (TTC), das verschiedentlich für diesen Zweck empfohlen wird (Bucksteeg & Thiele 1958, Unger 1958). Die durch reduzierende Enzymsysteme eintretende Formazanbildung erleichtert infolge der Rotfärbung der Kolonien die sichere Auswertung der Platten ganz wesentlich. Da eine nachträgliche Besprühung der Platten für die routinemäßige Durchführung nicht in Frage kam, arbeiteten wir nach der Vorschrift von Unger (1958), wobei dem Agar vor dem Beimpfen TTC in einer Endkonzentration von 0,001% zugegeben wird. Die Ergebnisse sind in Tabelle 1 dargestellt. Auf PAg sind die Keimzahlen bei TTC-Zusatz erheblich erniedrigt; auch auf FBAg zeigte sich eine Beeinflussung, die auf die bakterizide Wirkung des TTC zurückzuführen ist. Für die Erfassung der empfindlichen Wasserbakterien ist die Verwendung von TTC in dieser Weise daher nicht zu empfehlen.

Neben der Anwendung des Kochschen Plattenverfahrens suchten wir mit der Membranfiltermethode zu weiteren und genaueren Ergebnissen zu kommen. Diese direkte Methode, die seit Cholodny (1929) wesentlich verbessert worden ist (Barsow 1932, Kusnecov 1932, Rasumow 1933, Jannasch 1953), erlaubt neben der Keimgehaltsbestimmung auch Rückschlüsse auf das morphologische Erscheinungsbild der Bakterienflora (Beling & Jannasch 1955). Wir arbeiteten mit dem Filter Co-5 der Membranfiltergesellschaft Göttingen und dem Filter Nr. 2 der Ultrafilterfabrik Mitischin (UdSSR). Zur Filtration verwendeten wir das Membranfiltergerät des VEB Apparatebau Babelsberg sowie zwei spezielle Anfertigungen nach den Angaben von Jannasch (1953). Die Aufarbeitung der Filter zur mikroskopischen Auswertung geschah nach den

---

[1]) PAg: Pepton 1,0 g; K_2HPO_4 0,1 g; $FeSO_4 \cdot 7\ H_2O$ Spur; Agar 20,0 g; Ltw. 1000 ml; pH 7,2.

[2]) FBAg: Fleischextrakt 5 g; Pepton 5 g; Agar 20,0 g; Ltw. 1000 ml; pH 7,2.

TABELLE 1

Die Wirkung von TTC als Hilfsmittel zur Keimgehaltsbestimmung
Anzahl der auf Platten gewachsenen Kolonien

Tiefe	Januar 1962				März 1962			
m	PAg	PAg + TTC	FBAg	FBAg + TTC	PAg	PAg + TTC	FBAg	FBAg + TTC
0	150	50	110	75	110	25	25	55
2	135	40	50	20	70	35	50	55
6	140	35	40	15	105	30	35	35
10	130	30	30	15				
15	135	35	35	25	85	30	60	55
25	120	35	40	15	120	20	45	45
40	150	40	45	10				

Angaben von JANNASCH (1953) und KUSNECOV[1]). Die Filter wurden im allgemeinen mit Erythrosin gefärbt. Wir mußten jedoch sehr bald feststellen, daß bei der Bakterienarmut des Stechlinsees diese Methode unbefriedigend war; ähnliche Erfahrungen machte auch JANNASCH (1955). Von einer Auswertung der Filterpräparate soll an dieser Stelle abgesehen werden. Zur Anreicherung und Isolierung wurde ebenfalls mit Membranfiltern gearbeitet, die nach der Filtration auf Nährböden gelegt wurden.

Zum Nachweis aerober Zellulosezersetzung wurde die Nährlösung nach FÅHREUS[2]) verwendet. Zu 20 ml der Nährlösung in Steilbrustkölbchen mit Kapsenbergkappen gaben wir 10 ml der Wasserprobe. Steriles, gefaltetes Papier (SCHLEICHER & SCHÜLL 2043) wurde so hineingegeben, daß etwa ein Drittel aus der Flüssigkeit ragte. Bebrütet wurde bei 25°; Kontrolle der Ansätze über 30 Tage. Zelluloseagar stellten wir nach den Angaben von STAPP & BORTELS[3]) unter Verwendung eines Zellulosepulvers (SCHLEICHER & SCHÜLL) her.

Für den Nachweis der Denitrifikation arbeiteten wir mit einem synthetischen Medium und einer Nitratbrühe nach JANKE[4]). Die Kulturröhrchen mit 15 ml Nährlösung und DURHAM-Röhrchen wurden mit 2 ml der Wasserprobe beimpft, bei 25° bebrütet und über einen Monat kontrolliert.

Die Ansätze auf Desulfurikation erfolgten in 50 ml Schliffflaschen, die mit Nährlösung nach STARKEY[5]) gefüllt wurden. Die mit 10 ml beimpften Flaschen wurden paraffiniert und bei 30° bebrütet. Für die Isolierung von Chitinzersetzern benutzten wir die Vorschrift nach BUCHERER (1935). Ausgangsmaterial für die Herstellung des „gefällten Chitins" waren gereinigte Krebsschalen. Die Anreicherung geschah in Nährlösung mit Chitinstückchen bei Beimpfung mit etwas Schlamm. Das Wachstum machte sich durch Trübung bemerkbar. Nach weiteren Subkulturen impften wir auf Chitinagar, auf dem die Entwicklung der Chitinzersetzer an der Bildung transparenter Zonen durch Chitinolyse um die Kolonien sichtbar wurde.

Die für die Durchführung der taxonomischen Bestimmungen notwendigen Medien sind weiter unten angegeben.

---

[1]) Herrn Prof. Dr. KUSNECOV habe ich für die freundliche Einführung in seine Arbeitsmethodik und verschiedene Hinweise gelegentlich eines Studienaufenthaltes im Jahre 1960 am Institut für Stauseebiologie der Akademie der Wissenschaften der UdSSR in Borok herzlich zu danken.

[2]) Nl nach FÅHREUS: $(NH_4)_2HPO_4$ 2,5 g; $MgSO_4 \cdot 7\,H_2O$ 0,5 g; $FeSO_4 \cdot 7\,H_2O$ 0,01 g; KCl 0,5 g; $CaCl_2$ 0,02 g; $MnSO_4 \cdot 4\,H_2O$ 0,001 g; Aqua dest. 1000 ml; pH 7,5.

[3]) Zelluloseagar nach STAPP & BORTELS: $NaNO_3$ 0,05%; K_2HPO_4 0,025%; $MgSO_4 \cdot 7\,H_2O$ 0,01%; Zellulosepulver 0,5%; Agar 1,5%; Aqua dest.; pH ca. 7,2.

[4]) Nitratbrühe nach JANKE: Fleischextrakt 3 g; Pepton 5 g; KNO_3 1 g; Aqua dest. 1000 ml; pH 7,2–7,5.
Synthetisches Nitratmedium nach JANKE: K_2HPO_4 0,5 g; $CaCl_2$ 0,5 g; $MgSO_4$ 0,2 g; Glukose 10 g; KNO_3 1 g; Aqua dest. 1000 ml; pH 7,2–7,5.

[5]) Nl nach STARKEY: K_2HPO_4 0,5 g; NH_4Cl 1 g; Na_2SO_4 1 g; $CaCl_2 \cdot 2\,H_2O$ 0,1 g; $MgSO_4 \cdot 7\,H_2O$ 2 g; Na-laktat 3,5 g; MOHRsches S. Spur; Ltw. 1000 ml; pH 7,5.

Zur Sauerstoffbestimmung arbeiteten wir mit der WINKLERmethode nach der Vorschrift von OHLE (1955); die Sättigungswerte berechneten wir nach der Tabelle von FOX. Die Temperatur wurde im RUTTNER-Wasserschöpfer mit 1/10° C Genauigkeit abgelesen.

Die Orte der Probenahme sind in der Abbildung 1 angegeben. Wir hatten die Möglichkeit, mit dem Boot an Bojen festzumachen und so regelmäßig an denselben Stellen des Sees unsere Profile zu nehmen. Aus technischen Gründen konnte leider nur eine Station gründlich bearbeitet werden. Sofern nicht anders vermerkt, beziehen sich alle Angaben in dieser Arbeit auf die Probenstelle Sh im Stechlinsee. Dieser Standort erschien einigermaßen repräsentativ, da er — im Hauptbecken gelegen — ausreichende Wassertiefe und Uferferne besitzt. Die Pfeile in der Abbildung 1 geben die Richtung des nach Inbetriebnahme des Atomkraftwerks geplanten Wasserkreislaufes an, die Zahlen unter der Bezeichnung der Probenstellung die jeweilige Wassertiefe. Wir entnahmen unsere

Abb. 1. Orte der Probenentnahme im Stechlinsee.
Sh Hauptstation (Maximaltiefe 45 m) Sn Nordbucht (Maximaltiefe 36 m)
Sw Westbucht (Maximaltiefe 32 m) Ss Südwestbucht (Maximaltiefe 25 m)
So Ostbucht (Maximaltiefe 6 m)
Die Pfeile geben die Richtung des Wasserkreislaufs nach Inbetriebnahme des Atomkraftwerks an.

Proben aus folgenden Tiefen: 0, 2, 6, 10, 12, 15, 20, 30, 40 m. Für die Bestimmung der Temperatur- und Sauerstoffwerte wurden die vertikalen Abstände der Meßpunkte noch enger gelegt.

Die Entnahme eines vollständigen Profils dauerte etwa $1^1/_2$ Stunden; die Aufarbeitung geschah sofort nach Rückkehr in das am Ufer des Stechlinsees gelegene Laboratorium. Nur in seltenen Ausnahmefällen und zur Bestimmung der physiologischen Gruppen mußte ein Transport der Proben nach Greifswald in Kauf genommen werden; die Verarbeitung konnte dann erst nach etwa 3 Stunden erfolgen.

Fräulein HANNELORE UTECH danke ich für ihre zuverlässige Hilfe bei der Durchführung der Laborarbeiten in Greifswald.

C. Ergebnisse und Diskussion

1. Keimgehaltsbestimmungen

Um eine Übersicht über die Höhe des zu erwartenden Keimgehaltes zu erhalten, untersuchten wir zunächst einige Oberflächenproben aus dem Untersuchungsgebiet

(Tab. 2). Der Stechlinsee ergab die geringsten Keimzahlen; die vom Abflußkanal berührten Seen, Gerlinsee und Nehmitzsee, waren etwas keimreicher. Unterschiede an den einzelnen Stationen des Stechlinsees sind zwar vorhanden; doch bleiben die Schwan-

TABELLE 2

Keimgehalt je ml in den Oberflächenproben aus den untersuchten Seen

Probenstelle	XI 60	V 61	IX 61	VI 62
Stechlinsee Sw	2			450
Stechlinsee Ss	50			240
Stechlinsee So	90			1890
Stechlinsee Sh		272	140	30
Stechlinsee Sn	40			
Gerlin-See		3520		
Nehmitz-See		696	115	

kungen innerhalb eines verhältnismäßig engen Bereiches. Bemerkenswert ist, daß in der Ostbucht des Stechlinsees (Station So) mit der geringen Wassertiefe von 6 m vor allem nach Einsetzen der sommerlichen Badesaison im Juni die höchsten Keimzahlen gefunden wurden (1890/ml). Insgesamt ist das Oberflächenwasser keimarm.

Über die vertikale Verteilung der Bakterien geben die Abbildungen 2 bis 10 Auskunft. Der Jahresverlauf der Keimzahlschwankungen ist in Abbildung 11 dargestellt; selbstverständlich soll bei der gewählten Kurvendarstellung durch die Verbindungslinien nichts über die Werte zwischen den Terminen der Probenentnahme ausgesagt werden. Die Proben wurden an folgenden Tagen genommen: 10. V. 61, 7. VII. 61, 7. VIII. 61, 15. IX. 61, 14. X. 61, 25. I. 62, 5. III. 62, 27. IV. 62, 6. VI. 62.

Zum Verständnis der Werte aus 40 m Tiefe in den Monaten Mai, Juli, August und September 1961 muß noch folgendes mitgeteilt werden: Bei diesen Proben hatten wir nicht das profundale Tiefenwasser erfaßt, sondern waren in eine anscheinend vorliegende Schwebschlammzone geraten; im Schöpfgerät befanden sich einige Schlammpartikel. Hierauf ist der wesentlich höhere Keimgehalt solcher Wasserproben zurückzuführen. In dieser Zone findet man große Mengen allochthoner Humuskolloide, die aus dem herbstlichen Laubfall stammen; außerdem sind schwer mineralisierbare Stoffe wie Chitin-, Lignin- und Zellulosereste angereichert. Möller (1936) bezeichnete den Schlamm des Stechlinsees als Übergangsform Dy—Gyttja. Die Farbe des Schlamms ist braungrau, häufig mit grünlichem Farbton. Wir ermittelten einen durchschnittlichen Aschegehalt von 39,4%. Selbst nach tagelanger Aufbewahrung der Schlammproben im Brutschrank war nur selten ein schwacher H_2S-Geruch zu bemerken; in Ansätzen mit Gärröhrchen konnte keine Gasbildung nachgewiesen werden. Schwefelpurpurmikroben entwickelten sich in entsprechenden Ansätzen nicht: lediglich ***Rhodospirillum*** trat auf. Eine genaue Analyse des Schlammes und der Kontaktzone steht noch aus.

Die Mai-Kurve 1961 (Abb. 2) zeigt bereits die Schichtung der Sommerstagnation. Die Temperatur betrug im Epilimnion 13 °C und sank im Hypolimnion bis auf 4,1 °C; die Sprungschicht lag bei 8—10 m. Auch die Sauerstoffkurve zeigt eine Schichtung an. Bei 12 m fand sich mit 54,6% die geringste Sättigung, während das Oberflächenwasser Sättigungswerte von 98,9% aufwies. Die Bakterienkurve zeigt Beziehungen zu diesem

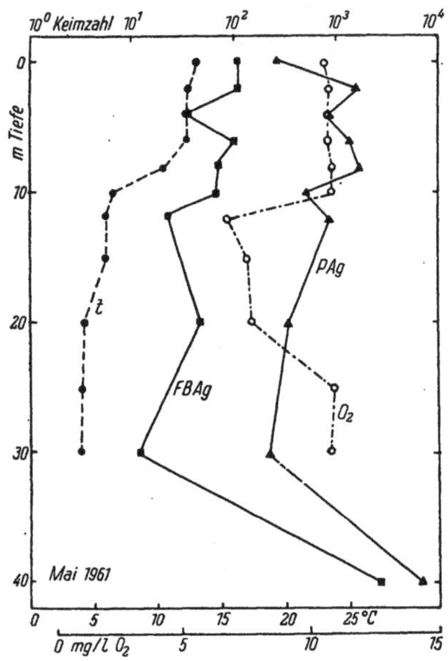

Abb. 2.

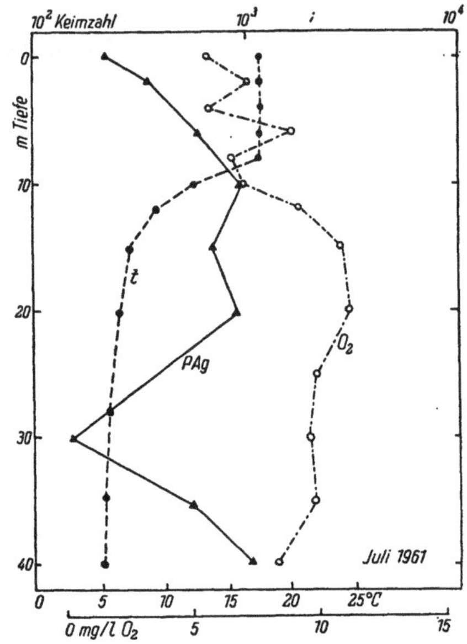

Abb. 3.

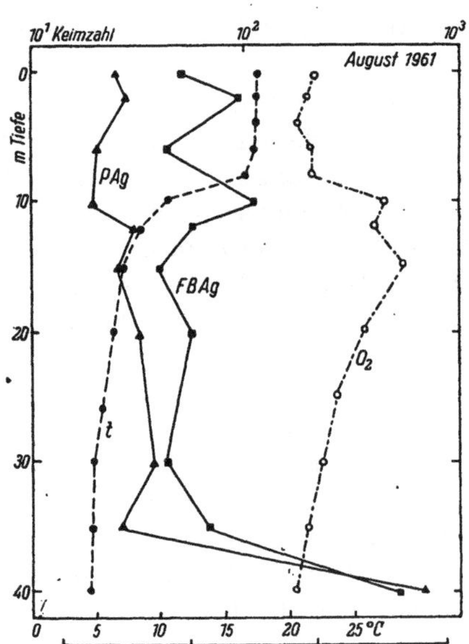

Abb. 4.

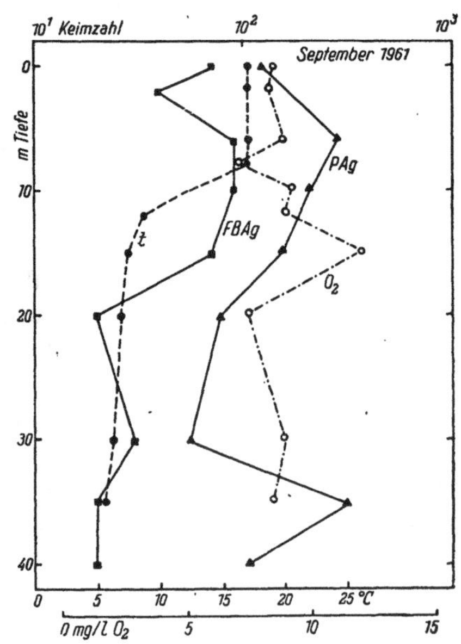

Abb. 5.

Abb. 2—5. Stechlinsee, Hauptstation. Vertikalverteilung von Temperatur (t), Sauerstoff (O_2), Keimzahl/ml auf Peptonagar (PAg) und Keimzahl auf Fleischbouillonagar (FBAg) im Mai, Juli, August bzw. September 1961.

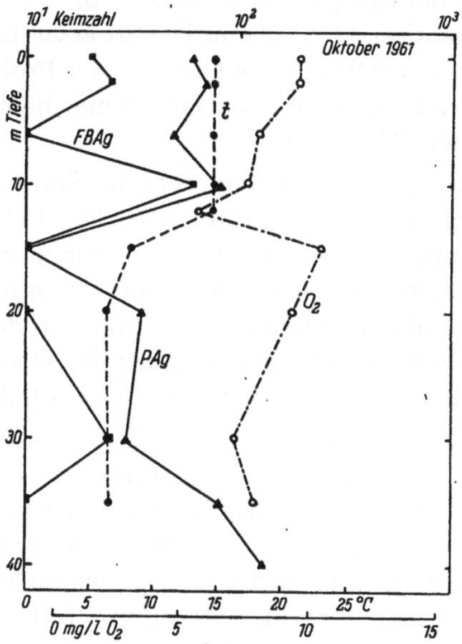

Abb. 6.

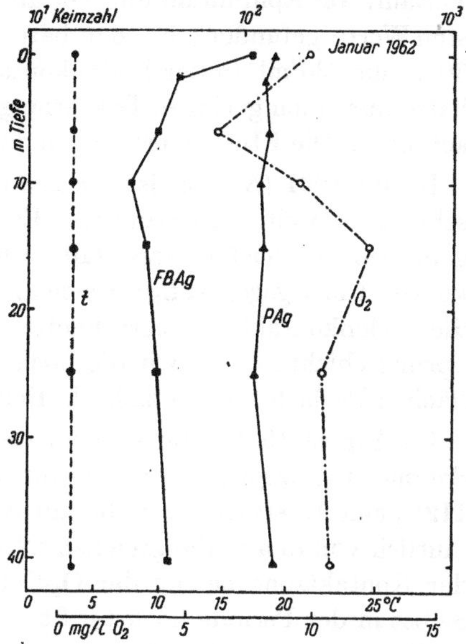

Abb. 7.

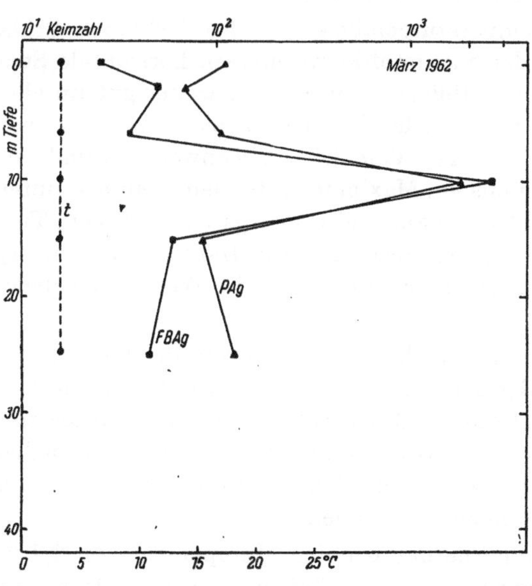

Abb. 8.

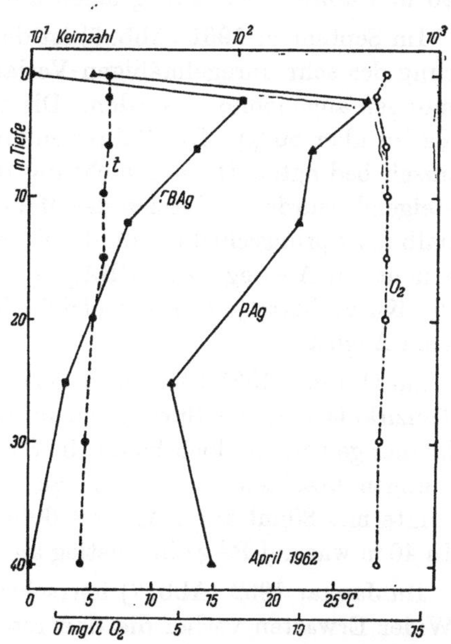

Abb. 9.

Abb. 6—9. Stechlinsee, Hauptstation. Vertikalverteilung von Temperatur (t), Sauerstoff (O_2), Keimzahl/ml auf Peptonagar (PAg) und Keimzahl auf Fleischbouillonagar (FBAg) im Oktober 1961 bzw. im Januar, März und April 1962.

Verlauf. Im Epilimnion und vor allem kurz unter der Sprungschicht wurden die höchsten Werte gefunden; bei 8 m betrug der Bakterientiter 1750/ml, im Tiefenwasser bei 30 m nur 230/ml, in der Bodenkontaktzone waren es 6800/ml. Die Oberflächen-Probe hatte nur einen geringen Bakteriengehalt; eine Erscheinung, die wir fast immer beobachteten. Die FBAg-Werte lagen deutlich unter den PAg-Werten.

Im Juli 1961 (Abb. 3) ist die Temperaturschichtung noch ausgeprägter; die Sprungschicht ist weiter abgesunken. Es wurden Oberflächentemperaturen von 17—18 °C gefunden; das Tiefenwasser (40 m) hatte eine Temperatur von 5,3 °C. Die Sauerstoffkurve ist fast gegenläufig; bezeichnend ist das sauerstoffreiche Tiefenwasser. Auch für die Bodenkontaktzone berechneten wir noch eine Sättigung von 65%. Unterhalb der Sprungschicht fanden wir die höchsten Bakterienzahlen (940/ml bei 10 m); die Oberflächen-Probe hatte nur 220/ml. Deutlich ist der Anstieg in der Kontaktzone (1150/ml).

Im August 1961 (Abb. 4) zeigt die Temperaturkurve den andauernden Zustand der Sommerstagnation; die Sauerstoffwerte liegen sehr hoch. Bei 10 m fanden wir mit 112% eine Übersättigung, die auf Assimilationssauerstoff zurückzuführen ist, der vermutlich von den umfangreichen *Chara*-Gürteln des Sees herstammen dürfte. Sogar in der Kontaktzone betrug der O_2-Gehalt immerhin noch 70,2% des Sättigungswertes. Selbst in der Periode höchster Stoffproduktion des Sees kann also der größte Teil der gebildeten organischen Substanz schon während der Sedimentation remineralisiert werden. Die Bakterienkurve gibt die häufig beobachtete sommerliche Depression wieder. Abgesehen von der Bodenkontaktzone (680/ml) schwankten die Werte nur zwischen 20 und 40/ml. Auf FBAg lagen die Zahlen in diesem Monat über den PAg-Werten.

Im September 1961 (Abb. 5) ist das Temperaturgefälle etwas abgeflacht; zur Erklärung des sehr unregelmäßigen Verlaufs der Sauerstoffkurve müssen horizontale Strömungen angenommen werden. Die Sauerstoffbilanz ist insgesamt weiter gut (in allen Tiefen über 60%). Die Bakterienkurve zeigt wieder deutliche Beziehungen zur thermisch bedingten Dichteschichtung des Wassers. Vom Oberflächenwert (140/ml) ansteigend, wurde im Bereich des Metalimnions ein Maximum gefunden (290/ml); unterhalb der Sprungschicht sank die Keimzahl stetig ab. Bei PAg ergab sich in 35 m Tiefe erneut ein Anstieg. Auf FBAg lagen alle Werte niedriger (die Hälfte und weniger); die Kurve hatte jedoch die gleiche Tendenz. Insgesamt lagen die Werte über denen vom August.

Im Oktober 1961 (Abb. 6) zeigt die Temperaturkurve den Zustand der herbstlichen Teilzirkulation; die Sprungschicht ist abgesunken, die Temperaturunterschiede sind kleiner geworden, doch bleibt die Steilheit des Gefälles erhalten. Die Keimzahlbestimmungen brachten wieder geringe Werte. Die Bestimmung auf beiden Nährmedien zeigte mit 80/ml auf PAg und 60/ml auf FBAg den höchsten Keimgehalt bei 10 m. In 40 m war auf PAg ein Anstieg auf 140/ml zu verzeichnen.

Im Januar 1962 (Abb. 7) herrschte Homothermie bei einer Temperatur von 3,3 °C. Wider Erwarten verlief die Sauerstoffkurve ganz unregelmäßig; vor allem lagen nur geringe Sättigungswerte vor. Fehler bei der Bestimmung können ausgeschlossen werden, da ähnliche abnorme Ergebnisse auch von anderer Seite gefunden wurden. Die Bakterienkurve spiegelt den Zustand völliger Durchmischung wider. Auf FBAg entwickelte sich nur etwa ein Zehntel der auf PAg gefundenen Bakterien. Mit 150/ml wurde in der Oberflächenprobe der höchste Keimgehalt gefunden.

Zur Erläuterung der März-Kurve 1962 (Abb. 8) muß erwähnt werden, daß der See am Tage der Probennahme zugefroren war und die Proben nicht bei der Station Sh, sondern eingangs der Südbucht in das Hauptbecken genommen wurden. Die Wassertiefe betrug etwa 30 m. Die Temperaturkurve zeigt den andauernden Zustand der Homothermie bei 3,3 °C, und die Bakterienzahlen haben die Größenordnung der Januarwerte. Der auffallende Anstieg bei 10 m muß auf eine unsterile Probeflasche zurückgehen, da diese Abweichung auf beiden Nährböden und in allen Parallelen gefunden wurde. Für eine Massenentfaltung in dieser Tiefe und Zeit fehlte jede Erklärung.

Im April 1962 (Abb. 9) betrug die Temperatur an der Oberfläche 6,4 °C; die Sauerstoffsättigung lag über 100%. Die Bakterienzahlen lagen wesentlich über denen der vorhergehenden Monate; das Maximum lag mit 450/ml in 2 m Tiefe. Bemerkenswert ist die deutliche, wenn auch zahlenmäßig geringe Abnahme des O_2-Sättigungswertes in dieser Tiefe.

Im Juni 1962 (Abb. 10) war der See wieder geschichtet; das Oberflächenwasser hatte eine Temperatur von 16,9 °C, das Tiefenwasser von 4,9 °C. Die Sauerstoffsättigung betrug im Epilimnion mehr als 60%, im Bereich der Sprungschicht nur 60% und im Tiefenwasser (40 m) 71,3%. Das Bakterienmaximum lag weiter in einer Wassertiefe von 2 m, betrug jedoch nur noch 140/ml. Ein erneuter Anstieg wurde unterhalb der Sprungschicht mit 70/ml in 15 m Tiefe gefunden.

Betrachten wir die zusammenfassende Darstellung (Abb. 11), so lassen sich einige charakteristische Merkmale ableiten. Die Höhe des Keimgehaltes ist für den gesamten Untersuchungszeitraum als sehr gering zu bezeichnen; sie schwankte im Pelagial um 10^2, mit Extremwerten von 1752/ml im Mai und 19/ml im August 1961 (in 8 und 10 m Wassertiefe) auf PAg, während die Zahl der anspruchsvolleren Saprophyten auf FBAg noch geringer war. Innerhalb dieser Grenzen wurden jedoch deutliche jahreszeitliche Verschiebungen festgestellt. Ein erstes Bakterienmaximum trat im Frühjahr auf, ein zweites geringeres im Herbst. Eine ausgesprochene Depression wurde im Hochsommer (August) gefunden. Die Winterwerte lagen höher. Den stärksten Schwankungen ist der Bereich der Sprungschicht und das Epilimnion unterworfen; nur das Tiefenwasser hat einen recht gleichmäßigen Keimgehalt bei geringen absoluten Werten. Deutlich wurde auch der Einfluß der Thermik des Sees auf die Vertikalverteilung der Bakterien.

Wenn auch ein Vergleich der Höhe des Keimgehaltes mit dem anderer Gewässer aus den bereits erwähnten Gründen problematisch ist, so mögen doch als Anhaltspunkte einige Keimzahlen von vergleichbaren Gewässern angeführt werden: Klein & Steiner (1929) fanden für den Lunzer Untersee 10^1-10^2, selten 10^3/ml; Ruttner (1932) erwähnt für den Lunzer See 5–540/ml; Füchtbauer (1950) fand im Bodensee 30/ml (Obersee) und 1550/ml (Untersee); Jannasch (1955) gibt für den Vierwaldstädter See 180/ml in 0,50 m Tiefe an. Baier (1936) schlug eine grobe Klassifizierung der Gewässer nach ihrer Keimzahl in drei Gruppen vor: $<$ 1000/ml, 1000–100000/ml und $>$ 100000/ml, die wohl das Wesentliche trifft. Der Stechlinsee läßt sich also auch bakteriologisch gut in die Reihe oligotropher Seen einordnen.

Zu der Frage der jahreszeitlichen Verteilung der Bakterien findet man in der Literatur zahlreiche Arbeiten, ohne daß bis jetzt ein einheitliches Bild entstanden wäre. Ein Bakterienminimum im Sommer wurde von Pfenniger (1902) und später auch von Minder (1920) im Züricher See gefunden, mit einem Hauptmaximum im Herbst und einem schwächeren Frühjahrsmaximum. RUTTNER & ZIH (1932) fanden in den Lunzer Seen gleichfalls im Sommer ein Minimum; das Maximum lag im Frühjahr. Auch GAARDER & SPÄRCK (1931, zit. nach ZOBELL 1964) beschrieben ein Minimum im Sommer, während sie die höchsten Werte im Winter fanden. RHEINHEIMER (1960) kam bei seinen Untersuchungen an der Elbe zum gleichen Ergebnis. HENRICI (1938) fand im

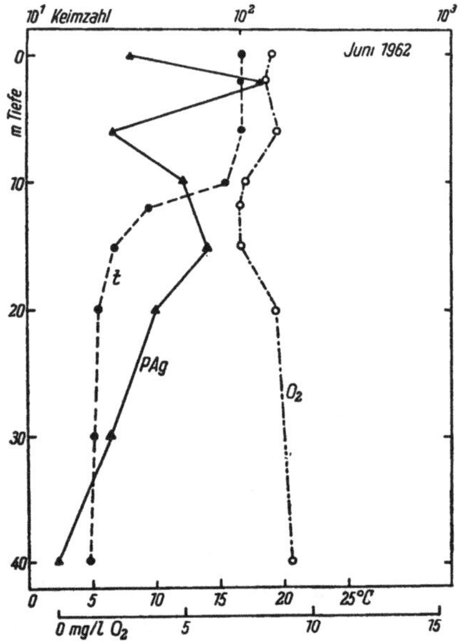

Abb. 10. Stechlinsee, Hauptstation. Vertikalverteilung von Temperatur (t), Sauerstoff (O_2) und Keimzahl/ml auf Peptonagar (PAg) im Juni 1962.

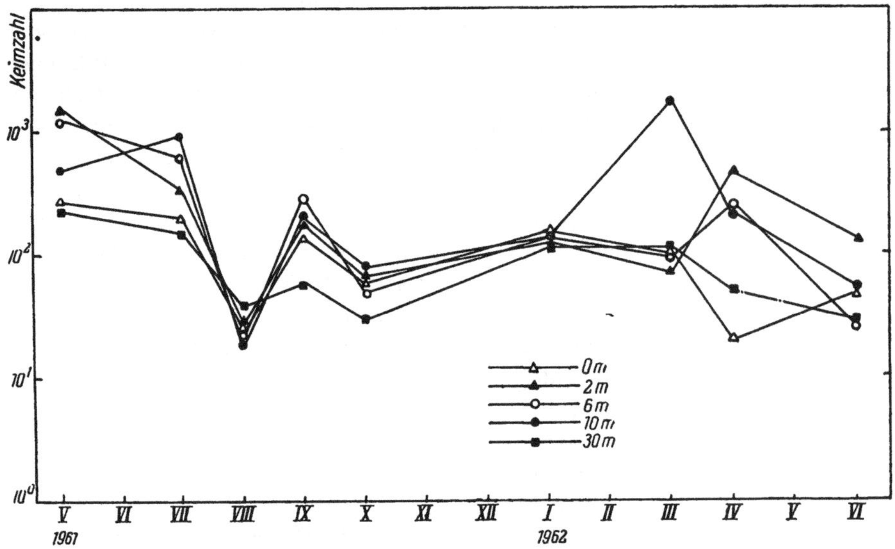

Abb. 11. Stechlinsee, Hauptstation. Jahresgang der Keimzahl/ml auf Peptonagar in 5 verschiedenen Tiefen.

Lake Alexander (Minnesota) ein Ansteigen der Keimzahl von der Zeit der Schneeschmelze im April bis zum August. Ein sommerliches Maximum fand FÜCHTBAUER (1950) im Bodensee. Mehrjährige Untersuchungen des Baikal-Sees durch KOŽOVA & KAZANCEVA (1961) zeigten, daß hier das Bakterienmaximum im Sommer auftritt; ein zweites schwächeres Maximum wird für das Frühjahr angegeben. Die Untersuchungen von KUSNECOV (1959) am Glubokoje-, Beloje- und Tschornoje-See führten zu der summarischen Feststellung, daß im allgemeinen die höchste Bakterienzahl gegen Ende der sommerlichen Stagnationsperiode oder während der Herbstzirkulation gefunden wird. LLOYD (1930, zit. nach ZOBELL 1946) erhielt recht konstante Werte in den verschiedenen Schichten des Wassers. Nur an der Oberfläche fluktuierte die Zahl stärker; aber jahreszeitlich bedingte Veränderungen waren nicht festzustellen. FRED, WILSON & DAVENPORT (1924) hatten im Lake Mendota ebenfalls Schwankungen gefunden, die nicht in allen Jahren in gleicher Weise auftraten. Die von ZOBELL (1946) über 10 Jahre durchgeführten Keimzahlbestimmungen bestätigten, daß trotz vorhandener jährlicher Schwankungen keine allgemeingültige Regel aufgestellt werden kann.

Dies gilt auch für die vertikale Verteilung der Bakterien, vor allem auch deshalb, weil die Morphometrie des Gewässers eine entscheidende Rolle spielt. Erwähnt seien zu dieser Frage die Arbeiten von ZOBELL (1946), PALUCH & DOBRZANSKI (1957) und POTTER & BAKER (1960). Die frühere Annahme regelmäßiger diurnaler Schwankungen mit einem Minimum am Tage und einem Ansteigen während der Dunkelheit an der Oberfläche hat sich nach ZOBELL (1946) nicht bestätigt. Allerdings fanden PALUCH & DOBRZANSKI (1957) bestimmte Tag-Nacht-Schwankungen, die reziprok zur Planktonmenge auftraten.

Bei einem kritischen Vergleich der Resultate muß man, von methodischen Fragen abgesehen, unterscheiden zwischen Untersuchungen an flachen Gewässern, die vom Wind leicht bis zum Grund durchmischt werden, und solchen an Seen mit echten Stagnations- und Zirkulationsperioden; manche Unklarheiten wären dann zu vermeiden.

Die wirksamen Faktoren werden ebenfalls unterschiedlich beurteilt. Sicher steht für die Heterotrophen der Gehalt an assimilierbarer organischer Substanz an erster Stelle (BERE 1933, KUSNECOV 1959, VOROSCHILOVA & DIANOVA 1937). Für ein abgeschlossenes Gewässer ist daher die Massenentfaltung des Phytoplanktons bedeutungsvoll. Allerdings kann es zur Zeit des Planktonmaximums zu einer Abnahme der Bakterienzahl kommen (DEVÈZE 1955, RHEINHEIMER 1960). Antagonistische Effekte, die noch nicht geklärt sind, werden dafür verantwortlich gemacht.

KOŽOVA & KAZANCEVA (1961) weisen darauf hin, daß die höchsten Bakterienzahlen bei stärkster Erwärmung des Wassers beobachtet wurden; RHEINHEIMER (1960) kam zu einer gegenteiligen Auffassung. Wichtig für die Einschätzung des Temperaturfaktors ist die Feststellung von WAKSMAN & RENN (1936), daß die optimale Temperatur für die Bakterienentwicklung und die maximale Anhäufung nicht übereinstimmen müssen. Für die Bedeutung im Gewässer ist aber die physiologische Aktivität am wichtigsten. Daher dürften Untersuchungen, wie sie NOVOŽILOVA (1957) und KUSNECOV (1958) über die Generationsdauer der Bakterien mitteilten, zukünftig mehr Beachtung finden.

Als weitere Faktoren zur Beeinflussung der Bakterienzahlen sollen nur genannt werden: Die Entwicklung des Zooplanktons, die Sedimentation, die Bakteriophagen und natürlich die physikalisch-chemischen Gegebenheiten. Ein direkter Einfluß der

Sonnenstrahlung wird heute wegen der UV-Absorption schon durch eine wenige Millimeter starke Wasserschicht nicht mehr angenommen.

Aus dieser Übersicht wird ersichtlich, daß eine kausale Erklärung der Bakterienfluktuationen nur bei Kenntnis eines umfangreichen Faktorenkomplexes möglich ist, dessen volle Erfassung jedoch mit größten Schwierigkeiten verbunden ist. Der Wert langfristiger Keimzahlbestimmungen zur Beurteilung des Zustandes eines Gewässers bleibt davon unberührt.

2. *Farbstoffbildner*

Bei der Auswertung der Keimzahlbestimmungen fiel uns der außerordentlich hohe Anteil an Farbstoffbildnern auf. Wir haben deshalb einige Serien in dieser Hinsicht ausgewertet (Tab. 3).

TABELLE 3

Häufigkeit gefärbter Kolonien im Stechlinsee

Angaben nach Auswertung der Keimprofile aus den Monaten März, Juli, August 1961 und März, April 1962 auf PAg

Zahl der untersuchten Kolonien	Gesamtanteil gefärbter Kolonien in %	gelb %	orange %	rot (rosa) %	grün %	blau %
2859	46,55	16,60	2,60	27,00	0,28	0,07

In diesen Zahlen sind auch Hefekolonien enthalten, da eine sofortige mikroskopische Unterscheidung nicht möglich war. Dies betrifft insbesondere den hohen Prozentsatz roter Pigmentbildner (Gattung *Rhodotorula*).

Unterschiede in der vertikalen Verteilung oder jahreszeitliche Schwankungen waren nicht vorhanden. In den Schlammproben war der Anteil der gefärbten Kolonien unbedeutend. Ein hoher Prozentsatz an Pigmentbildnern in wenig verunreinigten Gewässern ist von verschiedenen Autoren beschrieben worden (SNOW & FRED 1926, ZOBELL 1946, FÜCHTBAUER 1950, WOLTERS & SCHWARTZ 1956, POTTER 1960, POTTER & BAKER 1961). Übereinstimmend wird ein Anteil um 40% angegeben, wobei die Farbe gelb-orange am häufigsten ist. FÜCHTBAUER (1950) glaubt aus ihren vergleichenden Untersuchungen von Boden, Luft, Schlamm, eutrophem und oligotrophem Wasser schließen zu dürfen, daß Farbstoffbildner keine wassereigenen Keime sind, sondern aus der Luft und dem Schlamm ständig neu in das Wasser gelangen. Zur Begründung wird die Feststellung herangezogen, daß sich ihre Zahl bei Anstieg der Gesamtkeimzahl nur unbedeutend verändert. Auch bei Aufbewahrung von Wasserproben in Flaschen, wo es infolge des „solid-surface-effect" zu einem Anwachsen der Keimzahl kommt, soll ihre Zahl sich kaum verändern, prozentual also abnehmen. Auch WOLTERS & SCHWARTZ (1956) beobachteten bei ihren Grundwasseruntersuchungen, daß der prozentuale Anteil der Farbstoffbildner bei keimreicherem Grundwasser abnahm. POTTER (1960) fand bei Untersuchungen über die Veränderungen natürlicher Bakterienpopulationen bei Aufbewahrung in Gefäßen, daß der Gehalt an Farbstoffbildnern erst bei längerer Bebrütung zunahm und führte das auf eine sehr geringe Vermehrungsrate zurück. Auf Grund lediglich dieser Tatsachen scheint es uns nicht berechtigt, die Farbstoffbildner als wasserfremd zu bezeichnen. Vielmehr zeigen diese Angaben nur, daß die im nährstoffarmen Wasser als zymogene Keime vorliegenden anspruchsvolleren Saprophyten unter entsprechenden Bedingungen eine größere Vermehrungsrate besitzen. Angesichts des auffallend hohen Reichtums nährstoffarmen Wassers (Grundwasser, Meerwasser, oligotrophe Gewässer) an Farbstoffbildnern scheinen sie geradezu typisch für dieses Milieu zu sein.

Die von uns isolierten Farbstoffbildner verteilten sich auf folgende Gattungen: *Pseudomonas*, *Flavobacterium*, *Chromobacterium*, *Brevibacterium*, *Caulobacter* (!), *Micrococcus* und *Sarcina*. Fünf Farbstoffbildner konnten nicht identifiziert werden. Der Anteil von Fluoreszenten war gering. Außerdem wurde die Hefe *Rhodotorula glutinis* var. *rubescens* isoliert.

3. *Nachweis einiger physiologischer Gruppen*

Für das Verständnis des Stoffkreislaufes eines Gewässers ist die Kenntnis der Aktivität einzelner physiologischer Gruppen wesentlich. Seit KLEIN & STEINER (1929) bedient man sich auch in der Hydrobakteriologie der Aktivitätsbestimmungen. Die Bewertung der Ergebnisse wird dadurch erschwert, daß in Kulturansätzen milieufremde Bedingungen herrschen. BAIER (1936) suchte die Versuchsdurchführung dadurch zu verbessern, daß er der Wasserprobe die zu zersetzende Substanz in nur geringer Konzentration zugab und die nach einer bestimmten Zeit entstandenen Umsetzungsprodukte bzw. die Abnahme der zugegebenen Substanz ermittelte. Eine Kombination dieser „direkten Aktivitätsbestimmung" mit dem Prinzip der Colititerbestimmung schlug STUNDL (1941) vor.

Wir haben Untersuchungen zum Nachweis physiologischer Gruppen nur am Rande durchgeführt. Die Ergebnisse sind in Tabelle 4 zusammengestellt. Unsere Versuchsmethodik berechtigt zu einigen qualitativen Aussagen.

TABELLE 4
Nachweis von Denitrifikation, Desulfurikation und aerober Zellulosezersetzung im Stechlinsee

Tiefe	Denitrifikation			Desulfurikation			Aerobe Zellulosezersetzung			
m	I 62	VIII 61	VII 61	I 62	VIII 61	VII 61	I 62	VIII 61	VII 61	III 62
0	–	–					+	–		+
2	–	–	+			–		+	+	–
6	+	–					+	–		–
10	–	–	+			–	–	+	–	–
15	–	+					+	–		+
20	–	+						–		
25	+	–					+	–		–
35	–	+			–		–	+		
40	–	–	+	–	– (K)	+ (K)	+	+	+	
Schlamm		–		+			+			

K = Bodenkontaktzone

Denitrifikation konnte nur spärlich nachgewiesen werden. Danach dürfte dieser Prozeß im Stechlinsee keine wesentliche Rolle spielen, was auch dem hohen Sauerstoffgehalt entspricht.

Desulfurikation ließ sich selbst in der Kontaktzone nicht immer nachweisen. Neben der geringen Sulfatmenge (7,4 mg/l SO_4) dürfte auch das fehlende Angebot organischer Substanz dafür verantwortlich sein. Dieser Prozeß wird im Stechlinsee ebenfalls nur an Mikrostandorten von Bedeutung sein.

Aerobe Zellulosezersetzung konnte in allen Tiefen nachgewiesen werden; infolge des geringen Substratangebotes war die Aktivität aber nicht erheblich.

Chitinzersetzer waren vorhanden, ohne daß mit unserer Methodik Aussagen über ihre Aktivität gemacht werden können.

4. *Taxonomische Bestimmungen*

a) Vorbemerkungen

Wie bereits erwähnt, ist über eine spezifische Bakterienflora bestimmter Gewässertypen wenig bekannt. Abgesehen vom technischen Aufwand solcher Arbeiten liegt des vor allem daran, daß bei Anwendung der üblichen Medien zwar die zymogenen Keiime erfaßt werden, die im nährstoffarmen Biotop nur geringe Stoffwechselaktivität besitzen, die autochthonen Keime sich dagegen kaum entwickeln. Eine Möglichkeit zur Umgehung dieser Schwierigkeiten bietet die von HENRICI & JOHNSON (1933) und KARSINKIN (1934) fast gleichzeitig eingeführte Aufwuchsmethode. Auf den Wert dieser Methode weisen in neuerer Zeit auch KUSNECOV (1959) und PALUCH (1958) hin. KUSNECOVA (1947) isolierte auf diese Weise 17 Periphytonstämme, die sich von gleichzeitig isolierten Planktonstämmen unterschieden. Sie glaubte eine gesetzmäßige Aufeinanderfolge verschiedener Periphytonstämme erkennen zu können, die für die einzelnen Seen stärker spezifisch als die anderen isolierten Kulturen schienen.

Eine Übersicht über die aus Gewässern isolierten Bakterienarten geben ZOBELL (1946) und KUSNECOV (1959).

Wir untersuchten bisher 92 Stämme, die in der Mehrzahl auf PAg und FBAg isoliert worden waren. Da die in BERGEYS Manual (BREED, R. S., E. G. D. MURRAY & N. R. SMITH 1957) und von KRASSILNIKOV (1959) gegebenen Artdiagnosen häufig eine vollständige Identifizierung nicht zuließen, beschränkten wir uns auf die Angabe der Gattung mit Hinweisen auf nahestehende Arten und geben die wichtigsten Merkmale dieser Stämme wieder.

Eine allgemeine Übersicht über die untersuchten Stämme gibt die Tabelle 5. Insgesamt wurden 15 Gattungen mit 50 verschiedenen Stämmen isoliert; für 6 Stämme konnte bisher auch die Gattungszugehörigkeit nicht ermittelt werden.

TABELLE 5

Allgemeine Charakteristik (%) von 92 untersuchten Stämmen aus dem Stechlinsee

Stäbchen Gram +	Stäbchen Gram −	Kokken	Sporenbildner	Stäbchen beweglich
20,3	63,5	16,2	16,6	56,8

Am häufigsten vertreten war die Gattung *Pseudomonas* mit 15 Stämmen. Grüne Farbstoffbildung war vorherrschend. Auch die Gattung *Micrococcus* war mit 10 Stämmen sehr verbreitet. Es folgten die Gattungen *Achromobacter* (6 Stämme), *Bacillus* (5 Stämme), *Flavobacterium* (4 Stämme) und mit je einem Stamm die Gattungen *Sar-*

cina, *Brevibacterium*, *Chromobacterium*, *Alcaligenes*, *Aerobacter*, *Proteus* und *Caulobacter*. Aus den Ansätzen zur Bestimmung physiologischer Gruppen wurden isoliert: *Desulfovibrio* (1 Stamm), *Cellvibrio* (1 Stamm) und *Beneckea* (1 Stamm). Über einige taxonomisch bemerkenswerte Stämme werden wir später berichten.

b) Kurze Beschreibung der isolierten Stämme

Die Stämme wurden bei der Isolierung fortlaufend numeriert. Einige fielen bei den Subkulturen aus oder wurden als Duplikate ausgeschieden. Um eine bessere Übersicht zu ermöglichen, werden hier die Gattungen angegeben und die einzelnen Stämme — nach bestimmten Eigenschaften gruppiert — mit römischen Ziffern gekennzeichnet.

Vor Durchführung der taxonomischen Bestimmungen wurden alle Stämme nochmals über das Kochsche Plattenverfahren auf Reinheit geprüft und mehrfach überimpft. Die Kulturen wurden weiter auf dem Isoliermedium gehalten und bei 25° C bebrütet.

Für die Ermittlung des Gramverhaltens gingen wir von 24 h alten Kulturen aus, die ebenfalls zur mikroskopischen Kontrolle der Beweglichkeit verwendet wurden. Zur Darstellung der Bakteriengeißeln arbeiteten wir nach der Vorschrift von Peppler (Habs 1956) unter Verwendung von jungen Schrägagarkulturen. Die Sporenfärbung führten wir nach der Methode von Wirtz und Conklin (Pelczar 1957) mit etwa 8 d alten Schrägagarkulturen durch. Die Zellgröße wurde nach den Grampräparaten bestimmt. Die Prüfung auf Gelatineabbau geschah nach dem Schnellverfahren von Frazier (Janke 1946) mit Sublimatlösung nach 24 h und 48 h. Stärkeabbau prüften wir auf Platten mit Nähragar + 0,2% lösliche Stärke, die nach 4 d und 10 d mit Lugolscher Lösung übergossen wurden. Die Verwertung von Glukose und Laktose (FB oder Pl + 1% Kohlenhydrat) wurde über 40 Tage auf Säuerung (Bromkresolpurpur) und Gasbildung (Durhamröhrchen) kontrolliert. Lackmusmilch (Magermilch + 7% Lackmuslösung nach Kubel-Tiemann) wurde ebenfalls über 40 Tage beobachtet. Auf Nitratreduktion prüften wir in einer Nitratbrühe und auf einem synthetischen Medium (s. o.) nach 3 d und 10 d mit Sulfanilsäure und α-Naphthylamin, ferner mit Durhamröhrchen auf Gasbildung. Die Methylrotreaktion und die Voges-Proskauer-Reaktion, die bei einem Stamm erforderlich waren, wurden nach der Vorschrift von Habs (1956) durchgeführt.

Zeichenerklärung:

Gelatine:	+ Gelatineabbau vorhanden
	— Gelatineabbau nicht vorhanden
Stärke:	+ Stärkeabbau vorhanden
	— Stärkeabbau nicht vorhanden
Glukose:	+ Reaktion (Vergärung) innerhalb von 40 Tagen bei pH 5,2 (Bromkresolpurpur gelb)
	— keine Säurebildung
Laktose:	+ Reaktion (Vergärung) innerhalb von 40 Tagen bei pH 5,2 (Bromkresolpurpur gelb)
	— keine Säurebildung
Nitrat:	+ Bildung von Nitrit
	— Fehlen von Nitrit
Lackmusmilch:	— keine Veränderung innerhalb von 40 Tagen.

I. Kokken

Schlüssel für die *Micrococcus*-Stämme:

Nitrat +	Gelatine +	Stärke +	*Micrococcus* I, II
		Stärke —	*M.* III
	Gelatine —		*M.* IV
Nitrat —	Gelatine +	Stärke +	*M.* V
		Stärke —	*M.* VI
	Gelatine —	Stärke +	*M.* VII
		Stärke —	*M.* VIII, IX

***Micrococcus* I**

Kokken, ∅ 1,0 μ, einzeln und in unregelmäßigen Haufen.	Gram +
	Gelatine +
FBAg-Strich: gelb.	Stärke +
FB: Häutchen, Sediment.	Glukose —
Lackmusmilch: Säuregerinnung.	Laktose —
Nahestehende Art: *M. conglomeratus* MIGULA.	Nitrat +

***Micrococcus* II**

Kokken, ∅ 0,8 μ, häufig in Tetraden.	Gram +
FBAg-Strich: schwach gelblich.	Gelatine +
FB: Häutchen, Sediment.	Stärke +
Lackmusmilch: —	Glukose —
	Laktose —
Wahrscheinlich identisch mit *M. conglomeratus* MIGULA.	Nitrat +

***Micrococcus* III**

Kokken, ∅ 0,9 μ, unregelmäßige Haufen.	Gram +
FBAg-Strich: cremefarben, glänzend.	Gelatine +
FB: Trübung, Sediment.	Stärke —
Lackmusmilch: Säuregerinnung, Reduktion.	Glukose +
Nahestehende Art: *M. caseolyticus* EVANS.	Laktose +
	Nitrat +

***Micrococcus* IV**

Kokken, ∅ 1,1 μ, einzeln und unregelmäßige Haufen.	Gram +
	Gelatine —
FBAg-Strich: durchscheinend, schwach gelblich	Stärke —
FB: Trübung.	Glukose +
Lackmusmilch: Säuregerinnung.	Laktose —
Nahestehende Art: *M. caseolyticus* EVANS.	Nitrat +

***Micrococcus* V**

Kokken, ∅ 0,9 μ, einzeln und unregelmäßige Haufen.	Gram +
FBAg-Strich: durchscheinend, bei starkem Wachstum orange,	Gelatine +
schleimig.	Stärke +
FB: Trübung, Sediment.	Glukose +
Lackmusmilch: Peptonisierung, Reduktion.	Laktose —
Nahestehende Art: *M. roseus* FLÜGGE.	Nitrat —

***Micrococcus* VI**

Kokken, ∅ 0,6 μ, häufig in Tetraden.	Gram +
FBAg-Strich: kräftig gelb, glänzend.	Gelatine +
FB: Trübung, Sediment.	Stärke —
Lackmusmilch: Peptonisierung, Reduktion.	Glukose +
Wahrscheinlich identisch mit *M. luteus* COHN.	Laktose —
	Nitrat —

***Micrococcus* VII**

Kokken, ∅ 0,8 μ, einzeln und unregelmäßige Haufen.
FBAg-Strich: durchscheinend, bei starkem Wachstum orange, schleimig.
FB: Trübung, Sediment.
Lackmusmilch: Peptonisierung, Reduktion.

Gram +
Gelatine –
Stärke +
Glukose +
Laktose –
Nitrat –

***Micrococcus* VIII**

Kokken, ∅ 1,0 μ, einzeln und unregelmäßige Haufen.
PAg-Strich: durchscheinend, weiß.
Pl: Trübung, Sediment.
Lackmusmilch: Säuregerinnung, Reduktion.
Nächststehende Art: *M. candidus* COHN.

Gram +
Gelatine –
Stärke –
Glukose +
Laktose –
Nitrat –

***Micrococcus* IX**

Kokken, ∅ 0,8 μ, einzeln und unregelmäßige Haufen.
FBAg-Strich: cremefarben.
FB: Häutchen, Trübung, Sediment.
Lackmusmilch: Reduktion.
Nächststehende Art: *M. candidus* COHN.

Gram +
Gelatine –
Stärke –
Glukose +
Laktose –
Nitrat –

Sarcina

Kokken, ∅ 1,0 μ, vorwiegend in kubischen Paketen.
PAg-Strich: gelb, glänzend.
Pl: Häutchen, Sediment.
Lackmusmilch: –.
Nahestehende Art: *S. flava* DE BARY.

Gram +
Gelatine +
Stärke –
Glukose –
Laktose –
Nitrat +

II. Grampositive Stäbchen

Schlüssel für die *Bacillus*-Stämme:

Laktose +	Nitrat +	*Bacillus* I
	Nitrat –	*B.* II
Laktose –	Nitrat +	*B.* III, IV
	Nitrat –	*B.* V

***Bacillus* I**

Stäbchen, 2,3–2,9–3,9 × 1,2 μ, z. T. in Ketten, beweglich.
FBAg-Strich: weiß, später faltig.
FB: Häutchen, Trübung, Sediment, Häutchen flockig abfallend.
Lackmusmilch: Peptonisierung, Reduktion.

Gram +
Sporen +
Gelatine +
Stärke +
Nitrat +

***Bacillus* II**

Stäbchen, 2,2–2,9–3,6 × 1,1 μ, unbeweglich.
FBAg-Strich: cremefarben, glänzend.

Gram +
Sporen +

FB: Trübung, Sediment.
Lackmusmilch: Peptonisierung, Reduktion.

Gelatine +
Stärke +
Glukose +
Laktose +
Nitrat −

***Bacillus* III**

Stäbchen, 1,5—2,2—4,0×0,5 μ, z. T. in kurzen Ketten, beweglich.
FBAg-Strich: farblos—weiß, schleimig, glänzend.
FB: Trübung, Sediment.
Lackmusmilch: Peptonisierung.

Gram +
Sporen +
Gelatine +
Stärke +
Glukose +
Laktose +
Nitrat +

***Bacillus* IV**

Stäbchen, 2,2—3,1—3,9×1,2 μ, z. T. in Ketten, beweglich.
FBAg-Strich: farblos—weiß, später faltig.
FB: Häutchen, Sediment.
Lackmusmilch: Peptonisierung, Reduktion.

Gram +
Sporen +
Gelatine +
Glukose +
Laktose −
Nitrat +

***Bacillus* V**

Stäbchen, 1,2—2,1—4,0×0,8 μ, z. T. in Ketten, beweglich.
FBAg-Strich: farblos—weiß, glänzend.
FB: Trübung, Sediment.
Lackmusmilch: Peptonisierung, Reduktion.

Gram +
Sporen +
Gelatine +
Stärke +
Glukose −
Laktose −
Nitrat −

Brevibacterium

Stäbchen, 1,0—1,7—2,3×0,8 μ; sehr häufig sind V-Formen, unbeweglich.
FBAg-Strich: hellrot, schleimig glänzend.
FB: Häutchen, Sediment.
Lackmusmilch: Alkalisierung.
Auf Grund der winkligen Anordnung der Zellen wäre eine Zuordnung zur Gattung *Corynebacterium* möglich; da jedoch keine pleomorphen Formen gefunden wurden und die anderen Merkmale für *Brevibacterium* sprechen, haben wir uns hierfür entschieden. Innerhalb dieser Gattung wäre die nächststehende Art *Brevibacterium linens* BREED.

Gram +
Sporen −
Gelatine −
Stärke −
Glukose −
Laktose −
Nitrat +

III. Gramnegative Stäbchen

Schlüssel für die *Pseudomonas*-Stämme:

Farbstoffbildung +	Gelatine +	Nitrat +	*Pseudomonas* I, II, III, IV
		Nitrat −	*Ps.* V, VI
	Gelatine −		*Ps.* VII

Farbstoffbildung –	Gelatine +	Nitrat +	*Ps.* VIII, IX, X
		Nitrat –	*Ps.* XI
	Gelatine –	Nitrat +	*Ps.* XII
		Nitrat –	*Ps.* XIII, XIV, XV

***Pseudomonas* I**

Stäbchen, 1,0–2,0×0,8 μ, beweglich.
FBAg-Strich: farblos–schleimig, Agar grün gefärbt.
FB: Trübung (grün).
Lackmusmilch: Peptonisierung.

Gram –
Gelatine +
Stärke +
Glukose +
Laktose –
Nitrat +

***Pseudomonas* II**

Stäbchen, 1,2–2,0–2,5×0,8 μ, beweglich.
PAg-Strich: gelbgrün, später bräunlich.
Pl: Häutchen, Sediment.
Lackmusmilch: Peptonisierung, Reduktion.

Gram –
Gelatine +
Stärke +
Glukose –
Laktose –
Nitrat +

***Pseudomonas* III**

Stäbchen, 1,2–1,5–2,2×0,5 μ, beweglich.
PAg-Strich: orange, fluoreszierend.
Pl: Trübung, Sediment.
Lackmusmilch: Reduktion.

Gram –
Gelatine +
Stärke +
Glukose +
Laktose –
Nitrat –

***Pseudomonas* IV**

Stäbchen, 1,0–1,2–1,5×0,7 μ, unbeweglich.
PAg-Strich: Kultur blaßgrün, Agar grün.
Pl: Trübung.
Lackmusmilch: Peptonisierung, Reduktion.

Gram –
Gelatine +
Stärke –
Glukose +
Laktose –
Nitrat +

***Pseudomonas* V**

Stäbchen, 1,1×0,9 μ, unbeweglich.
PAg-Strich: durchscheinend gelb, fluoreszierend.
Pl: Häutchen, Sediment.
Lackmusmilch: Peptonisierung, Reduktion.

Gram –
Gelatine +
Stärke +
Glukose –
Laktose –
Nitrat –

***Pseudomonas* VI**

Stäbchen, 1,0–1,5 – 1,8×0,8 μ, unbeweglich.
PAg-Strich: grün, Agar nicht gefärbt, alte Kulturen bräunlich.
Pl: Häutchen, Sediment.
Lackmusmilch: Reduktion.

Gram –
Gelatine +
Stärke +
Glukose –
Laktose –
Nitrat –

***Pseudomonas* VII**

Stäbchen, 1,2—2,0—3,0 × 0,8 μ, häufig schwach gekrümmt, beweglich.
PAg-Strich: hellgrün, Agar nicht gefärbt, schwaches Wachstum auf allen Medien.
Pl: Häutchen, Sediment.
Lackmusmilch: —.

Gram —
Gelatine —
Stärke +
Glukose —
Laktose —
Nitrat —

***Pseudomonas* VIII**

Stäbchen, 0,9—1,4—2,2 × 0,7 μ, beweglich.
FBAg-Strich: weiß, schleimig, fluoreszierend.
FB: Trübung.
Lackmusmilch: Peptonisierung, Reduktion.

Gram —
Gelatine +
Stärke —
Glukose +
Laktose —
Nitrat +

***Pseudomonas* IX**

Stäbchen, 1,1—1,3—2,4 × 0,9 μ, beweglich.
FBAg-Strich: farblos—weiß, schleimig, Agar grünlich.
FB: Trübung, Sediment.
Lackmusmilch: Säuregerinnung, Reduktion.
Vermutlich identisch mit *Ps. fairmontensis* CHESTER.

Gram —
Gelatine +
Stärke —
Glukose +
Laktose +
Nitrat +

***Pseudomonas* X**

Stäbchen, 1,0—1,3—2,0 × 0,5 μ, beweglich.
FBAg-Strich: farblos, schleimig glänzend.
FB: Trübung, Sediment.
Lackmusmilch: Peptonisierung, Reduktion.

Gram —
Gelatine +
Stärke —
Glukose —
Laktose —
Nitrat +

***Pseudomonas* XI**

Stäbchen, 1,0—1,3—2,0 × 0,8 μ, beweglich.
FBAg-Strich: farblos—schwach grün, schleimig.
FB: Häutchen, Trübung.
Lackmusmilch: Peptonisierung, Reduktion.

Gram —
Gelatine +
Stärke —
Glukose +
Laktose —
Nitrat —

***Pseudomonas* XII**

Stäbchen, 0,9—1,1 × 0,8 μ, unbeweglich.
PAg-Strich: farblos—weiß, fluoreszierend.
Pl: Trübung, Sediment.
Lackmusmilch: Peptonisierung, Reduktion.

Gram —
Gelatine —
Stärke +
Glukose —
Laktose —
Nitrat +

***Pseudomonas* XIII**

Stäbchen, 1,0—0,6 μ beweglich.
FBAg-Strich: farblos—schwach grün, schleimig.

Gram —
Gelatine —

FB: Häutchen, Trübung, Sediment. Stärke –
Lackmusmilch: Alkalisierung. Glukose –
Laktose –
Nitrat +

***Pseudomonas* XIV**
Stäbchen, 0,8–1,5–2,0 × 0,8 μ, beweglich. Gram –
FBAg-Strich: farblos—schwach grün, schleimig. Gelatine –
FB: Häutchen, Trübung, Sediment. Stärke –
Lackmusmilch: Alkalisierung. Glukose +
Laktose –
Nitrat +

***Pseudomonas* XV**
Stäbchen, 1,1–1,3–2,2 × 0,8 μ, unbeweglich. Gram –
FBAg-Strich: weiß, schleimig glänzend, fluoreszierend. Gelatine –
FB: Trübung. Stärke –
Lackmusmilch: –. Glukose –
Laktose –
Nitrat –

Schlüssel für die *Achromobacter*-Stämme

Beweglich	Gelatine +	Stärke +	*Achromobacter* I
		Stärke –	*A.* II, III
	Gelatine –		*A.* IV
Unbeweglich	Gelatine +		*A.* V
	Gelatine –		*A.* VI

***Achromobacter* I**
Stäbchen, 1,3–2,0–2,8 × 0,7 μ, beweglich. Gram –
FBAg-Strich: farblos, schleimig. Gelatine +
FB: Häutchen, Sediment. Stärke +
Lackmusmilch: Peptonisierung, Reduktion (beides schwach). Glukose –
Laktose –
Nitrat –

***Achromobacter* II**
Stäbchen, 1,1–1,3–2,2 × 0,9 μ, beweglich. Gram –
FBAg-Strich: farblos. Gelatine +
FB: Häutchen, Trübung. Stärke –
Lackmusmilch: Peptonisierung, Reduktion. Glukose +
Laktose –
Nitrat –

***Achromobacter* III**
Stäbchen, 1,1 × 0,6 μ, beweglich. Gram –
FBAg-Strich: grauweiß, schleimig. Gelatine +
FB: Trübung. Stärke –
Lackmusmilch: Peptonisierung, Reduktion. Glukose +
Laktose –
Nitrat +

***Achromobacter* IV**

Stäbchen, 1,0—1,3—2,1 × 0,5 μ, beweglich.
PAg-Strich: farblos, bei stärkerem Wachstum grauweiß.
Pl.: Trübung, Sediment.
Lackmusmilch: —.

Gram —
Gelatine —
Stärke +
Glukose —
Laktose —
Nitrat —

***Achromobacter* V**

Stäbchen, 1,0—1,2—2,5 × 0,6 μ, unbeweglich.
PAg-Strich: farblos.
Pl: Trübung.
Lackmusmilch: Peptonisierung, Reduktion.

Gram —
Gelatine +
Stärke +
Glukose +
Laktose —
Nitrat +

***Achromobacter* VI**

Stäbchen, 1,2—2,1 × 0,7 μ, unbeweglich.
PAg-Strich: farblos.
Pl: Häutchen, Trübung, Sediment.
Lackmusmilch: Alkalisierung.

Gram —
Gelatine —
Stärke —
Glukose +
Laktose —
Nitrat +

Schlüssel für die *Flavobacterium*-Stämme

Beweglich			*Flavobacterium* I
Unbeweglich	Gelatine +	Glukose +	*F.* II
		Glukose —	*F.* III
	Gelatine —		*F.* IV

***Flavobacterium* I**

Stäbchen, 1,0 × 0,6 μ, beweglich.
FBAg-Strich: kräftig gelb, glänzend.
FB: Häutchen, Sediment.
Lackmusmilch: Peptonisierung, Reduktion.

Gram —
Gelatine +
Stärke +
Glukose +
Laktose —
Nitrat —

***Flavobacterium* II**

Stäbchen, 1,0—1,2—2,0 × 0,5 μ, unbeweglich.
FBAg-Strich: orange, schleimig glänzend.
FB: Trübung, Sediment.
Lackmusmilch: Peptonisierung, Reduktion.

Gram —
Gelatine +
Stärke +
Glukose +
Laktose +
Nitrat +

***Flavobacterium* III**

Stäbchen, 1,5—1,9—2,4 × 0,7 μ, unbeweglich.
PAg-Strich: schwach gelb.

Gram —
Gelatine +

Pl: Häutchen, Sediment.
Lackmusmilch: —.

Stärke +
Glukose —
Laktose —
Nitrat —

***Flavobacterium* IV**

Stäbchen, 1,2—1,7—2,1 × 0,7 μ, unbeweglich.
PAg-Strich: orange.
Pl: Trübung, Sediment.
Lackmusmilch: —.

Gram —
Gelatine —
Stärke +
Glukose —
Laktose —
Nitrat +

Alcaligenes

Stäbchen, 1,3—2,2 × 0,8 μ, beweglich.
FBAg-Strich: farblos, glänzend.
FB: Häutchen, Trübung, Sediment.
Lackmusmilch: Alkalisierung, später Peptonisierung.
Mögliche Zugehörigkeit: *A. bookeri* Bergey et al., dessen Vorkommen hier atypisch ist.

Gram —
Gelatine +
Stärke +
Glukose —
Laktose —
Nitrat +

Beneckea

Stäbchen, 1,0 × 0,5 μ, beweglich.
Chitinagar: farblos.
Lackmusmilch: Peptonisierung, Reduktion.
Nach Bergeys Manual nächststehende Art: *B. labra* Campbell; Abweichung davon z. B. im Glukose- und Milchverhalten.

Gram —
Gelatine —
Stärke —
Glukose —
Laktose —
Nitrat +

Chromobacterium

Stäbchen, 1—2 × 0,8 μ, beweglich.
FBAg-Strich: tief blau—violett, jedoch zuweilen auch farblose Kulturen; Agar nicht gefärbt.
FB: Häutchen, Trübung, Sediment.
Lackmusmilch: Reduktion.
Nahestehende Art: *Ch. violaceum* Bergonzini

Gram —
Gelatine +
Stärke —
Glukose +
Laktose —
Nitrat +

Aerobacter

Stäbchen, 1,0—1,2 × 0,5 μ, beweglich.
FBAg-Strich: weiß, schleimig.
FB: Häutchen, Trübung, Sediment.
Lackmusmilch: Säuregerinnung, Reduktion.
Methylrot-Test: —.
Voges-Proskauer-Reaktion: +.
Identisch mit *Aerobacter aerogenes* Beijerinck.

Gram —
Gelatine —
Stärke —
Glukose +, Gas
Laktose +, Gas
Nitrat +

Proteus

Stäbchen, 1,1—2,2—3,1 × 0,9 μ, beweglich.
FBAg-Strich: farblos.

Gram —
Gelatine +

FB: Häutchen. Stärke +
Lackmusmilch: Peptonisierung, Reduktion. Glukose +, Gas
Laktose —
Nitrat +

Caulobacter

Stäbchen, meistens gekrümmt, mit Stielbildung, Rosettenbildung häufig, beweglich. Zellgröße: 1,0—3,0×0,7 μ; mit Stiel bis 15 μ Länge.
PAg-Strich: orange.
Pl: Häutchen, Trübung, Sediment.
Lackmusmilch: —.
Von *C. vibrioides* HENRICI & JOHNSON, der einzigen beschriebenen Art, abweichend durch Nitrat- und Gelatineverwertung. Außerdem zeigt der von uns zweimal isolierte Stamm kräftige Farbstoffbildung.

Gram —
Gelatine +
Stärke —
Glukose —
Laktose —
Nitrat +

D. Zusammenfassung

1. Es werden die Ergebnisse bakteriologischer Untersuchungen im oligotrophen Stechlinsee mitgeteilt und diskutiert.
2. Das Wasser des Stechlinsees ist keimarm; die Schwankungen des Bakteriengehaltes bewegten sich um 10^2/ml mit Extremwerten von 1750/ml und 20/ml. Ein Maximum trat im Frühjahr auf, ein zweites schwächeres im Herbst; im Sommer wurde ein Minimum gefunden. Auf nährstoffreichem Substrat waren die Keimzahlen niedriger als auf nährstoffarmen.
3. Die Vertikalverteilung der Bakterien zeigt Beziehungen zur thermisch bedingten Schichtung des Wassers.
4. Der Anteil der Farbstoffbildner war hoch (47%); die Farben rot — rosa — gelb waren am häufigsten.
5. Denitrifikation und Desulfurikation haben im Stechlinsee nur an Mikrostandorten Bedeutung.
6. Die untersuchten 92 Reinkulturen verteilten sich auf 15 Gattungen; *Pseudomonas*, *Micrococcus* und *Achromobacter* waren am häufigsten. Sechs Stämme ließen sich nicht in bekannte Gattungen einordnen.

E. Literatur

BABENZIEN, H.-D., 1962: Probleme und Aufgaben der Hydrobakteriologie. Limnologica (Berlin) **1** (1), 45—49.

BAIER, C. R., 1936: Studien zur Hydrobakteriologie stehender Binnengewässer. Arch. Hydrobiol. **29**, 182—257.

BERE, R., 1933: Number of bacteria in inland lakes of Wisconsin as shown by the direct microscopic method. Internat. Revue ges. Hydrobiol. **29**, 248—263.

BELING, A. & H. W. JANNASCH, 1955: Hydrobakteriologische Untersuchungen der Fulda unter Anwendung der Membranfiltermethode. Hydrobiologia (Den Haag) **7**, 36—51.

BREED, R. S., E. G. D. MURRAY & N. R. SMITH, 1957: BERGEY's Manual of Determinative Bacteriology. 7. Aufl. Baltimore.

BUCHERER, H., 1935: Über den mikrobiellen Chitinabbau. Zbl. Bakt. II **93**, 12–24.

BUCKSTEEG, W. & H. THIELE, 1958: Verbesserung der Keimzählungstechnik in der Wasserbakteriologie durch Anwendung von TTC. Zbl. Bakt. II **111**, 235–237.

CHOLODNY, N., 1929: Zur Methodik der quantitativen Erforschung des bakteriellen Planktons. Zbl. Bakt. II **77**, 179–193.

DAUBNER, I., 1960: Membranfilter und ihre Anwendung in der Hydrobakteriologie. Bratislava.

DEVÈZE, L., 1955: Parallélisme d'évolution des populations planctoniques et bactériennes marines durant la période estivale 1955. C. R. Acad. Sci. Paris **242**, 1629–1631.

FRED, E. B., F. C. WILSON & A. DAVENPORT, 1924: Distribution and significance on bacteria in Lake Mendota. Ecology **5**, 322–339.

FÜCHTBAUER, H., 1950: Zur Strahlenresistenz pigmentierter Bakterien. Göttingen, Dissertation.

HABS, H., 1956: Bakteriologisches Taschenbuch. 37. Aufl., Leipzig.

HENRICI, A. T., 1933: Studies of freshwater bacteria I. A direct microscopic technique. J. Bact. **25**, 277–287.

— 1936: Studies of freshwater bacteria III. Quantitative aspects of the direct microscopic method. J. Bakt. **32**, 265–280.

— 1938: Studies of freshwater bacteria IV. Seasonal fluctuations of lake bacteria in relation to plancton production. J. Bact. **35**, 129–139.

HENRICI, A. & D. E. JOHNSON, 1935: Studies of fresh water bacteria II. Stalkes bacteria, a new order of schizomycetes. J. Bact. **30**, 61–92.

JANNASCH, H. W., 1953: Zur Methodik quantitativer Untersuchungen von Bakterienkulturen in flüssigen Medien. Arch. Mikrobiol. **18**, 425–430.

— 1955: Zur Ökologie der zymogenen planktischen Bakterienflora natürlicher Gewässer. Arch. Mikrobiol. **23**, 146–180.

JANKE, A., 1946: Arbeitsmethoden der Mikrobiologie. Dresden und Leipzig.

KARZINKIN, G. S., 1934: K izuceniju bakterial'nogo perifitona. Arb. Limnol. Stat. Kossino **17**, 21–48.

KLEIN, G. & M. STEINER, 1929: Bakteriologisch-chemische Untersuchungen am Lunzer Untersee. I. Die bakteriellen Grundlagen des Stickstoff- und Schwefelumsatzes im See. Österr. Bot. Z. **78**, 289.

KOŽOVA, O. M. & E. A. KAZANCEVA, 1961: O sezonnych izmenijach čislennosti bakterioplanktona v vodach ozera Bajkal. Mikrobiologija **30**, 113–117.

KRASSILNIKOV, N. A., 1959: Diagnostik der Bakterien und Actinomyceten. Jena.

KRUSE, H., 1960: Die Durchführung der bakteriologischen Wasseruntersuchung in den verschiedenen Staaten der Erde. Gas- und Wasserfach **101**, 496–499.

KUSNECOV, S. I., 1958: A study of the size of bacterial populations and of organic matter due photo- and chemosynthesis in water bodies of different types. Verh. Internat. Ver. Limnol. **13**, 156–169.

— 1959: Die Rolle der Mikroorganismen im Stoffkreislauf der Seen. Berlin.

KUSNECOV, S. I. & G. S. KARZINKIN, 1931: Direct method of the quantitativ study of bacteria in water and some considerations on the causes which produce a zone of oxygen-minimum in Lake Glubokoje. Zbl. Bakt. II **83**, 169–174.

KUSNECOVA, Z. I., 1937: Methode der Ausscheidung von Plankton- und Periphytonbakterien und ihre Anwendung zum Studium der Dynamik der bakteriologischen Prozesse im Wasserbecken (russ.). Arb. Limn. Stat. Kossino **21**, 89–102; Ref. Zbl. Bakt. II **97**, 437.

LODDER, J. &. N. J. W. KREGER VAN RIJ, 1952: The Yeasts — A taxonomic study. Amsterdam.

MÖLLER, L., 1936: Stechlinsee und Sakrower See. Ein Beitrag zur Charakteristik eutropher und oligotropher Seentypen. Arch. Hydrobiol. **29**, 137–156.

NOVOŽILOVA, M. I., 1957: Vremja generacii bakterii i produkcija bakterial'noj biomassy v vode rybinskogo vodochranilišča. Mikrobiologija **26**, 202–209.

NOVOBRANCEV, P. V., 1937: Die Entwicklung der Bakterien in Abhängigkeit von dem Gehalt an leicht assimilierbaren organischen Stoffen im Wasser (russ.). Mikrobiologija **6**, 28–36; Ref.: Zbl. Bakt. II **97**, 257.

OHLE, W., 1955: Die chemische und elektrochemische Bestimmung des molekular gelösten Sauerstoffs der Binnengewässer. Mitt. Internat. Ver. Limnol. **3**.

PALUCH, J., 1958: Die Keimzahlbestimmungen im Wasser des Staubeckens bei Goczalkowice auf Objektträgerplatten (poln.). Acta Mikrobiol. Polonica **7**, 315–333.

PALUCH, J. & R. DOBRZANSKI, 1957: Bestimmungsversuche der Stoffwechseldynamik im Wasser des Staubeckens von Kozlowa Gora (poln.). Acta Microbiol. Polonica **6**, 49–86.

PELCZAR, M. I. et al., 1957: Manual of Microbiological Methods. Mc Graw-Hill Book Comp. Inc. New York, Toronto, London.

POTTER, L. F., 1960: The effect of pH on the development of bacteria in water stored in glass containers. Canad. J. Microbiol. **6**, 257–263.

POTTER, L. F. & G. E. BAKER, 1961: The microbiology of Flathed and Rogers Lakes, Montana, II. Vertical distribution of the microbial populations and chemical analyses of their enviroments. Ecology **42**, 338–348.

RHEINHEIMER, G., 1960: Der Jahresrhythmus der Bakterienkeimzahl in der Elbe zwischen Schnackenburg und Hamburg. Arch. Miorobiol. **35**, 34–43.

RUTTNER, F., 1932: Bericht über ältere, bisher unveröffentlichte bakteriologische Untersuchungen an den Lunzer Seen. Internat. Revue ges. Hydrobiol. **26**, 438–443.

– 1962: Grundriß der Limnologie. 3. Aufl. Berlin.

SCHÄPERCLAUS, W., 1955: Die Rolle der Bakteriophagen im Stoffhaushalt der Gewässer und bei der Entstehung von Fischkrankheiten. Arch. Hydrobiol./Suppl. **22** (3/4), 488–493.

SCHRÄDER, TH., 1962: Die Forschungsstelle für Limnologie der Deutschen Akademie der Wissenschaften zu Berlin. Limnologica (Berlin) **1** (1), 1–20.

SCHWARTZ, W., 1954: Wasserbakteriologie, Probleme und Möglichkeiten. Gas- und Wasserfach **95**, H. 14.

– 1959: Mikrobiologie der Gewässer. In: Handbuch der Pflanzenphysiologie **11**, 752–781.

SKERMAN, V. B. D., 1959: A guide to the identification of the genera of bacteria. Baltimore.

SNOW, L. & E. B. FRED, 1926: Some characteristics of the bacteria of Lake Mendota. Transact. Wisconsin Ac. Sci. **22**, 143–154.

SOROKIN, JU. I., 1960: Batometr dlja otbora prob vody na bakteriologičeskij annaliz. Bjull. inst. biol. vodochr. **6**, 53–54.

STEENBECK, M., 1958: Energiequelle Atom. Bergakademie **10**, 459–467.

STUNDL, K., 1941: Ein einfaches Verfahren zur Ermittlung der Zahl physiologisch wirksamer Wasserbakterien. Zbl. Bakt. I **147**, 267–272.

TAYLOR, C. B., 1942: Bacteriology of fresh water, II. The types of bacteria present in lakes and streams and their relationship to the bacterial flora of soil. J. Hyg. **42**, 284–296.

UNGER, H., 1958: 2,3,5-Triphenyltetrazoliumsalz als Hilfsmittel bei der Keimzählung nach dem KOCHschen Gußplattenverfahren. Arch. Mikrobiol. **32**, 20–24.

VOROSCHILOVA, A. & E. DIANOVA, 1937: Die Rolle des Planktons bei der Vermehrung der Bakterien in isolierten Meerwasserproben (russ.) Mikrobiologija **6**, 741–753.

WAKSMAN, S. A. & C. E. RENN, 1936: Decomposition of organic matter in sea water by bacteria. III. Factors influencing the rate of decomposition. Biol. Bull. **70**, 472–483.

WAGNER, G., 1961: Temperaturen und Sauerstoff im Großen Stechlinsee und Sakrower See. Eine Gegenüberstellung der Jahre 1958 und 1959. Z. Fischerei N. F. **10**, (1/3), 5–19.

WOLTERS, N. & W. SCHWARTZ, 1956: Untersuchungen über Vorkommen und Verhalten von Mikroorganismen in reinen Grundwässern. Arch. Hydrobiol. **51**, 500–541.

ZIH, A., 1932: Beiträge zur Bakteriologie der Lunzer Seen. Internat. Revue ges. Hydrobiol. **26**, 431–438.

ZOBELL, C. E., 1946: Marine Microbiology. Waltham, Mass., USA.

Anschrift des Verfassers:
HANS-DIETRICH BABENZIEN, Greifswald,
Postfach 247.

Limnologica (Berlin)	2	1	1964	35–103

Aus der Forschungsstelle für Limnologie
der Deutschen Akademie der Wissenschaften zu Berlin, Jena-Lobeda
Direktor: Dozent Dr. habil. TH. SCHRÄDER

DIETRICH FLÖSSNER

Zur Cladocerenfauna des Stechlinsee-Gebietes II.

Ökologische Untersuchungen über die litoralen Arten[1])

Mit 9 Abbildungen und 16 Tabellen

(Eingegangen am 23. April 1963)

Inhaltsverzeichnis

A. Einleitung

Die Ökologie der Cladoceren, insbesondere der litoralen Formen, ist fast so alt wie die Beschäftigung mit den Cladoceren überhaupt. Die klassisch gewordene Arbeit von

[1]) Nach einer Dissertation der Mathematisch-Naturwissenschaftlichen Fakultät der Martin-Luther-Universität Halle-Wittenberg (Erstgutachter: Prof. Dr. J. O. HÜSING).

Kurz (1878) über „limikole Cladoceren“ legt für eine in der damaligen Zeit erstaunlich weit entwickelte ökologische Betrachtungsweise beredtes Zeugnis ab. Mit dem Aufschwung der Planktonkunde am Ende des vergangenen Jahrhunderts traten jedoch die Ufercladoceren mehr und mehr in den Hintergrund. Gleichzeitig bedeuteten aber die fundamentalen Untersuchungen von Weismann (1880) über die Fortpflanzungsbiologie der Wasserflöhe in der Erforschung auch der litoralen Arten einen Wendepunkt. Jahrzehntelang beherrschte das Problem der Generationszyklen die Beschäftigung mit der Cladocerenbiologie. Selbst Lilljeborgs (1900) grundlegende Monographie enthält nur kurze, sehr allgemein gehaltene Angaben über die Ökologie der Cladoceren. Auch die sich rasch entwickelnde limnologische, d. h. ökologische Betrachtungsweise des Lebens in den Gewässern vermochte kaum anregend zu wirken. Die Cladocerenforscher erschöpften sich seitdem in der Aufstellung von langen Faunenlisten und mit dem Zusammentragen von Einzelbeobachtungen über das Vorkommen und die Verbreitung der verschiedenen Arten. So ragen aus der Flut dieser Mitteilungen nur wenige Arbeiten richtungweisend hervor.

Gajl (1924) sprach seinen fruchtbaren Gedanken über den eustatischen und astatischen Gewässertypus nach Untersuchungen an litoralen Phyllopoden und Copepoden aus. Redeke & de Vos (1933) und Poulsen (1928) fanden im Säuregrad des Wassers ein leitendes Prinzip für die ökologische Differenzierung der Cladoceren; Poulsen glaubte ein solches auch in der Dichte der Vegetation gefunden zu haben. Bigelow (1928) wies erstmals auf die Strukturgebundenheit der Wasserflöhe im Litoral der Seen hin. Borg (1935) veröffentlichte seine bedeutsame Studie über den Parasitismus von *Anchistropus* und zu gleicher Zeit trat Eriksson (1935) mit einer umfangreichen Untersuchung über den Bau des Fangapparates einiger litoraler Cladoceren auf, die, obgleich vornehmlich taxonomisch-phylogenetischen Spekulationen dienend, gleichermaßen neue und tiefe Einblicke in die Ökologie der Cladoceren gewährt. In jüngster Zeit gab Mäemets (1961) einen Überblick über die Ökologie der Wasserflöhe Estlands. Schließlich sind noch die Arbeiten des Biologischen Forschungsinstituts Tihany am Plattensee (Entz 1947, Ponyi 1957, Sebestyén 1947, 1948, 1959) zu nennen, die sich einer standortökologischen Analyse der von litoralen Cladoceren besiedelten Lebensstätten befleißigen.

Die Aufgabe der vorliegenden Arbeit ist es, die Jahres- und Generationszyklen der Ufercladoceren im Gebiet des Stechlinsees zu erfassen und darüberhinaus die Artenbestände an den verschiedenen litoralen Lebensstätten zu ermitteln sowie die Beziehungen zwischen Standort und Cladocerengemeinschaft zu untersuchen.

B. Material und Methoden

Zum Fang von Cladoceren in unterseeischen Makrophytenbeständen im flachen Litoral eignet sich am besten ein Stocknetz aus Perlongaze Nr. 12. Um auch die stärker an den Algenbewuchs gebundenen Arten in ihrer natürlichen Dichte zu erbeuten, wurden die Einzelpflanzen 20 bis 50 cm unter der Wasseroberfläche vorsichtig mit der Hand durchtrennt und mit einem Sieb aus Perlongaze herausgehoben. Im Labor wurden die Pflanzen sorgfältig abgespült und das Wasser durch ein Planktonnetz Nr. 12 filtriert. In den tiefer wachsenden Pflanzenbeständen geschah die Probenentnahme mit dem Ekman-Bodengreifer oder mit der Dredge. Die Bewuchsproben wurden in der üblichen Weise durch Abkratzen in mit Wasser gefüllte Gläser gesammelt. Die bodenbewohnenden Cladoceren fing ich mit Hilfe eines Pfahlkratzers mit Netzbeutel aus grobem Perlontuch. Insgesamt wurde das Material von 304 Litoralproben verwertet; zur Ergänzung wurden noch mehrere Planktonfänge herangezogen.

Eine exakt quantitative Probenentnahme konnte ich nicht durchführen; doch bemühte ich mich um quantitativ einigermaßen vergleichbare Fänge, indem mit dem Fangnetz im Phytal und Sedimental jeweils eine bestimmte Anzahl etwa gleich langer Züge (meist 12 Züge von je 2 m) ausgeführt wurde. Ähnlich wurde bei den Bewuchsproben verfahren, indem jeweils annähernd gleiche Bewuchsmengen (bezogen auf die Sproßlänge von *Typha*) entnommen wurden.

Zur Berechnung der Dominanzwerte wurden die Individuen aller Proben ausgezählt. Um die Abundanzen wenigstens roh zu erfassen, habe ich die üblichen Häufigkeitsgrade benutzt, und mich, in Anlehnung an MEUCHE (1939), der Punktbewertung bedient. Es bedeuten in den soziologischen Tabellen:

e	=	einzeln (1—3 Individuen)	1 Punkt,
s	=	selten (4—10 Individuen)	2 Punkte,
m	=	mehrfach (11—20 Individuen)	3 Punkte,
wz	=	wenig zahlreich (21—50 Individuen)	4 Punkte,
z	=	zahlreich (51—100 Individuen)	5 Punkte,
sz	=	sehr zahlreich (101—500 Individuen)	6 Punkte,
ma	=	massenhaft (über 500 Individuen)	7 Punkte.

Die Summe der Punkte für eine Art aus allen Fängen aus dem betreffenden Taxotop (in den Tabellen in der Spalte A = Abundanz angegeben) gibt einen Begriff von der allgemeinen Häufigkeit der Art.

Es kann natürlich eintreten, daß eine Art trotz ihrer größeren Individuenmenge eine niedrigere Punktzahl erhält als eine andere Art; denn die nach Punkten geschätzte Abundanz weist nur die Werte 1 bis 7 auf, während bei Angabe der absoluten Anzahl der Individuen viel höhere Zahlen auftreten. Ein im Verhältnis zur Anzahl der Individuen zu niedrigerer Punktwert kann aber nur bedingt sein durch eine geringere Konstanz der Art (Die Anzahl der Proben, in denen die Art auftritt, ist geringer). Bei der Bewertung der Art nach dem Punktsystem werden demnach die Arten mit geringer Konstanz, aber zeitweiliger Massenentwicklung, zu niedrig bewertet. Daher wurden in den soziologischen Tabellen die Arten nicht nach ihrer Punktzahl = Abundanz, sondern nach ihrer Dominanz geordnet.

Die im synökologischen Teil beschriebenen Cladocerengemeinschaften wurden mit Hilfe von zoozönologischen Charakteristika, nämlich der Individuen-Dominanz und der Konstanz analysiert. Die Individuen-Dominanz D der Art A in einem gegebenen Teilbestand ergibt sich aus der Beziehung

$$D_A = \frac{\text{Anzahl der Individuen der Art A} \cdot 100}{\text{Anzahl sämtlicher Individuen der Vergleichsgruppe}}$$

Die Konstanz C ist der Prozentsatz der Proben aus einer Serie gleichwertiger Proben, in denen die fragliche Art auftritt.

Für die Teilbestände einer Zoozönose wird der Begriff Taxozönose (CHODOROWSKI 1959) vorgeschlagen. Es muß jedoch betont werden, daß wir dem Taxozönose-Begriff CHODOROWSKIS — Taxozönose ist ein Teil einer Biozönose — nicht streng folgen, da über die Abgrenzung von Biozönosen im Litoral der Seen noch keine klaren Vorstellungen herrschen. Der Begriff Taxozönose soll also nur in Fällen Anwendung finden, wo a priori nicht mit Sicherheit entschieden werden kann, ob die zu untersuchenden Teilbestände Teile einer Biozönose sind. Der von einer Taxozönose beanspruchte Raum, der durch ein bestimmtes Gefüge abiotischer und biotischer Faktoren gekennzeichnet ist, soll als Taxotop bezeichnet werden.

C. Physiographie der Seen des Stechlinsee-Gebietes

Die zwischen 5 und 15 km nordöstlich von Rheinsberg (Mark) gelegenen Seen des Arbeitsgebietes gehören geomorphologisch einem Endmoränengebiet des Frankfurter Stadiums an und sind in tiefe Mulden eingebettet (Stechlinsee) oder erfüllen langgestreckte glaziale Schmelzwasserrinnen (Nehmitzsee). Ihre Ufer sind ringsum dicht bewaldet. Der 4,3 km² große Stechlinsee ist mit etwa 70 m maximaler und 24 m mittlerer Tiefe einer der tiefsten Seen Norddeutschlands. Der hohe Sauerstoffgehalt des Tiefenwassers am Ende der Sommerstagnation (etwa 9 mg/l O_2) weist ihn als oligotrophen See aus. Er besitzt einen künstlich ausgebauten Abfluß zum Nehmitzsee, den verlängerten Polzow-Kanal, und einen Verbindungskanal zum östlich gelegenen Dagowsee. Der Stechlinsee ist, ebenso wie der Nehmitzsee, durch halbinselartige Vorsprünge stark gegliedert. Der sich rinnenartig in Nord-Süd-Richtung erstreckende Nehmitzsee bedeckt eine Oberfläche von 1,7 km² und ist maximal 16 m tief. Der Gerlinsee hingegen trägt durch seine geringe Größe (etwa 6 ha) und Tiefe (6 m) fast weiherartigen Charakter und ist wie der Nehmitzsee eutroph. Von den sechs zum Vergleich untersuchten Seen (Dagowsee, Kleiner Tietzensee, Kleiner Boberowsee, Teufelssee, Kigitzsee und Kleiner Törnsee) besitzen nur der Dagowsee und der Kleine Tietzensee ein echtes Pelagial und Profundal, während die übrigen Seen Weiher mit bis zum Grunde reichender Verlandungsvegetation sind. Sie sind sämtlich eutroph, zeichnen sich jedoch, außer dem Dagowsee und Kigitzsee, durch auffallend klares Wasser aus.

Hinsichtlich des Kalkgehaltes gehören Stechlin-, Nehmitz- und Gerlinsee nach der Einteilung von OHLE (1937) zu den kalkreichen Gewässern. Auch in ihrem übrigen Chemismus zeigen sie keinen nennenswerten Unterschied (Tab. 1).

TABELLE 1

Chemische Daten (Durchschnittswerte, mg/l) des Stechlin-, Gerlin- und Nehmitzsees

Gewässer	pH	SBV	CaO	MgO	KH d°	GH d°
Stechlinsee						
Neuglobsower Bucht	7,1	1,9	55	1,44	5,32	5,70
Südufer	7,2	1,6	55	0	4,48	5,50
Nehmitzsee	7,1	2,0	53	4,02	5,60	5,85
Gerlinsee	7,1	1,6	60	3,60	4,48	6,50

Die emerse Verlandungsvegetation ist an den größeren Seen schwach entwickelt, da ihre Ufer zu stark geneigt und zu stark von Laubwald beschattet sind, um die Ansiedlung größerer Röhrichte zu gestatten. Nur in flachen Buchten haben sich bis zu 60 m breite Rohrgürtel ausgebildet, in denen *Typha angustifolia* vorherrscht, während *Phragmites* und *Schoenoplectus* auffällig zurücktreten. An ruhigen Stellen sind dem Phragmitetum aufgelockerte Bestände der Seerosengesellschaft mit *Nymphaea alba* und *Potamogeton natans* als typische Arten vorgelagert. Uferwärts gehen die Röhrichte in Großseggengesellschaften und Erlenbrüche über, in denen der Boden streckenweise von Torfmoosen oder von morastigem Laubdy bedeckt ist. Auch diese Bestände nehmen durchweg nur kleine Flächen ein, die, zusammen mit den Röhrichten, die kahlen Uferstrecken, an die der mit Kiefern gemischte Buchen-Traubeneichenwald unmittelbar herantritt, gleichsam nur streifenförmig unterbrechen. Die Ufer des Gerlinsees sind hingegen ringsum von einem geschlossenen Rohrgürtel umsäumt; doch sind die Verlandungserscheinungen trotz der geringen Wassertiefe nur zögernd vorangeschritten.

Gegenüber der schütteren emersen Verlandungsvegetation fallen die besonders in den kleineren Seen üppig entfalteten submersen Makrophytenbestände auf. In ihnen gedeihen vornehmlich *Potamogeton*-Arten (*P. lucens*, *P. perfoliatus*, *P. pectinatus*), *Myriophyllum spicatum*, *M. verticillatum* und verschiedene Characeen, aber auch *Stratiotes aloides*, *Ceratophyllum demersum*, *Elodea canadensis*, *Ranunculus aquatilis* und *Utricularia vulgaris*. Die breiten *Chara*-Wiesen, die besonders dem Stechlinsee ein auffallendes Gepräge verleihen, reichen hier bis in Tiefen von 19 m, an die sich abwärts stellenweise ausgedehnte sublitorale Bestände von *Platyhypnidium rusciforme* anschließen, denen sehr spärlich *Fontinalis* beigesellt ist.

In den größeren Seen werden ausgedehnte Uferstrecken auch von unbewachsenen Sedimenten verschiedener Art eingenommen. Im Stechlinsee überwiegen bei weitem minerogene Ablagerungen. An den windexponierten Ost- und Südostufern sind es meist geröllreiche Ablagerungen, denen Sande und Feinkiese in wechselnder Stärke beigemischt sind. Stellenweise nehmen feinkörnige minerogene Sedimente umfangreiche Flächen des Litorals in Ufernähe (Neuglobsower Bucht) oder in Form von bis zu 200 m vom Ufer entfernten, relativ flachen Sandbänken ein. Organogene Ablagerungen bleiben im Litoral auf die Endzipfel der Buchten, auf den Bereich stärker entfalteter Röhrichte und auf das windgeschützte Südufer der langgestreckten Halbinsel beschränkt. Auch im Nehmitzsee sind die litoralen Sedimente vorwiegend minerogener Natur. Infolge der starken Gliederung des Sees gelangen aber hier auch schlammige Ablagerungen häufig zur Ausbildung. In den kleineren Seen und Weihern ist der feste sandige Untergrund fast überall von einer dicken Schicht organogener Sedimente überdeckt.

Den an windstillen Ufern und in ruhigen Buchten abgesetzten schlammigen Bodenablagerungen sind meist allochthone Stoffe aus der Umgebung der Gewässer beigemischt. Es sind vor allem die in wechselnder Stärke vorkommenden Zersetzungsprodukte der starken Laubablagerungen (Buche und Erle), die dem Schlamm neben den autochthonen Elementen (Cladoceren- und Ostracodenschalen, Chitinreste, planktogener Detritus) eine geringe, aber charakteristische Prägung verleihen. Die aus der Umgebung ausgelaugten Humusstoffe kommen hingegen infolge des relativ hohen Kalkgehaltes der Seen wenig zur Ausflockung. Die litoralen Bodenablagerungen der untersuchten Seen können als laubdy- bis dyhaltige Grobdetritus- bzw. Feindetritus-Gyttja bezeichnet werden. Die Farbe des Schlammes ist meist ein schmutziges Schwarzgrau bis Graubraun. Bei höherem Laubdygehalt nimmt der Schlamm einen rötlichbraunen Farbton an. In den Erlenbrüchen findet sich reiner Laubdy. Die Sandablagerungen, die selten nahezu steril sind, werden von einer dünnen autochthonen Detritusschicht aus Resten von abgestorbenen Diatomeen, Fadenalgen und Characeen, untermischt mit allochthonem Grobdetritus, bedeckt.

D. Beschreibung der untersuchten Taxotope

Im Stechlin-, Nehmitz- und Gerlinsee wurden folgende litoralen Lebensstätten auf ihre Cladocerenfauna hin untersucht:

I. Stechlinsee

1. Algenbewuchs an emersen Makrophyten (*Typha*; selten auch *Phragmites* und *Schoenoplectus*) und an Geröllen der Brandungsufer,
2. Bestände von *Potamogeton lucens*, *P. natans* und *P. pectinatus*,

3. *Myriophyllum spicatum* und *M. verticillatum*; zum Vergleich auch *Elodea canadensis*, *Ceratophyllum demersum* und *Ranunculus aquatilis*,
4. *Stratiotes aloides*,
5. *Chara*-Wiesen,
6. weiche, dyhaltige Schlammablagerungen und Laubdy in Erlenbrüchen,
7. schlammiger, detritusreicher Sand,
8. detritusarmer Sand,
9. das freie Wasser im Röhrichtgürtel,
10. Bestände von *Nymphaea alba*.

II. Nehmitzsee (Nordbecken)

1. Algenbewuchs an emersen Makrophyten,
2. Bestände von *Potamogeton natans*,
3. *Myriophyllum spicatum* und *M. verticillatum*,
4. *Chara*-Wiesen,
5. weiche dyhalte Schlammablagerungen,
6. detritusarmer Sand.

III. Gerlinsee

1. Algenbewuchs an emersen Makrophyten,
2. *Potamogeton natans* und *P. lucens*,
3. *Myriophyllum spicatum* und *M. verticillatum*,
4. weicher, dyhaltiger Schlamm,
5. das freie Wasser im Röhrichtgürtel.

Die regelmäßig untersuchten Probenstellen werden im folgenden näher beschrieben.

I. Stechlinsee

1a. Westbucht. Algenbewuchs an abgestorbenen *Typha*-Stengeln am freien Rand des Röhrichts. Wassertiefe 0,2—1,6 m. Untergrund weich; bis 30 cm dicker Schlamm. Starke Belichtung, mäßige Wasserbewegung, starke Temperaturschwankungen. Der Bewuchs besteht im Frühjahr und Frühsommer aus grasgrünen, frischen, bis zu 3 cm dicken Rasen von grünen Fadenalgen (hauptsächlich *Spirogyra*; aber auch *Oedogonium*, *Mougeotia*, *Zygnema* und *Cladophora*). Epiphytische Diatomeen und Detritus sind spärlich. Im Laufe des Sommers und Herbstes verfestigten sich die lockeren Algenrasen durch zunehmendes Wachstum der epiphytischen Diatomeen – insbesondere Bänder bildende Arten (*Fragilaria*) und Arten mit Gallertschläuchen (*Cymbella*) – und die sich zersetzenden abgestorbenen Fadenalgen mehr und mehr, bis schließlich ab November bis zum folgenden Frühjahr der Bewuchs filzig-zottige Konsistenz annimmt. Gleichzeitig werden die Lückenräume des anfangs lockeren Bewuchses durch angesammelten Detritus aufgefüllt, wobei der ballenförmigen Anhäufung durch Nematoden (*Chromadora*) besondere Bedeutung zukommt. Doch spielt die detritussammelnde Tätigkeit der Chromadoren bei der Ausbildung des Bewuchses an *Typha*- und Schilfstengeln in unseren norddeutschen Seen offenbar nicht ein so große Rolle wie im Balaton-See, wo Meschkat (1934) diese Verhältnisse eingehend untersucht hat. Mit der Verdrängung des grünen Algenrasens durch epiphytische Diatomeen stellen sich in zunehmendem Maße auch fadenförmige Cyanophyceen ein, die, zusammen mit Detritus und Diatomeen, dem Bewuchs eine schmutzig-graubraune Farbe verleihen. Solche gemischten „Cyanophyceen-Bewüchse" können bis zu 5 cm mächtig werden. Die als Substrat dienenden abgestorbenen *Typha*-Stengel sind schon so weitgehend zersetzt, daß der aufsitzende Bewuchs nur unter größter Vorsicht, ohne abgespült zu werden, heraufgeholt werden kann.

1b. Südwestbucht. Substrat, Bewuchsform und Untergrund sind im wesentlichen die gleichen wie unter 1a, doch reicht der gesammelte Bewuchs hier bis in 2 m Tiefe.

Vergleichend wurden einige Bewuchsproben an Steinen im Flachwasser (bis 40 cm) am Südufer untersucht. Der Bewuchs stellt einen mit Detritus übersättigten, dichten grasgrünen Algenrasen dar, der sich „infolge starker Anreicherung mit dem Detritus abgestorbener Fadenalgen — namentlich an sehr lichtarmen, stagnierenden Uferplätzen" (MEUCHE 1939) ausbildet. Er tritt während der Wintermonate stark zurück.

2a. Feenbucht. Ein etwa 30 m^2 großer, dichter Bestand von *Potamogeton lucens* in Ufernähe. Am Ufer teils von einem streifenförmigen Caricetum, teils von einem schütteren, wenig ausgedehnten Phragmitetum begrenzt. Wassertiefe 70—80 cm. Boden fest, sandig, mit wenig Detritus, überwiegend von Laubförna bedeckt. Starke Belichtung, schwache Wasserbewegung, starke Temperaturschwankungen. Die vergleichsweise in der Nord- und Westbucht untersuchten Bestände von *Potamogeton lucens* waren kleiner und weniger dicht; die Wassertiefe betrug dort 1,5—2,5 m.

2b. Südwestbucht. Kleiner, aber ziemlich dichter Bestand von *Potamogeton natans*, der zungenförmig in den angrenzenden Röhrichtgürtel hineinreicht. Außerdem *Myriophyllum spicatum* und *Chara* spec., vereinzelt auch *Elodea canadensis* und *Ranunculus aquatilis*. Standort windgeschützt; Wassertiefe 80 cm. Untergrund weich, schlammig, darunter lehmig. Schlammschicht bis 30 cm stark. Ein weiterer, etwa dreifach größerer Bestand von *Potamogeton natans* wurde im Endzipfel der Südwestbucht untersucht. Untergrund hier unter dünner Schlammdecke fest.

An *Potamogeton*, namentlich *P. lucens*, ist der Algenbewuchs weitaus schwächer entwickelt als an abgestorbenen *Typha*-Stengeln. Er besteht vornehmlich aus epiphytischen Diatomeen und Detritus und bedeckt an *P. lucens* vor allem die mit ausgefälltem Kalk überzogenen Blätter, während er sich an *P. natans* wegen der schwächeren Wasserbewegung im Bestand auch an den Sprossen anzusiedeln vermag.

3a. Südwestbucht. Etwa 15 m^2 großer, sehr dichter Bestand von *Myriophyllum spicatum*, in 1—4 m Tiefe an der oberen Scharkante in Ufernähe; phytosoziologisch dem Potametum lucentis zuzuordnen. Mäßige Belichtung, schwache Wasserbewegung, gemäßigte Temperaturschwankungen. Ufer kahl, offen und windexponiert. Begleitpflanzen: *Stratiotes*, *Elodea*, *Ceratophyllum demersum* und *Ranunculus aquatilis*. Untergrund weich, schlammig. Dichte und vertikale Ausdehnung des Bestandes sind großen jährlichen Schwankungen unterworfen; 1961 waren die Pflanzen im Vergleich zum Vorjahr geradezu kümmerlich entwickelt.

Weitere, nicht im Schutz des Röhrichtgürtels gelegene *Myriophyllum*-Bestände wurden in der Nord- und Feenbucht sowie im Endzipfel der Südwestbucht untersucht.

3b. Südwestbucht. Kleiner mäßig dichter Bestand von *Myriophyllum spicatum* an dem unter 2b beschriebenen Standort. Starke Belichtung, schwache Wasserbewegung, starke Temperaturschwankungen. Detritusreicher Diatomeenbewuchs, namentlich im Spätherbst bis zum zeitigen Frühjahr stark ausgebildet. Ein Rest des Bestandes überdauert unter Eis. Der Bewuchs fehlt an den im Laufe des April aus dem Boden sprossenden Pflanzen nahezu ganz.

3c. Ergänzend wurde ein kräftig entwickelter *Elodea*-Rasen im kanalartig erweiterten Ausfluß des Stechlinsees untersucht, der mosaikartig wechselnd mit *Potamogeton natans*, *Myriophyllum spicatum* und *Ranunculus aquatilis* den 2—3 m tiefen, von Feinsand bedeckten Graben bewächst.

4. Westbucht. Großer, dichter Bestand von *Stratiotes aloides* am mäßig steil geböschten Südufer; 1,2—2 m tief. Schwache Belichtung, schwache Wasserbewegung, starke Temperaturschwankungen. Auf den Blättern spärlich entwickelter pflanzlicher Bewuchs. Untergrund weich, schlammig. Schlammschicht wenig mächtig.

5. Westbucht. Ausgedehnte, dichte, bis 10 cm hohe *Chara*-Wiesen im flachen ufernahen Litoral (1—2 m tief). Uferwärts aufgelockerter, schmaler Schilfgürtel angrenzend. Schwache, nach der Tiefe abnehmende Belichtung und Wasserbewegung, gemäßigte Temperaturschwankungen. Boden weich, schlammig. Bewuchs auf den *Chara*-Pflanzen schwach entwickelt. Mehrere Vergleichsproben wurden in der Südwest-, Nord- und Westbucht in 1—15 m Tiefe und bis zu 150 m entfernt entnommen.

6a. Westbucht. 10—15 m breite Zone von Schlammablagerungen zwischen ausgedehnten *Chara*-Wiesen und lichtem, schmalem Schilfgürtel. Schwarzgraue, weiche, flockige Gyttja, 5 bis 15 cm mächtig, über hellgelblichem Lehm. Allochthone organogene (Laubdy, Humusausflockungen) und phytogene (Pollenkörner) Ablagerungen mäßig stark vertreten. Auffallend viele Molluskenschalen. Wassertiefe 0,8—1,2 m. Weitere in der Zusammensetzung des Sedimentes ähnliche Schlammproben aus 0,5—15 m stammen aus der Südwest-, West- und Nordbucht. Meist wurden sie zwischen lockerer Typha am freien Rand des Röhrichts entnommen. Die in den Endzipfeln der Nord- und Südwestbucht entnommenen Schlammproben zeichnen sich durch hell- bis rötlichbraune Farbe, höheren Humusgehalt und stärkeren Anteil an phytogenem Grobdetritus (Gewebsreste) aus. Sie leiten damit zu 6b über.

6b. Reiner, kräftig rotbrauner Laubdy in Erlenbrüchen. Die mächtigen Laub- und Schlammablagerungen werden von einer nur wenige cm hohen Wasserschicht bedeckt. Starke jährliche Wasserstandsschwankungen.

7. Neuglobsower Bucht. Schlammiger detritusreicher Sand über festem Untergrund; 1—1,4 m Tiefe. Infolge der starken Windexposition kann nur nach länger anhaltendem windstillen Wetter eine dünne Schicht von pflanzlichem Grobdetritus abgelagert werden, deren Ausdehnung und Mächtigkeit mit der jahreszeitlich stark schwankenden Wasserbewegung wechselt. Die Schichtdicke übersteigt selten 1 cm. Die organogenen Ablagerungen bestehen vorwiegend aus pflanzlichem Grobdetritus — Blatt- und Holzreste sowie Gewebsteile von *Chara* — und nur vereinzelt sind Chitinfragmente und Entomostracenschalen beigemischt. Farbe bräunlichgrau bis schwarzgrau.

8. Neuglobsower Bucht. Detritusarmer Sand in Ufernähe; Wassertiefe bis 1 m. In der Umgebung des ausgedehnten flachen Sandufers lockere *Chara aspera*-Siedlungen. Das Sandlückensystem ist schwach von Diatomeen besiedelt und mit Feindetritus ausgekleidet. Zum Vergleich wurden mehrere Proben aus dem mit Grobgeröll untermischten Psammal im flachen ufernahen Litoral am Südufer entnommen.

II. Nehmitzsee (Nordbecken)

1. Algenbewuchs an *Typha, Phragmites* und *Schoenoplectus.* Konsistenz und Zusammensetzung des Bewuchses wie an der Station Stechlinsee 1a.

2. Stark verlandetes, flaches Verbindungsstück zwischen Nord- und Südbecken. Stark aufgelockerter kleiner Bestand von *Potamogeton natans*, begleitet von einzelnen Seerosen und durchdrungen von Vorposten eines schwach entwickelten Phragmitetums und Glyceretums. Die *Potamogeton*-Pflanzen halten sich, wenn auch in Zersetzung begriffen, vereinzelt den Winter hindurch. Starke Belichtung, mäßige Wasserbewegung, starke Temperaturschwankungen. Untergrund weich, schlammig, stellenweise von schlammüberzogener *Chara* bewachsen.

3. Stark verlandetes, flaches Verbindungsstück zwischen Nord- und Südbecken. Überaus dichter, das 1 m tiefe Wasser fast ganz erfüllender Bestand von *Myriophyllum spicatum* und *M. verticillatum*, der als schmaler Streifen vom Ufer aus einige Meter in das Verbindungsstück reicht. Völlig windgeschützt. Begrenzt von dichtem Binsenröhricht und locker stehenden Laichkräutern (*P. natans*) und Seerosen. Boden weich, morastig. Der Bestand stellt ein typisches Myriophyllo-Nupharetum dar.

4. Südostufer der südlich gelegenen Insel. Wenig ausgedehnte, aber bis zu 10 cm hohe *Chara*-Wiesen in 1 bis 1,5 m Tiefe. Von locker stehendem Phragmitetum und einzelnen Seerosen umgeben. Die steifen *Chara*-Polster sind über und über mit schlammigem Detritus bedeckt. Über dem Seeboden flachgründige weiche Schlammschicht. Schwache Belichtung und Wasserbewegung, starke Temperaturschwankungen.

5. Flaches, leicht versumpftes Verbindungsstück zwischen Nord- und Südbecken. Weicher, über 30 cm mächtiger schwärzlichbrauner Schlamm in 0,8—1,2 m Tiefe zwischen locker stehenden *Phragmites, Schoenoplectus, Potamogeton natans* und *Nymphaea alba.* Grobflockige, dyhaltige Gyttja, reich an Grobdetritus (Gewebsreste, Sternparenchym von *Nymphaea*); viel eingewehter Kiefernpollen. Lebende Cyanophyceen häufig; nur vereinzelt Diatomeen (*Pinnularia, Navicula*).

6. Flaches Verbindungsstück zwischen Nord- und Südbecken. Detritusarmer Sand in einer Auflichtung des lockeren und schmalen Schilfgürtels unmittelbar am Ufer. Wassertiefe 30—70 cm. Boden locker mit Buchenlaub und allochthonem phytogenen Grobdetritus bedeckt.

III. Gerlinsee

1. Algenbewuchs an abgestorbenen Schilf- und *Typha*-Stengeln am Rande des wenig mächtigen Röhrichtgürtels über weichem, tiefgründigem Schlamm in 0,5—2 m Tiefe.

2. Sehr spärlicher Bestand von lockerem *Potamogeton natans* am Rande eines kleinen Erlenbruches. Im Wasser begrenzt von aufgelockertem *Typha*-Gürtel. Untergrund tiefer, weicher Schlamm. Wassertiefe bis 30 cm. Einzelne, aber ziemlich dicht stehende Pflanzen von *Potamogeton lucens* in 3 m Tiefe über tiefgründigem Schlamm. Uferentfernung 25 m. Der Bestand gehört einem sich uferwärts anschließenden typisch ausgeprägten Myriophyllo-Nupharetum an.

3. Etwa 20 m² großer, sehr dichter Bestand von *Myriophyllum spicatum* in 0,5—1,5 m Tiefe über weichem, tiefgründigem Schlammboden. An den Blattfiedern zeitweise starker detritusreicher Algenbewuchs. Der Bestand stirbt im Spätherbst bis auf geringe Reste in Bodennähe ab und beginnt sich erst Ende April zögernd zu entwickeln.

4. Weicher, etwa 30 cm mächtiger braungrauer Schlamm in 0,5—1,5 m Tiefe am Rande des schmalen Röhrichts und zwischen lockerer *Typha* unmittelbar vor einem streifenförmig ausgebildeten kleinen Erlenbruch. Der Standort trägt leicht sumpfigen Charakter. Feinflockige, mit pflanzlichem Grobdetritus untermischte dyhaltige Gyttja über festem Sanduntergrund. Arm an Diatomeen; zahlreich sind farblose und grüne Flagellaten, selten Ciliaten.

Alle Standorte im Gerlinsee sind windgeschützt und unterliegen starken Temperaturschwankungen und starker Belichtung.

E. Autökologischer Teil

1. Besprechung der einzelnen Arten

Die in den untersuchten Seen aufgefundenen Arten sind in der folgenden Liste vollständig zusammengestellt. Dabei wurden, um das faunistische Bild zu vervollständigen, die beiden ausschließlich im Pelagial nachgewiesenen Arten (P) mit aufgenommen.

Die Zahlen bedeuten Frequenzwerte; ein + bedeutet geringe Frequenz (Werte unter 8), ein — bedeutet nicht nachgewiesen.

Die anschließende Darstellung der autökologischen Verhältnisse beschränkt sich auf die häufigeren und ökologisch bemerkenswerten Arten. Über den Nachweis der selteneren Arten vgl. FLÖSSNER 1962a und 1963.

Artenliste

	Stechlinsee	Nehmitzsee	Gerlinsee
1. *Sida crystallina* (O. F. MÜLLER)	46	27	38
2. *Diaphanosoma brachyurum* (LIÉVIN)	+	15	+
3. *Latona setifera* (O. F. MÜLLER)	+	17	+
4. (P) *Lepetodora kindtii* (FOCKE)	+	—	—
5. *Daphnia pulex* (DE GEER)	+	—	—
6. *Daphnia longispina* O. F. MÜLLER	+	+	+
7. *Daphnia cucullata* SARS	+	+	+
8. *Scapholeberis mucronata* (O. F. MÜLLER)	10	27	38
9. *Simocephalus vetulus* (SCHOEDLER)	30	52	65
10. *Simocephalus serrulatus* (KOCH)	—	—	14
11. *Ceriodaphnia reticulata* (JURINE)	+	+	+
12. *Ceriodaphnia megops* SARS	—	+	+
13. *Ceriodaphnia quadrangula* (O. F. MÜLLER)	29	48	55
14. *Ceriodaphnia laticaudata* P. E. MÜLLER	+	+	+
15. *Ceriodaphnia rotunda* SARS	+	10	+
16. *Bosmina longirostris* (O. F. MÜLLER)	+	20	10
17. *Bosmina (Eubosmina) coregoni* (BAIRD)	13	10	+
18. *Iliocryptus sordidus* (LIÉVIN)	—	+	+
19. *Iliocryptus agilis* KURZ	—	+	+

Artenliste (Fortsetzung)

	Stechlinsee	Nehmitzsee	Gerlinsee
20. *Iliocryptus acutifrons* SARS	—	+	+
21. *Lathonura rectirostris* (O. F. MÜLLER)	16	15	—
22. *Macrothrix rosea* (JURINE)	+	+	+
23. *Bunops serricaudata* (DADAY)	—	—	+
24. *Streblocerus serricaudatus* (FISCHER)	+	—	—
25. *Drepanothrix dentata* (EURÉN)	+	8	10
26. *Eurycercus lamellatus* (O. F. MÜLLER)	70	78	45
27. *Camptocercus rectirostris* (SCHOEDLER)	23	47	31
28. *Camptocercus lilljeborgii* (SCHOEDLER)	8	+	14
29. *Acroperus harpae* BAIRD	78	95	93
30. *Alonopsis elongata* SARS	61	45	21
31. *Kurzia latissima* (KURZ)	+	—	—
32. *Alona guttata* SARS	28	32	31
33. *Alona costata* SARS	47	42	38
34. *Alona tenuicaudis* SARS	+	—	—
35. *Alona protzi* HARTWIG	+	—	—
36. *Alona weltneri* KEILHACK	+	—	—
37. *Alona karelica* STENROOS	+	—	—
38. *Alona rectangula* SARS	19	30	41
39. *Alona quadrangularis* (O. F. MÜLLER)	18	40	31
40. *Alona affinis* (LEYDIG)	74	88	93
41. *Rhynchotalona falcata* (SARS)	+	+	—
42. *Leydigia quadrangularis* (LEYDIG)	+	+	+
43. *Graptoleberis testudinaria* (FISCHER)	33	27	48
44. *Alonella rostrata* (KOCH)	11	35	41
45. *Alonella excisa* (FISCHER)	53	62	69
46. *Alonella exigua* (LILLJEBORG)	35	33	48
47. *Alonella nana* (BAIRD)	56	82	79
48. *Peracantha truncata* (O. F. MÜLLER)	56	40	41
49. *Pleuroxus laevis* SARS	8	22	21
50. *Pleuroxus trigonellus* (O. F. MÜLLER)	17	52	31
51. *Pleuroxus uncinatus* BAIRD	+	25	14
52. *Pleuroxus aduncus* (JURINE)	—	17	+
53. *Chydorus globosus* BAIRD	30	35	17
54. *Chydorus latus* SARS	—	20	—
55. *Chydorus sphaericus* (O. F. MÜLLER)	77	90	100
56. *Chydorus gibbus* LILLJEBORG	12	+	+
57. *Chydorus piger* SARS	10	+	—
58. *Monospilus dispar* SARS	+	+	—
59. *Anchistropus emarginatus* SARS	12	+	10
60. *Polyphemus pediculus* (LINNÉ)	14	10	17
61. (P) *Bythotrephes longimanus* LEYDIG	+	—	—
Anzahl der Arten:	53	50	47

1. *Sida crystallina* (O. F. MÜLLER)

Zeigt im Phytal eine auffallende Bevorzugung lakustrischer, an offenen, dem Wellenschlag ausgesetzten Uferstrecken wachsender Bestände von *Potamogeton lucens* und *P. pectinatus* (Abb. 1; die genauen Dominanzwerte sind in Tab. 2 zusammengestellt). Dabei kommt der Wassertiefe als existenzökologischem Faktor keine Bedeutung zu, offenbar aber dem Untergrund, indem die Laichkrautbestände über schlammigem Boden schwächer als die über Sandboden besiedelt sind. In den von *P. natans* bewachsenen, schlammbedeckten und vor Wellenschlag geschützten Endzipfeln der Buchten tritt *S. crystallina* auffallend zurück. In den lakustrischen *Myriophyllum*-Beständen und *Stratiotes*-Wiesen ist sie zwar zahlreich, aber ebenfalls kaum optimal entwickelt. Für die optimale Entfaltung von *S. crystallina* ist offenbar die Verknüpfung von zwei Umweltfaktoren Bedingung: Klares, von der Brandung bewegtes Wasser und Vorhandensein genügend großer Blattflächen, die den Tieren zur Anheftung mittels ihres

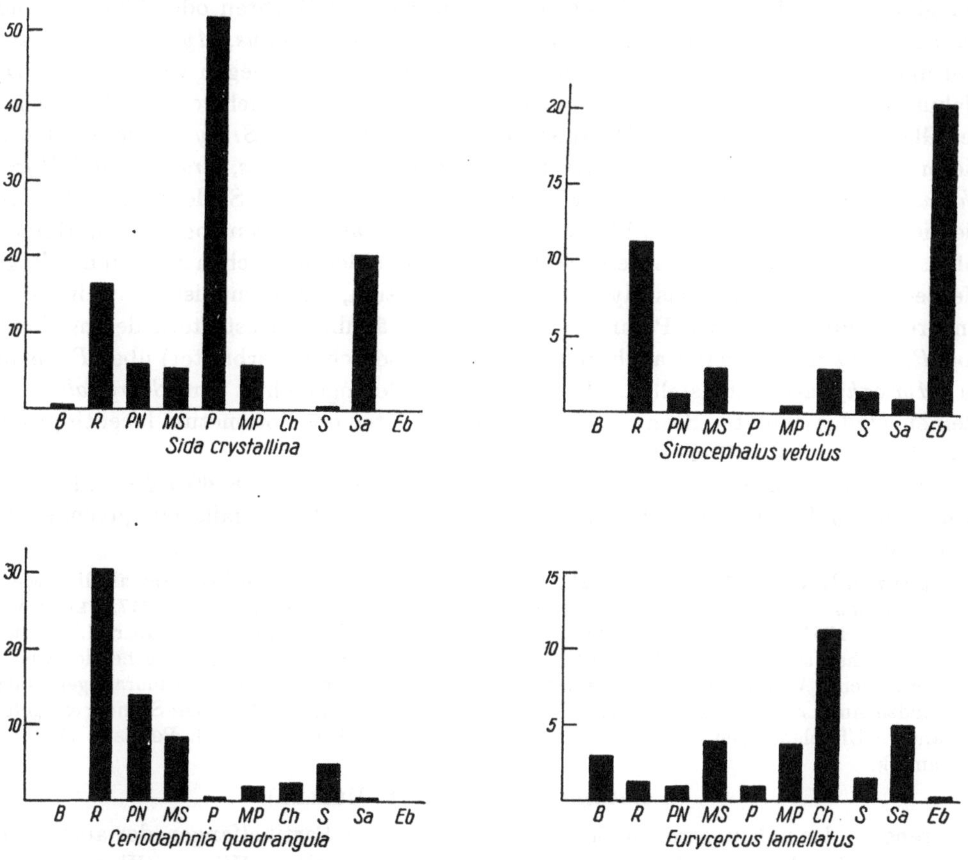

Abb. 1. Die Dominanz einiger litoraler Cladoceren in Seen des Stechlingebietes I. Unter den Säulen bedeuten: B = Bewuchs, R = Röhricht, PN = *Potamogeton natans/Nymphaea*, MS = *Myriophyllum* (Seerosengesellschaft), P = *Potamogeton* (div. spec.), MP = *Myriophyllum* (Potametum lucentis), Ch = *Chara*, S = Schlamm, Sa = Sand, Eb = Erlenbruch.

dorsalen Haftorganes dienen. Als Anheftungsflächen sind aber nicht nur Blätter von Wasserpflanzen, sondern auch Holzpfähle von Landungsbrücken, ins Wasser gefallene Äste und große Rindenstücke sowie Steine und Laubablagerungen geeignet. An den am Bootssteg der Forschungsstelle im Wasser hängenden Autoreifen pflegt sich *S. crystallina* zeitweise sogar in Massen anzuheften. Durch diese Anpassungsfähigkeit ist der Art eine über das Phytal auf unbewachsene sandige Uferstrecken hinausgreifende Verbreitung gesichert (Abb. 1). *S. crystallina* kann also nicht, wie meist in der Literatur (Stenroos 1895, 1897; Lilljeborg 1900; Herr 1917, Berg 1929), als phytophil bezeichnet werden.

In den rasenförmig den tieferen Uferbereich bedeckenden *Chara*-Wiesen geraten beide für das Vorkommen von *S. crystallina* maßgebenden Existenzfaktoren (Wasserbewegung und Anheftungsflächen) ins Pejus, wodurch sich die hier auffällig geringe Siedlungsdichte erklärt.

Die Art bevorzugt am Ufer der Seen Stellen, die sich standortökologisch als „lakustrische" Biotope kennzeichnen lassen, d. h. Lebensstätten, die in offener Verbindung zum Pelagial stehen. In den „semilakustrischen" in ruhigen Buchten oder kleinen windgeschützten Seen wachsenden Beständen von *Potamogeton natans*, *Myriophyllum spicatum* und *M. verticillatum* mit Schlammuntergrund tritt sie dagegen weit zurück. Die „lakustrischen" Standorte sind in den baltischen Seen vornehmlich von der Gesellschaft des Glänzenden Laichkrautes (Potametum lucentis) besiedelt. *S. crystallina* ist aber in dieser Pflanzengesellschaft, der außer *P. lucens* auch *P. pectinatus*, *Stratiotes* und *Myriophyllum spicatum* angehören, nicht gleichmäßig verbreitet. Ihre Siedelungsdichte sinkt vielmehr in den verschiedenen Pflanzenbeständen gemäß der oben angeführten Reihenfolge. An den „semilakustrischen" Standorten, die in den baltischen Seen in der Regel die Seerosengesellschaft, das Myriophyllo-Nupharetum, einnimmt, ist bei weitaus geringeren Abundanzen als im Potametum lucentis eine ähnlich abgestufte Siedelungsdichte von *P. lucens* (als Begleiter auch in der Seerosengesellschaft verbreitet) über *P. natans* zu *Myriophyllum* festzustellen. Die geringe Siedelungsdichte von *S. crystallina* in kleinen windgeschützten Seen ist mit dem Zurücktreten des Potametum lucentis gegenüber der Seerosengesellschaft verknüpft.

Die Art tritt sehr selten auch tychoplanktisch auf; so am 13. 8. 60 1 J-♀ mit leerem Brutraum im Pelagial des Stechlinsees und am 11. 5. 61 ebenfalls ein juveniles J-♀ im Gerlinsee.

Ergänzende Bemerkungen: Im Balaton-See verhält sich *S. crystallina* ganz ähnlich wie in norddeutschen Seen. Sie findet sich dort nach verschiedenen Autoren (ENTZ 1947, SEBESTYÉN 1948, PONYI 1957) in Optimalentfaltung in *Potamogeton perfoliatus*; aber nicht überall, wo diese Pflanze wächst, sondern vor allem an lakustrischen Standorten, wo eine entsprechende Wassertiefe mit offener Verbindung zum Pelagial, Klarheit des Wassers und nicht zu morastiger Boden vorhanden sind. *S. crystallina* hat sich also stärker von den typischen litoralen Standorten gelöst als andere Ufercladoceren. Im Prinzip gleiche Verhältnisse herrschen nach POULSEN (1928) in Dänemark.

3. *Latona setifera* (O. F. MÜLLER)

Streng an das nahrungsreiche Sedimental gebundener Partikelfänger, der auch detritusreichen Sandboden nicht meidet. Eine Vorliebe für *Chara*-Wiesen (WAGLER 1937) besteht in den von mir untersuchten Seen nicht.

6. *Daphnia longispina* O. F. MÜLLER

In den litoralen Pflanzenbeständen und Sedimentfazies nur vereinzelte Zufallsfunde.

7. *Daphnia cucullata* SARS

Diese ebenfalls typisch planktische Daphnide fand ich litoral nur im Stechlinsee, mitunter recht zahlreich. Offenbar vermag sie nicht in durch Röhricht abgeschirmte stille Buchten einzudringen (vgl. LANGHANS 1911b).

8. *Scapholeberis mucronata* (O. F. MÜLLER)

Diese Art zieht infolge ihrer „neustischen" Lebensweise die an Schwimmblattpflanzen (*Nymphaea*, *Potamogeton natans*) reiche Seerosengesellschaft allen anderen Makrophytenbeständen vor (Abb. 2), ohne jedoch in *P. lucens* und *Myriophyllum* windgeschützter Standorte völlig zu fehlen. Meidet auch nicht das Freiwasser im Röhricht wie unbewachsene, windstille Ufergebiete und besiedelt selbst Erlenbrüche. Ausgeprägte Flachwasserform mit Hauptverbreitung in kleineren Seen.

9. *Simocephalus vetulus* (SCHOEDLER)

Im Phytal und Sedimental weit verbreitet (Abb. 1). Bevorzugt aber entschieden dichte *Myriophyllum*-Bestände mit morastigem Untergrund. Regelmäßig im Freiwasser des Röhrichts, im Laubdy der Erlenbrüche und in *Chara*-Wiesen, besonders in größeren Tiefen. Nur ausnahmsweise und in geringer Zahl im Algenbewuchs und auf sterilem Sandboden.

10. *Simocephalus serrulatus* (KOCH)

Diese allgemein als „seltener" geltende Art (KEILHACK 1909a, WAGLER 1937) wurde bislang nur im Gerlinsee nachgewiesen, wo sie in auffällig hoher Individuendichte (am 6. 11. 61 105 Exemplare, D = 5%) im ufernahen Bereich eines ausgedehnten, sehr dichten, das 2 m tiefe Wasser völlig erfüllenden *Myriophyllum*-Bestandes vorkommt. Beobachtungen aus dem Jahre 1960, in dem die *Myriophyllum*-Bestände schwächer entwickelt waren, deuten darauf hin, daß die jährlich schwankende Stärke des Pflanzenwachstums einen Einfluß auf die Siedelungsdichte von *S. serrulatus* ausübt, indem er bei nicht so üppiger Entfaltung des Pflanzenbestandes das ganze Jahr über wenig zahlreich bleibt. Die Art scheint also in Seen zu einer optimalen Entwicklung ausgedehnte und sehr dichte submerse Pflanzenbestände an semilakustrischen Standorten zu benötigen, für die sie trotz des wenig regelmäßigen Vorkommens als Leitform gelten kann. Auch LANGHANS (1911b) weist auf die Unbeständigkeit des Vorkommens von *S. serrulatus* hin, die er auf die meist engbegrenzte Verbreitung innerhalb der Wohngewässer der Art zurückführt.

S. serrulatus wird vielfach aus mehr oder minder sauren Moorgewässern angegeben (STENROOS 1897, BREHM 1917, GAJL 1924, BERG 1929) und wird von POULSEN (1928) und REDEKE & DE VOS (1933) sogar als sehr gute „Leitform" saurer oligotropher Gewässer Dänemarks und Hollands angesehen. Wahrscheinlich handelt es sich aber hierbei um eine regionale Stenotopie; eine Vermutung, die REDEKE & DE VOS schon selbst andeuten und die durch weitere Befunde aus der Literatur (STINGELIN 1895, LANGHANS 1911b, KUPTSCH 1927) sowie durch das Vorkommen in dem kalkreichen und neutralen Gerlinsee bekräftigt wird.

11. *Ceriodaphnia reticulata* (JURINE)

In den größeren Seen nur sporadisch auftretend, gelangt diese Art zu optimaler Entfaltung in dichten *Myriophyllum*- und *Nymphaea*-Beständen stark erwärmter kleiner, weiherartiger Seen (Kleiner Törn-, Kleiner Boberow- und Kigitzsee).

12. *Ceriodaphnia megops* SARS

Ähnelt in ihren Umweltansprüchen der verwandten *C. reticulata*, ist aber weniger zahlreich.

13. *Ceriodaphnia quadrangula* (O. F. MÜLLER)

Weniger streng an kleine Seen und Weiher gebunden. Regelmäßig auch im Phytal der großen Seen, hier aber bevorzugt in Makrophytenbeständen semilakustrischer Standorte (Abb. 1). Gern auch über Schlammboden und *Chara*-Wiesen an geschützten Uferstellen. Sandige Ablagerungen werden auffallend gemieden.

14. *Ceriodaphnia laticaudata* P. E. MÜLLER

Nur in den Seen des Stechlin-Systems gefunden. Mit Vorliebe über dem schlammigen Sediment abgeschlossener Buchten oder windgeschützter Seen (Abb. 2). Stellenweise auch in den tieferen *Chara*-Wiesen (ab 5 m) zahlreich. Zusammen mit der ökologisch sich sehr ähnlich verhaltenden *Ceriodaphnia rotunda* SARS dominant auch im Laubdy der Erlenbrüche.

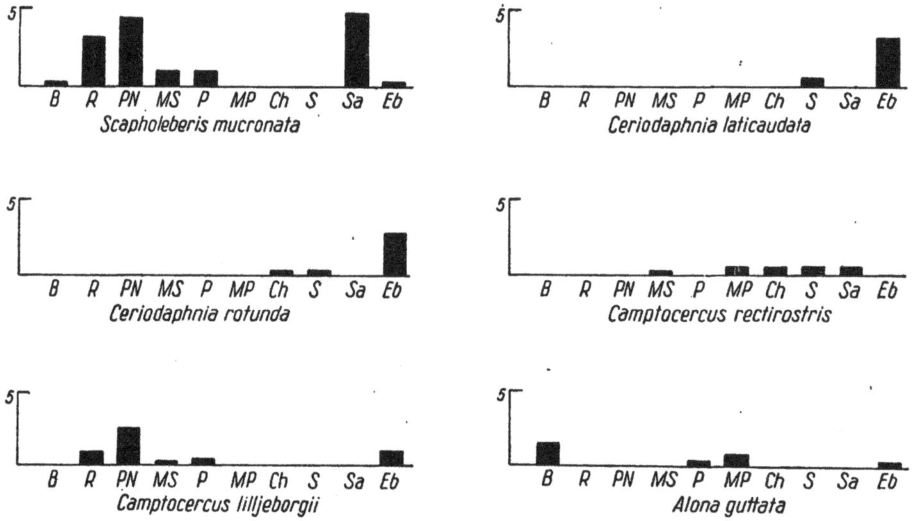

Abb. 2. Die Dominanz einiger litoraler Cladoceren in Seen des Stechlingebietes II.

16. *Bosmina longirostris* (O. F. MÜLLER)

In großen Seen im Phytal nur sporadisch auftretend, bildet die Art in kleinen, stark durchwachsenen Seen einen konstanten Bestandteil der Cladocerenfauna der Makrophytenregion, wo sie vor allem die „Freiwasserlücken" zwischen *Myriophyllum*-, *Potamogeton natans*- und *Nymphaea*-Beständen besiedelt.

17. *Bosmina (Eubosmina) coregoni* (BAIRD)[1]

Im Gegensatz zur vorigen Art fast ausschließlich auf größere Seen beschränkt, wo sie im Litoral zwar weit verbreitet, aber wenig zahlreich vorkommt.

21. *Lathonura rectirostris* (O. F. MÜLLER)

L. rectirostris ist innerhalb der ökologisch recht einheitlichen Gruppe der Macrothriciden am wenigsten an den Boden gebunden. Im Phytal weit verstreut, doch mit Vorliebe in semilakustrischen *Myriophyllum*-Beständen der Seerosengesellschaft.

25. *Drepanothrix dentata* (EURÉN)

Spezifische Bodenform geschützter Uferstellen; iliobiont. Neben *Lathonura rectirostris* die zahlreichste Macrothricide.

---

[1]) Nach vorläufigen Untersuchungen leben in den Seen des Stechlinsystems *Eubosmina mixta kessleri* (ULJANIN) und *Eubosmina coregoni coregoni* (BAIRD).

26. ***Eurycercus lamellatus*** (O. F. Müller)

In seiner Schilderung des Vorkommens von *E. lamellatus* im Madüsee hat bereits Keilhack (1905) betont, daß die Art nur an bewachsenen Ufern lebt und zusammen mit *Simocephalus vetulus* und *Sida crystallina* die dichten *Chara*-Rasen des Sublitorals reichlich bevölkert. Dieser Eindruck ist auch im Stechlinsee nicht zu verkennen. Er vertieft sich jedoch nicht so weit, *E. lamellatus* als typischen Bewohner der *Chara*-Bestände zu bezeichnen, da die Art allgemein im Phytal und Sedimental verbreitet ist und selbst in den von lockeren *Chara*-Rasen umgebenen schlammigen Sandablagerungen der schwach eutrophierten Neuglobsower Bucht des Stechlinsees während ihres Gedeihoptimums Massenpopulationen zu bilden pflegt (Abb. 1). Die Art bedarf also keineswegs in allen Gewässern einer reichlichen Makrophytenvegetation, wie es die meisten Autoren betonen (Weigold 1910, Langhans 1911b, Kuptsch 1927, Berg 1929, Sebestyén 1948, Smirnov 1962).

Die Körperlänge von 113 eitragenden Parthenoweibchen aus dem Stechlinsee schwankte zwischen 1,60 und 3,36 mm; der Durchschnitt lag bei 2,18 mm. Die Eizahl betrug 2—21; im Durchschnitt 7,52. Fertilität und Körperlänge der Parthenoweibchen weisen jahreszeitliche und örtliche Unterschiede auf. Die Höchstwerte sind offenbar in jedem See an die Zeiten und Stellen mit den für die Art günstigsten Ernährungsbedingungen (Bakterienreichtum; vgl. Smirnov 1962) gebunden, die im Stechlinsee während des Dichtemaximums von Ende Oktober bis etwa Mitte Dezember und im nahrungsreichen Sediment der schwach eutrophierten Neuglobsower Bucht herrschen.

TABELLE 2

Dominanz (D) und Konstanz (C) litoraler Cladoceren in den Taxotopen der Seen des Stechlinsee-Gebietes

Bezeichnung der Taxotope: B = Bewuchs, R = Röhricht, PN = *Potamogeton natans — Nymphaea*, P = *Potamogeton* div. sp., MS = *Myriophyllum* (Seerosen-Gesellschaft), MP *Myriophyllum* (Potametum lucentis), Ch = *Chara*, S = Schlamm, Sa = Sand, Eb = Erlenbruch.

Taxotop:		B	R	PN	P	MS	MP	Ch	S	Sa	Eb
Alona affinis	D	23,5	2,9	1,1	0,1	2,6	0,5	2,0	37,5	14,7	0,3
	C	86	100	75	77	87	65	53	100	83	33
Alona costata	D	15,2	2,2	1,5	2,0	0,8	1,0	0,2	0,1	0,2	0,4
	C	59	71	75	92	67	52	35	19	28	11
Alonopsis elongata	D	20,5	1,7	1,3	8,3	0,4	0,6	0,1	0,3	9,1	0
	C	76	86	61	92	48	9	16	31	83	0
Alonella excisa	D	5,0	4,3	1,6	0,3	1,0	0,3	0,5	0,5	0,8	0,6
	C	70	86	54	77	72	35	53	41	47	33
Ceriodaphnia quadrangula	D	0,1	30,3	13,8	0,4	8,6	1,8	2,5	4,7	0,6	0,2
	C	6	86	68	31	59	22	44	37	39	11
Scapholeberis mucronata	D	0,2	3,6	4,5	1,0	0,9	0	0	0	4,8	0,3
	C	6	57	57	31	26	0	0	4	8	22
Camptocercus lilljeborgii	D	0	0,9	2,5	0,5	0,2	0	0	0	0	0,9
	C	0	57	50	23	22	0	0	0	0	11
Sida crystallina	D	0,4	16,7	6,3	52,4	5,7	5,9	0,2	0,4	20,5	0,2
	C	20	86	57	69	65	43	26	31	50	22
Polyphemus pediculus	D	0,2	0,4	0,8	4,9	0,3	0	0	0	8,3	0
	C	8	71	39	46	20	0	0	0	28	0
Alonella exigua	D	0,4	1,2	1,0	0,6	2,5	0,3	0,1	0,2	0	0,2
	C	24	71	61	69	67	39	30	27	0	11

TABELLE 2 (Fortsetzung)

Taxotop:		B	R	PN	P	MS	MP	Ch	S	Sa	Eb
Ceriodaphnia reticulata	D	0	0,5	0,9	0	0,5	0	0	0	0	0
	C	0	29	7	0	15	0	0	0	0	0
Pleuroxus aduncus	D	0	0	0	0	1,0	0	0	0,1	0	0
	C	0	0	0	0	26	0	0	10	0	0
Ceriodaphnia megops	D	0	0	0	0	0,2	0	0	0	0	0,1
	C	0	0	0	0	7	0	0	0	0	11
Alona rectangula	D	0,2	0,1	0	0	0,4	0,1	0,1	1,1	0,1	0
	C	18	29	0	0	46	17	21	23	17	0
Graptoleberis testudinaria	D	0,1	0,4	0,2	0,6	5,2	8,6	0	0,4	0,1	1,8
	C	14	43	61	69	80	61	0	23	22	33
Chydorus globosus	D	0,2	0,1	0,2	0	0,5	1,7	0,2	0	0,1	0
	C	10	29	43	0	63	65	40	0	31	0
Alona guttata	D	1,5	0	0,1	0,2	0,1	0,8	0,1	0,1	0	0,2
	C	41	0	46	38	48	35	42	10	0	11
Peracantha truncata	D	2,0	4,2	19,5	19,1	3,9	38,1	0,2	0,2	0,8	1,1
	C	61	86	89	92	76	65	21	29	32	33
Anchistropus emarginatus	D	0,1	0,1	0	0,2	0,1	0,6	0	0	0	0
	C	2	14	0	61	17	30	0	0	0	0
Eurycercus lamellatus	D	3,1	1,2	0,9	1,1	4,1	4,1	11,2	1,4	5,0	0,3
	C	43	86	75	61	91	83	74	67	78	33
Camptocercus rectirostris	D	0,1	0	0	0	0,3	0,5	0,6	0,6	0,5	0
	C	8	0	0	0	33	35	42	41	32	0
Pleuroxus trigonellus	D	0	0,1	0	0	0	0,1	0,2	6,4	1,0	6,1
	C	0	14	0	0	0	7	28	56	31	56
Alona quadrangularis	D	0,1	0	0	0	0	0	0,1	9,8	0,2	0,3
	C	10	0	0	0	0	0	16	65	31	22
Alonella rostrata	D	0	0,5	0	0,1	0	0	0	7,2	0,4	0
	C	0	14	0	15	0	0	0	42	28	0
Pleuroxus uncinatus	D	0	0	0	0	0	0	0	3,8	0,2	0
	C	0	0	0	0	0	0	0	38	6	0
Drepanothrix dentata	D	0	0	0	0	0	0	0	1,8	0	0
	C	0	0	0	0	0	0	0	31	0	0
Latona setifera	D	0	0	0	0	0	0	0	0,5	0,1	0
	C	0	0	0	0	0	0	0	15	11	0
Chydorus piger	D	0,2	0	0	0	0	0	0	0,6	1,3	0
	C	8	0	0	0	0	0	0	13	47	0
Chydorus gibbus	D	0	0	0	0	0	0	0	0	1,0	0
	C	0	0	0	0	0	0	0	0	55	0
Rynchothalona falcata	D	0	0	0	0	0	0	0	0	0,9	0
	C	0	0	0	0	0	0	0	0	39	0
Monospilus dispar	D	0	0	0	0	0	0	0	0	0,3	0
	C	0	0	0	0	0	0	0	0	14	0
Ceriodaphnia laticaudata	D	0	0	0	0	0	0	0,1	0,5	0	3,6
	C	0	0	0	0	0	0	2	6	0	56
Ceriodaphnia rotunda	D	0	0	0	0	0	0	0,2	0,2	0	2,8
	C	0	0	0	0	0	0	4	4	0	33
Simocephalus vetulus	D	0,1	11,2	1,2	0	3,0	0,5	3,0	1,3	0,8	20,4
	C	4	71	68	0	87	26	39	44	22	78
Pleuroxus laevis	D	0	0	0	0	0	0,1	0,1	0,2	0,1	1,3
	C	0	0	0	0	0	9	16	21	11	33
Kurzia latissima	D	0	0	0	0	0	0	0	0	0	1,5
	C	0	0	0	0	0	0	0	0	0	22

TABELLE 2 (Fortsetzung)

Taxotop:		B	R	PN	P	MS	MP	Ch	S	Sa	Eb
Chydorus sphaericus	D	15,8	3,1	35,0	3,1	41,3	25,6	65,5	10,5	17,0	55,3
	C	76	71	93	92	100	87	79	98	67	78
Acroperus harpae	D	8,1	13,8	6,8	4,1	12,4	7,4	10,2	5,9	10,0	1,5
	C	75	86	96	92	100	78	74	83	78	56
Alonella nana	D	2,8	0,2	0,9	0,7	2,9	1,4	2,1	2,4	1,3	0
	C	67	43	50	77	80	52	67	67	47	0
Lathonura rectirostris	D	0	0	0	0	0,2	0,1	0,1	0	0,2	0,8
	C	0	0	0	0	28	13	28	0	11	44
Bosmina longirostris	D	0	0	0,4	0	0,3	0	0	0,5	0	0
	C	0	0	25	0	24	0	0	6	0	0
Diaphanosoma brachyurum	D	0	0,3	0	0.1	0,3	0	0	0	0,1	0
	C	0	43	0	8	20	0	0	0	11	0

27. *Camptocercus rectirostris* (Schoedler)

Die geringe Beweglichkeit der Art schränkt ihre Optimalbiotope auf die bodennahen Regionen des Litorals ein, wobei sowohl das pflanzenfreie Sediment als auch dichte Vegetation besiedelt werden (Abb. 2). Im Sediment am zahlreichsten auf detritusreichem Sand und im Schlamm im Bereich der Makrophytenvegetation (Röhricht und Seerosengesellschaft), nur vereinzelt an offenen, nahrungsarmen Sandufern. Im Phytal größte Siedelungsdichte in ufernahen *Chara*-Wiesen und in dichten, detritusreichen *Myriophyllum*-Beständen. In kleineren Seen weniger zahlreich.

28. *Camptocercus lilljeborgii* (Schoedler)

Die Fundorte dieser Art, an denen sie gelegentlich ungewöhnliche Massenpopulationen bilden kann, lassen eine Vorliebe für dichte *Potamogeton*- und *Nymphaea*-Bestände vor allem kleinerer Seen erkennen. In der Regel folgt sie *C. rectirostris* in das pflanzenfreie Sedimental nicht (Abb. 2). Beide Arten kommen gemeinsam nur vereinzelt vor; bei optimaler Entfaltung schließen sie sich im allgemeinen gegenseitig aus: *C. lilljeborgii* dominiert in *Potamogeton natans* und *P. lucens; C. rectirostris* dominiert in *Chara*, lakustrischem *Myriophyllum* und im Sediment.

29. *Acroperus harpae* Baird

Als allgemein häufige Art, die im Frühjahr vereinzelt auch tychoplanktisch vorkommt, ist *A. harpae* keineswegs gleichmäßig über das Litoral verbreitet (Abb. 3). Nirgends ist er so zahlreich wie in den semilakustrischen, überaus üppigen und mit Detritus beladenen *Myriophyllum*-Beständen kleiner Seen und in Verlandung begriffener Buchten. Seine Optimalbiotope stehen allerdings weniger mit dem Vorkommen bestimmter Pflanzen — etwa *Myriophyllum* — im Zusammenhang, als vielmehr mit der gesamten komplexen Struktur des Standortes, die sich am besten phytosoziologisch als Verbreitungszentrum der Seerosengesellschaft (Myriophyllo-Nupharetum) kennzeichnen läßt. In verarmten Einzelbeständen dieser Schwimmblattpflanzengesellschaft, die in großen und tiefen Seen nur an windgeschützten Ufern aufzutreten pflegt, ist sogleich auch die Häufigkeit von *A. harpae* merklich eingeschränkt; doch werden beim Fehlen von nicht zu spärlichen *Myriophyllum*-Beständen die zur gleichen Pflanzengesellschaft gehörenden *Potamogeton natans* und *Nymphaea* besiedelt, und zwar in durchschnittlich etwas höherer Dominanz als das eine eigene Wasserpflanzengesellschaft bildende *P. lucens*.

Massenentwicklungen zeigt *A. harpae* auch in *Chara*-Beständen und im schlammigen Sand der Neuglobsower Bucht, wo er offenbar durch den Nahrungsreichtum des Sedimentes gefördert wird.

Ergänzende Bemerkungen: Wie aus den Untersuchungen von ENTZ (1947), SEBESTYÉN (1948) und PONYI (1957) im Balaton-See hervorgeht, ist dort *A. harpae* ganz ähnlich wie im Gebiet des Stechlinsees verteilt. Nach den ungarischen Autoren ist er eine besonders in *Myriophyllum*-Beständen lebende Art, die sich aber in *Myriophyllum* der offenen Ufer des Sees nur spärlich, hingegen reich an Standorten mit semilakustrischen Eigenschaften vorfindet. Hierbei können semilakustrische Standorte stellvertretend auch von *Potamogeton natans* besiedelt sein, die ebenso *A. harpae* enthalten.

30. *Alonopsis elongata* SARS

Diese in Mitteleuropa keineswegs häufige boreale Art (KEILHACK 1905, 1909b) lebt im Stechlinsee ungemein zahlreich und wird an Individuendichte nur von *Chydorus sphaericus*, *Sida crystallina* und *Alona affinis* übertroffen. Sie scheint in der baltischen Seenplatte vor allem in großen, mehr oder minder oligotrophen Seen zu gedeihen. So ist *A. elongata* im Nehmitzsee zwar regelmäßig, aber weitaus spärlicher verbreitet; und in

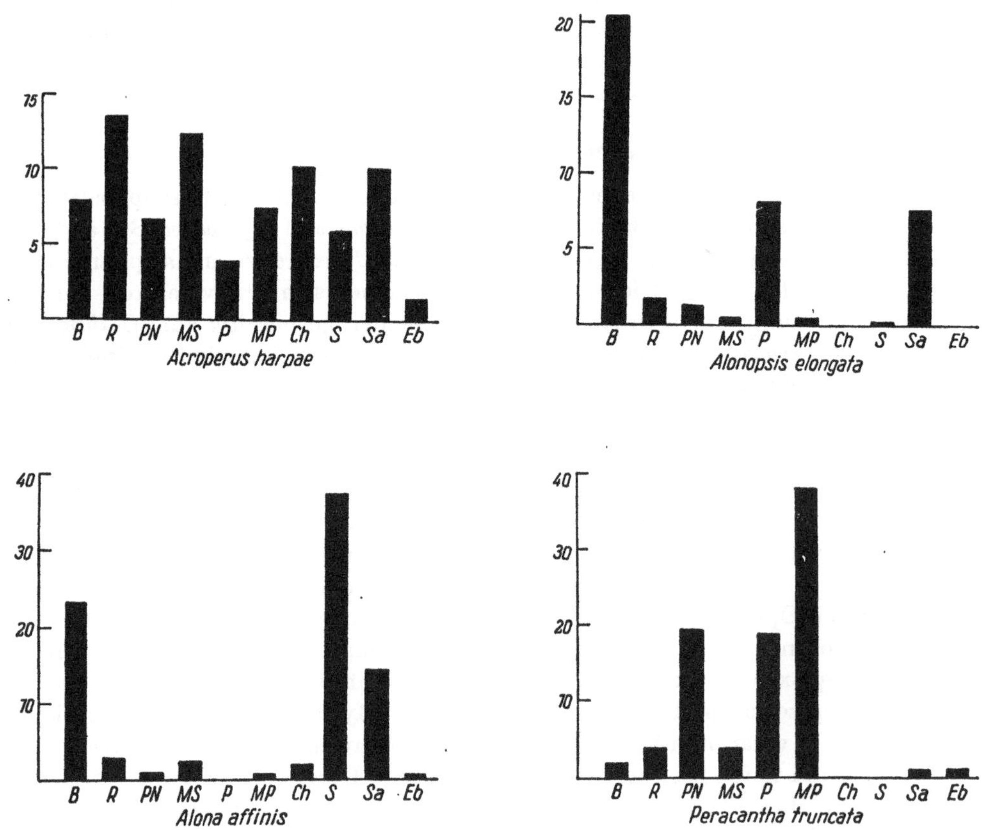

Abb. 3. Die Dominanz einiger litoraler Cladoceren in Seen des Stechlingebietes III.

den weiherartigen kleineren Seen tritt die Art nur ganz vereinzelt, gleichsam sporadisch auf. Sie kann zusammen mit *Bythotrephes longimanus* als die am meisten typische Cladocere des oligotrophen, kalkreichen und neutralen Stechlinsees bezeichnet werden.

In den Seen besitzt *A. elongata* drei Verbreitungsschwerpunkte: im Algenbewuchs an Röhrichtpflanzen, in lakustrischen Beständen von *Potamogeton lucens* und im Psammal (Abb. 3).

Ergänzende Bemerkungen: In den Niederlanden geht die Art nach REDEKE & DE VOS (1933) auch in kleine Heidegewässer, die allerdings oligotroph sind. Doch ist die Vorliebe der Art für Oligotrophie nicht unbedingt an Azidophilie geknüpft, wie REDEKE annehmen zu müssen glaubte. Aus oligotrophen Gewässern wird sie auch von HELLICH (1877): Böhmerwaldseen, STINGELIN (1895): Titi- und Feldsee, KEILHACK (1905): Madüsee, HOLLWEDEL (1953): Sager Meer und von KLIE (1933): Wollingster See gemeldet.

32. *Alona guttata* SARS

Weit verbreitet, aber weniger zahlreich als *Alona costata*. Im Gebiet in den großen Seen häufiger. Die durch die starke Skulptur der Schale ausgezeichnete var. *tuberculata* trat nur vereinzelt und meist im Bewuchs auf; sie ist keine ausgesprochen limikole Form, wie HERR (1917) annahm.

A. guttata ist eine mit Vorliebe den Algenbewuchs des Röhrichtes bewohnende Cladocere, die aber auch mit dichtem Pflanzenwuchs jeder Art vorlieb nimmt (Abb. 2). Im pflanzenfreien Sedimental nur sporadisch auf Schlamm- und Sandboden.

33. *Alona costata* SARS

Nach *Alona affinis* die zweithäufigste Art der Gattung, die besonders im Stechlinsee Massenpopulationen bildet.

Ist noch stärker als *A. guttata* an den Bewuchs gebunden, ohne aber in größeren dichten Makrophytenbeständen ausgesprochen selten zu sein (Abb. 4). Sie begnügt sich auch mit spärlichem Pflanzenwuchs (*Potamogeton natans*) und fehlt selbst im pflanzenlosen Sedimental nicht völlig.

34. *Alona tenuicaudis* SARS

Als Bewohnerin detritusreicher Standorte vor allem in Pflanzenbeständen der Seerosengesellschaft kleiner Seen verbreitet, aber nie sehr zahlreich. Selten auch im Bewuchs an *Typha*-Stengeln im Stechlinsee.

38. *Alona rectangula* SARS

In der Wahl ihrer Wohnplätze verhält sich *A. rectangula* ziemlich eurytop, bekundet aber sichtliche Vorliebe für detritusreiche, üppige *Myriophyllum*-Bestände der Seerosengesellschaft. In der schlammigen Sedimentfazies tritt sie trotz gelegentlicher Massenentfaltungen unstet auf.

39. *Alona quadrangularis* (O. F. MÜLLER)

Im Gebiet des Stechlinsees tritt *A. quadrangularis* meist in der typischen Form mit distal verbreitertem Postabdomen und kurzer, eiförmiger Schale auf, während Übergänge zu *A. affinis* so selten sind, daß ich mich nicht entschließen konnte, beide Arten zu vereinigen, wie es vielfach geschehen ist (KEILHACK 1909a, WEIGOLD 1910, HARTWIG 1897). Es ist außerdem zu bedenken, daß verwandtschaftlich sehr nahe stehende Formen sich in der Variationsbreite diagnostisch wichtiger Merkmale überschneiden können, ohne daß ein Genaustausch tatsächlich stattfindet. Frey (1959) fand in der Zahl und Anordnung der Kopfporen einen konstanten Unterschied zwischen den nahe verwandten Arten *A. affinis* und *A. quadrangularis*, so daß eine Vereinigung beider Formen taxonomisch nicht mehr gerechtfertigt ist.

A. quadrangularis ist, wie meist in Mitteleuropa, im Gebiet des Stechlinsees viel weniger häufig als *A. affinis*, findet sich aber mitunter an den ihr zuträglichen Uferstellen in Massen.

Als Bewohnerin detritusreicher Bodenablagerungen ist die Art vorwiegend dem Sedimental eigen, ohne dem Phytal (*Chara*, *Myriophyllum*) völlig zu fehlen (Abb. 4). Selbst im Algenbewuchs ist sie hin und wieder, wenn auch mehr zufällig, anzutreffen.

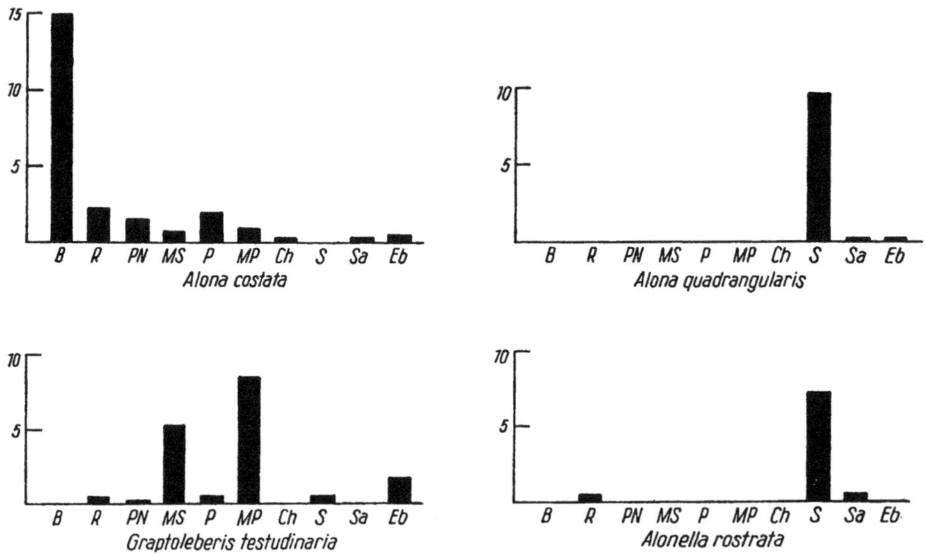

Abb. 4. Die Dominanz einiger litoraler Cladoceren in Seen des Stechlingebietes IV.

40. *Alona affinis* (Leydig)

Den anderen Arten der Gattung ist *A. affinis* durch größere Häufigkeit weit voraus, doch ist sie keineswegs gleichmäßig über die verschiedenen litoralen Taxotope verbreitet. Ihre Verbreitung im See wird offenbar durch die Vorliebe für detritusreiche Standorte bestimmt. Diese finden sich besonders im Bewuchs und im schlammigen Sedimental vor (Abb. 3). Im Phytal zeigt *A. affinis* eine ausgeprägte Substratbindung und tritt überall da merklich zurück, wo zu spärliche Bewuchs- und Detritusmengen, also vornehmlich in lakustrischen *Potamogeton*- und *Myriophyllum*-Beständen, ihre standortökologischen Ansprüche nicht voll befriedigen.

Im Bodenschlamm sind Übergangsformen zu *A. quadrangularis* mit schwach verbreitertem Postabdomen und kurzer, hinten hoher Schale (Abb. 5, Fig. b) viel häufiger als im Bewuchs; doch ist die Befiederung des Basaldorns der Furkakralle — neben den Kopfporen das diagnostisch brauchbarste Merkmal (Frey 1959) — bis auf verschwindend geringe Ausnahmen immer ausgebildet (Abb. 5). Aus diesem Grund halte ich die *quadrangularis*-ähnlichen Merkmale der Schlammpopulationen für schwach ausgeprägte adaptive Erscheinungen und nicht für einen Ausdruck der Vermischung von *quadrangularis* und *affinis*. Die Kolonien des Sedimentals werden deshalb als Standortmodifikationen aufgefaßt, deren Merkmalsausprägungen aber so schwach sind, daß sie nur durch statistischen Vergleich eines umfangreichen Materials in Erscheinung treten. Offenbar ist die für die Besiedelung durch *A. affinis* bedeutsame standortökologische Struktur der beiden Taxotope (Algenbewuchs bzw. Bodenschlamm) so geringfügig unterschiedlich, daß die Abweichung nicht für eine phänotypisch klarer ausgeprägte Differenzierung

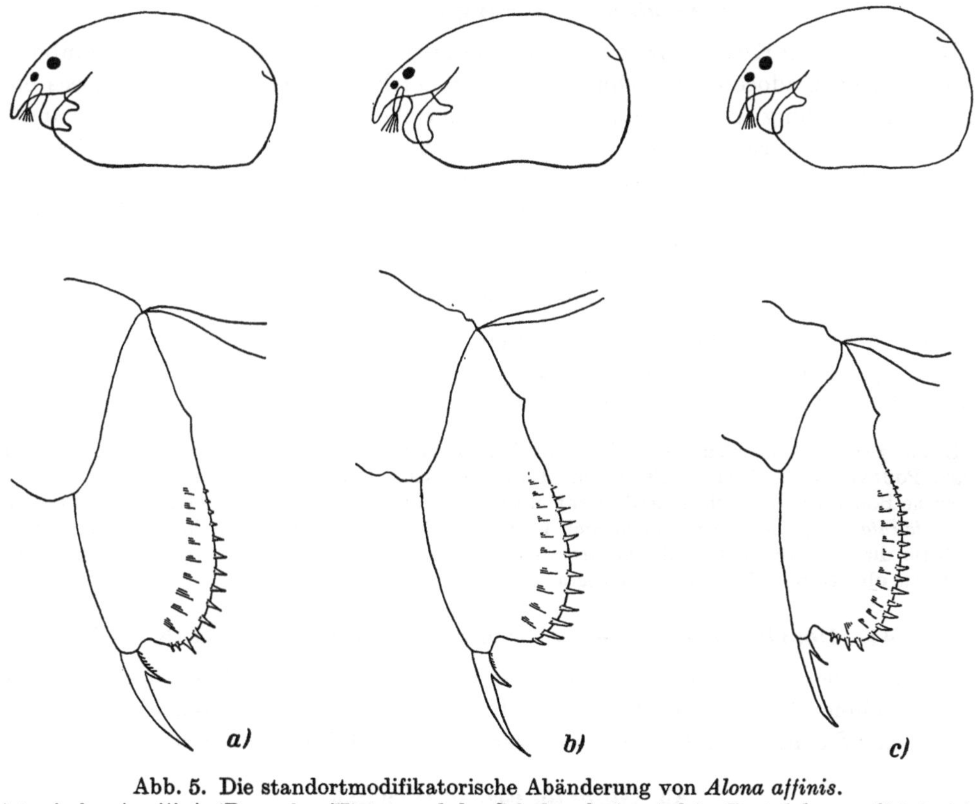

Abb. 5. Die standortmodifikatorische Abänderung von *Alona affinis*.
a) typische *A. affinis* (Bewuchs; Hinterrand der Schale relativ niedrig, Postabdomen distal nicht verbreitert).
b) Standortmodifikation von *A. affinis* (Sedimental; Hinterrand der Schale etwas höher, Postabdomen distal schwach verbreitert).
c) typische *A. quadrangularis* (Sedimental; Hinterrand der Schale hoch, Postabdomen distal verbreitert).

ausreicht. Auf die standortökologisch bedingten morphologischen Unterschiede innerhalb des Artenpaares *quadrangularis–affinis* hat schon WEIGOLD (1910) hingewiesen; doch ist das Problem von ihm nicht klar gedeutet, da die beiden Arten vereinigt werden.

41. ***Rhynchotalona falcata*** SARS

Im Stechlinsee zahlreicher als *Alonella rostrata*, im Nehmitzsee dagegen zurücktretend. Im Stechlinsee pflegt die Art während ihres Herbstmaximums in großer Zahl aufzutreten. Nach KEILHACK (1905) in Mitteleuropa nur in wenigen, vor allem großen und tiefen Seen.

Typisch für diese Art ist die an den Boden gebundene Lebensweise. Mit dem langen zurückgebogenen Rostrum pflügt sie die oberste Sandschicht förmlich um und wühlt dabei körnige Bodenpartikel mit den ihnen beigemischten Detritusflocken auf. Außerhalb sandiger Bodenablagerungen wird man diesen Wasserfloh meist vergebens suchen, obschon er vereinzelt selbst in die freie Wasserregion des Litorals verschlagen wird.

42. ***Leydigia quadrangularis*** (LEYDIG)

Diese schon von KURZ (1878) zu den steten limikolen, d. h. sumpfigen Schlammboden bewohnenden Cladoceren gerechnete Art zeigt auch im Gebiet des Stechlinsees eine spezifische Bindung an das Sedimental, wobei die Wohnplätze nicht unbedingt sumpfigen Charakter zu tragen brauchen. Der Krebs begnügt sich auch mit sehr dürftigen, kaum sichtbaren Schlammablagerungen über festem Untergrund (vgl. auch STEUER 1901). Er tritt übrigens im Arbeitsgebiet recht selten auf; im ganzen barg das umfangreiche Material nur 26 Individuen dieser Art.

43. ***Graptoleberis testudinaria*** (FISCHER)

Den ausgedehnten submersen Makrophytenbeständen fehlt *G. testudinaria* wohl niemals völlig, doch zeigt die Art eine auffallende Vorliebe für dichte Makrophytenbestände, mehr oder minder unabhängig von deren phytosoziologischer Zugehörigkeit (Abb. 4).

Ergänzende Bemerkungen: Die Angaben mehrerer Autoren (KEILHACK 1905, KUPTSCH 1927, POULSEN 1928, BERG 1929, LUCKS 1931, ERIKSSON 1935), nach denen *G. testudinaria* als typische Bodenform bezeichnet und direkt mit der spezifisch an den Boden gebundenen *Rhynchotalona falcata* verglichen wird, ließen sich im Gebiet des Stechlinsees nicht bestätigen. Das gilt auch für die von POULSEN (1928) ausgesprochene und von REDEKE & DE VOS (1933) für niederländische oligotrophe Heidegewässer bestätigte Azidophilie der Art.

44. ***Alonella rostrata*** (KOCH) [Syn.: *Rhynchotalona rostrata* (KOCH)]

Iliophil. Die Eigenart ihrer Lebensweise läßt die Art in den Pflanzenbeständen bis auf Ausnahmen fehlen (Abb. 4). Die Verbreitung bietet sich dadurch bei sehr unterschiedlicher Siedlungsdichte als ziemlich zerstreut dar. Für das Psammon nicht typisch.

45. ***Alonella excisa*** (FISCHER)

Als nicht seltenem, über das ganze Phytal recht gleichmäßig verbreiteten Litoralbewohner ist der Art das Vorkommen von dichtem Pflanzenwuchs nicht unmittelbares Bedürfnis, da sie sich mit pflanzenarmen Stellen, wie dem weichen Uferschlamm und dem Bereich detritusarmer Sandablagerungen begnügt und vereinzelt selbst tychoplanktisch vorkommt (Abb. 6).

46. ***Alonella exigua*** (LILLJEBORG)

Als bevorzugte Bewohnerin dichter, in ruhigen Ufergebieten gedeihender *Myriophyllum*-, *Potamogeton natans*- und *Nymphaea*-Bestände, die phytosoziologisch der Seerosengesellschaft zugeordnet werden können, offenbart sich *A. exigua* als ziemlich anspruchsvoll, ohne jedoch die übrigen litoralen Pflanzenbestände und das Sedimental völlig zu meiden (Abb. 6).

47. ***Alonella nana*** (Baird)

Ubiquistisch über fast alle untersuchten Taxotope des Phytals und Sedimentals verteilt (Abb. 6). Mehrmals selbst tychoplanktisch auftretend.

48. ***Peracantha truncata*** (O. F. Müller)

Peracantha truncata ist eine ausgesprochen phytophile Art, die besonders die detritusarmen *Potamogeton-* und *Nymphaea-* sowie die *Myriophyllum*-Bestände lakustrischer Standorte in großer Individuendichte besiedelt (Abb. 3). Neben *Sida crystallina*, *Polyphemus pediculus* und *Alonopsis elongata* hat sie sich am stärksten von den typischen litoralen Standorten gelöst.

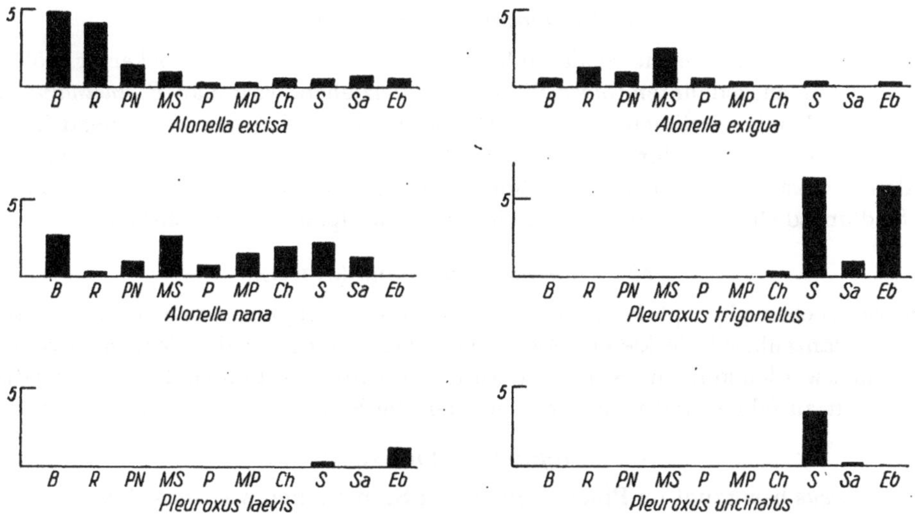

Abb. 6. Die Dominanz einiger litoraler Cladoceren in Seen des Stechlingebietes V.

Ein ökologischer Vergleich mit *Graptoleberis testudinaria* ist sehr aufschlußreich. Wie diese Art kann *P. truncata* nicht einer bestimmten Pflanzengesellschaft, etwa dem Potametum lucentis, zugeordnet werden, da die Bindung an Pflanzen mit bestimmten Wuchsformen und Nahrungsverhältnissen (Reichtum an epiphytischem Aufwuchs und Detritus, Dichte der Pflanzenbestände) offenbar stärker ist. So findet sich die „*Myriophyllum*-Art“ *Graptoleberis testudinaria* nicht nur an *Myriophyllum* des Potametum lucentis, sondern ebenso, wenn auch weniger zahlreich, an *Myriophyllum* der Seerosengesellschaft, hingegen kaum an *Potamogeton lucens*, der Charakterart des Potametum lucentis, und an *P. natans*, das typisch für die Seerosengesellschaft ist. *P. truncata* wiederum, die ebenfalls die Standorte des Potametum lucentis bevorzugt, aber viel stärker als *G. testudinaria* in *Potamogeton* auftritt, besiedelt im Myriophyllo-Nupharetum die Bestände von *Potamogeton natans* zahlreicher als die von *Myriophyllum spicatum* und *M. verticillatum*.

Auffallend ist das Zurücktreten von *P. truncata* in den *Chara*-Wiesen.

49. *Pleuroxus laevis* Sars

Die Fundplätze dieser nur vereinzelt aufgefundenen Art streuen über fast alle litoralen Taxotope des Phytals und Sedimentals mit wenig typischer Bevorzugung der Erlenbrüche (Abb. 6). Konstante Differential-Art der sublitoralen Variante der *Chara*-Taxozönose.

50. *Pleuroxus trigonellus* (O. F. Müller)

Iliophil. In seinem Vorkommen folgt *P. trigonellus* den detritusreichen ufernahen Schlammablagerungen, ohne festen sandigen Untergrund völlig zu meiden; doch weicht er dem nahrungsarmen Psammal aus (Abb. 6). Mehrere Zufallsfunde einzelner Exemplare liegen aus dem Phytal und selbst aus dem Algenbewuchs an Röhrichtpflanzen vor.

51. *Pleuroxus uncinatus* Baird

Wo weiche detritusreiche Schlammbänke sich am Boden aufgelockerter Röhrichtgürtel oder an ausgedehnten *Chara*-Wiesen entlangziehen, wird man *P. uncinatus* kaum vermissen. Sandige Sedimente und das Phytal meidet er dagegen weitgehend (Abb. 6). Die Art erweist sich dadurch stärker als *P. trigonellus* an schlammige Sedimente gebunden und kann als iliobiont bezeichnet werden. Geht bis in größere Tiefen (bis 8 m). Die Siedlungsdichte schwankt an den einzelnen Fundplätzen beträchtlich.

52. *Pleuroxus aduncus* (Jurine)

Ausgesprochen phytophile Art mit deutlicher Bevorzugung bewuchs- und detritusreicher Pflanzenbestände kleiner Seen, die phytosoziologisch der Seerosengesellschaft zugeordnet werden können. Scheint selbst in verarmten Beständen dieser Verlandungsgesellschaft zu fehlen und meidet entschieden die Standorte des Potametum lucentis.

53. *Chydorus globosus* Baird

Ch. globosus bevorzugt im Pflanzengürtel der Seen ähnlich wie *Graptoleberis testudinaria* die *Myriophyllum*-Bestände, in deren Bewuchs- und Detritusschicht er sich aufhält (Abb. 7).

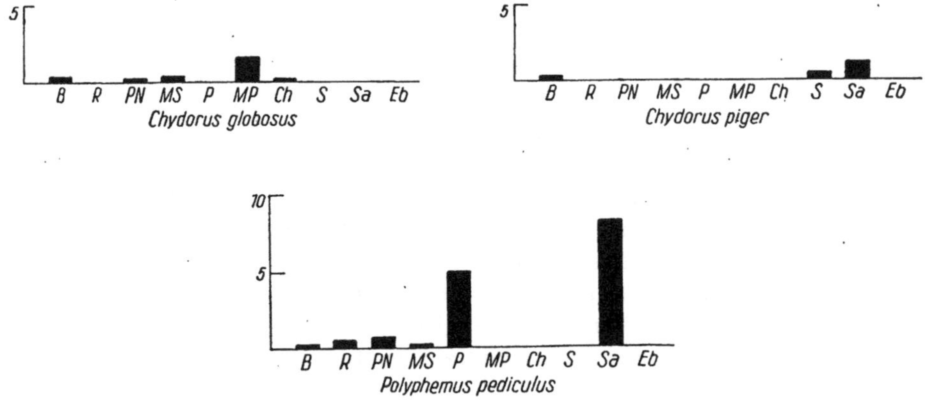

Abb. 7. Die Dominanz einiger litoraler Cladoceren in Seen des Stechlingebietes VI.

55. ***Chydorus sphaericus*** (O. F. MÜLLER)

Im Litoral der untersuchten Seen weit verbreitet und sehr zahlreich. Ubiquist (Abb. 8).

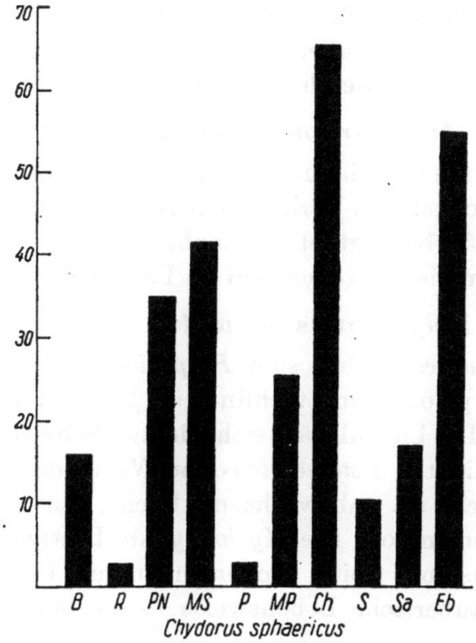

Abb. 8. Die Dominanz von *Chydorus sphaericus* in Seen des Stechlingebietes.

56. ***Chydorus gibbus*** LILLJEBORG

Diese in ihrer Verbreitung boreale Züge tragende Art ist in den größeren Seen des Stechlinsee-Gebietes ein regelmäßiger, wenn auch nicht sehr zahlreicher Bestandteil der litoralen Cladocerenfauna. Die Angabe KEILHACKS (1909a), sie sei in Norddeutschland vermutlich nicht selten, erfährt damit eine gewisse Bestätigung.

Gleich *Ch. piger* lebt auch dieser *Chydorus* kaum außerhalb des Sedimentes, bevorzugt aber flache sandige Bodenablagerungen. Psammophil.

57. ***Chydorus piger*** SARS

Syn.: *Chydorus thienemanni* MEUCHE (vgl. FLÖSSNER 1962b)

Im Stechlinsee besiedelt *Ch. piger* ausschließlich das Sedimental, wobei er nahrungsreichen sandigen oder nicht zu mächtigen Schlammablagerungen über festem Sanduntergrund den Vorzug gibt und von hier aus auch in den detritusreichen Algenbewuchs auf Geröllflächen an Brandungsufern eindringt (Abb. 7). Vereinzelt scheint er auch im sandigen, von dichter Makrophytenvegetation bewachsenen Bodensediment zu leben, wodurch sich der Nachweis eines Exemplares in einem dichten *Elodea*-Rasen im Stechlinsee erklärt. Im Nehmitzsee fand ich ein Exemplar im Algenbewuchs an abgestorbenen *Typha*-Stengeln. In den Probegefäßen hält sich *Ch. piger* wie andere spezifische Bodenformen (*Monospilus dispar*, *Rhynchotalona falcata*, *Ch. gibbus*) in der oberen Sedimentschicht verborgen, aus der er erst nach geraumer Zeit zum Vorschein kommt. Die Tiere sind meist träge und liegen auf dem Boden der Gefäße flach auf der Seite. Mitunter bewegen sie sich langsam schwimmend bzw. kriechend vorwärts, wobei meist die Seitenlage beibehalten wird. Kürzere Strecken legen sie auch schneller schwimmend in aufrechter Haltung zurück.

58. *Monospilus dispar* SARS

Im Nehmitz- und Stechlinsee, für den die Art schon von KEILHACK (1908; leg. SAMTER) aufgeführt ist, verstreut, aber stellenweise recht zahlreich auf reinem, mit wenig Schlamm bedeckten Sandboden lebend. Typische Bodenform.

59. *Anchistropus emarginatus* SARS

A. emarginatus lebt besonders an lakustrischen, vom Potametum lucentis besiedelten Standorten, was offenbar durch das Vorkommen von *Pelmatohydra oligactis*, auf der er als Parasit lebt (BORG 1935), bedingt ist. Ausnahmsweise auch im Röhricht, in *Chara*, im Algenbewuchs auf ufernahen Geröllen und im Psammal.

60. *Polyphemus pediculus* (LINNÉ)

Unter den litoralen Cladoceren hat sich *P. pediculus* mit am stärksten von den typischen Uferstandorten gelöst. Im Stechlin- und Nehmitzsee kommt er regelmäßig selbst euplanktisch vor. Im Litoral hält sich die zur Schwarmbildung neigende Art vornehmlich in nicht zu dichten *Potamogeton*- und *Nymphaea*-Beständen auf (Abb. 7). Wo sie es haben kann, zieht sie unbewachsene, flache, sandige und mäßig belichtete Ufer allen anderen Standorten vor. Die *Myriophyllum*-Bestände sind *P. pediculus*, der ein ausgeprägtes Bedürfnis zum freien Umherschwimmen besitzt — offenbar bedingt durch die überwiegend räuberische Lebensweise — zu dicht, um ihm eine optimale Entfaltung zu gestatten.

2. *Zoogeographische Bemerkungen*

Obwohl sich die Cladocerenfauna der untersuchten Seen in ihrem Artenbestand nur unbedeutend unterscheidet, wechselt das mengenmäßige Vorkommen vieler Arten in den einzelnen Seen stark. Besonders für den Stechlin- und Nehmitzsee einerseits und die kleineren weiherartigen Seen andererseits trifft diese Feststellung zu.

Die Ursachen für die auffallende Änderung der Siedelungsdichte sind in der von der Größe und Tiefe der Seen abhängigen Dichte der Vegetation und der Form der litoralen Sedimente zu suchen. Mit abnehmender Gewässergröße und -Tiefe, die meist eine geringere Beeinflussung der Uferzonen durch Wellenbewegungen nach sich ziehen, verringert sich infolge des stärkeren Wachstums der emersen und submersen Pflanzenbestände der Anteil des pflanzenfreien Pelagials am gesamten Areal. Die Bewuchs- und Detritusmengen sind größer und gleichzeitig ändern sich infolge der abgeschwächten Durchströmung und der stärkeren Pflanzenproduktion auch die Sedimentationsbedingungen. Die minerogenen Sedimente treten zurück und werden durch Schlammablagerungen ersetzt. Mit dem Zurückweichen sandiger Uferzonen in den kleineren eutrophen Seen Norddeutschlands wird zwangsläufig auch die Verbreitung psammobionter und psammophiler Arten unter den Cladoceren in diesen Seen eingeschränkt. Umgekehrt herrschen in großen windexponierten Seen, wie dem Stechlinsee, Arten vor, die mit Vorliebe unbewachsenen, sandigen Ufergrund besiedeln (*Rhynchotalona falcata*, *Chydorus gibbus*, *Ch. piger*, *Monospilus dispar*) oder die nur in mäßig dichten, bewuchs- und detritusarmen Pflanzenbeständen optimal gedeihen (*Alonopsis elongata*, *Polyphemus pediculus*, *Alona costata*, *A. guttata*, *Camptocercus rectirostris*, *Sida crystallina*, *Pera*-

cantha truncata). In kleinen Seen, wie etwa dem Gerlinsee, vermögen sich dagegen infolge des weiherartigen, „semilakustrischen“ Charakters der Uferzonen Arten wie *Camptocercus lilljeborgii, Alona tenuicaudis, Alonella nana, Diaphanosoma brachyurum, Scapholeberis mucronata, Lathonura rectirostris, Simocephalus serrulatus, Alonella rostrata, Alona quadrangularis, Drepanothrix, Latona setifera* und die *Pleuroxus*-Arten stark zu entfalten, die dichte, ausgedehnte Pflanzenbestände in Stillwasserbezirken und tiefen morastigen Schlamm an geschützten Ufern bevorzugt besiedeln oder wie die Ceriodaphnien und *Bosmina longirostris* die „Freiwasserlücken“ in der Makrophytenvegetation bewohnen. Wo sich in größeren Seen, wie im Nehmitzsee, infolge starker Uferentwicklung semilakustrische Litoralbiotope herauszubilden vermögen, kommt die Mehrzahl der oben angeführten Arten ebenfalls zahlreich vor. Nur *Ceriodaphnia reticulata* und *C. megops* bleiben fast ausschließlich auf kleine, stark erwärmte und verlandete Seen beschränkt.

Gegenüber der Cladocerenfauna Mitteldeutschlands (Weigold 1910; Wagler 1913) zeigen die Seen des Stechlinseegebietes neben dem Artenreichtum einige zoogeographische Besonderheiten. Vor allem der oligotrophe Stechlinsee eignet sich zu einem Vergleich des Faunencharakters verschiedener Gebiete Mitteleuropas. Von den in Nordeuropa häufigen, im norddeutschen Flachland noch regelmäßig vorkommenden, aber durchaus lückenhaft verbreiteten und südlich der baltischen Seenplatte fehlenden oder fast ausschließlich auf höhere Gebirgslagen beschränkten Arten kommen im Stechlinsee regelmäßig und z. T. zahlreicher als in den meisten anderen norddeutschen Seen vor: *Drepanothrix dentata, Alonopsis elongata, Alona protzi, A. weltneri, A. karelica, Rhynchotalona falcata, Chydorus latus, Ch. gibbus, Ch. piger* und *Bythotrephes longimanus*. Von diesen Formen wurden im Gerlinsee nur *D. dentata, A. elongata* und *Ch. gibbus* gefunden, während im Nehmitzsee nur die sehr seltenen Alonen sowie *B. longimanus* nicht nachgewiesen wurden.

In Norddeutschland besitzen also offenbar nur die größeren oligotrophen bis mäßig eutrophen Seen einen auffallenden Reichtum an nordischen Faunenelementen, eine Vermutung, die vor allem durch die von Keilhack (1905) mitgeteilten Cladocerenfunde aus dem Madüsee bekräftigt wird. Keilhack fand in der Madü nach stichprobenartigen Untersuchungen *Alonopsis elongata, Rhynchotalona falcata, Chydorus piger, Chydorus gibbus* und *Bythotrephes longimanus* häufiger als in den meisten märkischen Seen. Auch Bowkiewicz (1926) fand bei einem zoogeographischen Vergleich der Cladocerenfauna Nordost- und Südpolens, daß die nördlichen Landesteile den südlichen eine Reihe von „nordischen“ Formen voraus haben, nämlich *Latona setifera, Daphnia cristata, Drepanothrix dentata, Alonopsis elongata, Alona intermedia, A. protzi, Rhynchotalona falcata, Chydorus piger, Ch. gibbus, Monospilus dispar* und *Anchistropus emarginatus*.

Außer den Seen besitzen in Mitteleuropa vor allem die primär oligotrophen, kalkarmen Heidegewässer und die dystrophen Moore in ihrer Cladocerenfauna Anklänge an einen nordischen, mehr oder minder glazialen Faunencharakter (Herr 1917, Redeke & de Vos 1933). Die Seen-, Heide- und Moorgewässer sind aber nicht gleichartig von den nordischen Elementen der Cladocerenfauna Europas besiedelt. Für die in Heide- und Moorgebieten verbreiteten elektrolytarmen und meist kalten Weiher und Tümpel können, besonders nach den Untersuchungen von Herr (1917) in der preußischen Oberlausitz (O) und von Redeke & de Vos (1933) in den Niederlanden (N), folgende Formen als charakteristisch angesehen werden: *Scapholeberis microcephala* (N), *Bosmina core-*

goni obtusirostris (N), *Drepanothrix dentata* (O), *Acantholeberis curvirostris* (O, N), *Eurycercus glacialis* (N), *Alona karelica* (O) und *A. intermedia* (O). Typische Seeformen nordischen Charakters sind hingegen *Daphnia cristata, Alonopsis elongata*[1]), *Chydorus gibbus* und *Bythotrephes longimanus*, wahrscheinlich auch *Alona protzi* und *A. weltneri*; während *Rhynchotalona falcata, Chydorus latus* und *Ch. piger* beiden Gewässertypen mehr oder minder gleichmäßig eigen sind. Nach MÄEMETS (1962) zeigt auch in Estland die regionale geographische Verbreitung der borealen Cladoceren eine deutliche Beziehung zur Verbreitung oligo- bis mäßig eutropher und dystropher Gewässer.

3. *Die Phänologie der litoralen Cladoceren*

In ihrem zeitlichen Auftreten bekunden die Cladoceren eine ausgeprägte Periodizität. Diese äußert sich in einer Winterruhe in Gestalt von abgelegten Dauereiern, aus denen im Frühjahr ausnahmslos junge Weibchen schlüpfen, die sich über eine bei den einzelnen Arten verschieden lange Reihe von Generationen parthenogenetisch fortpflanzen. Am Ende dieser Periode intensiver Vermehrung steht eine bisexuelle Phase, in der die auftretenden Männchen die Parthenoweibchen begatten, worauf diese hartschalige Dauereier ablegen. Dieser Zyklus kann sich einmal oder auch viele Male im Jahr wiederholen, wonach man mono-, di- und polyzyklische Arten unterscheidet. Bei wenigen Formen lebt die parthenogenetische Fortpflanzung nach Ablauf der einzigen oder zweiten bisexuellen Phase wieder auf und dauert den Winter über unter Eis an.

Nicht alle Arten schlüpfen im Frühjahr gleichzeitig; die einzelnen Formen erscheinen vielmehr stufenweise nacheinander. Jährliche Schwankungen, bedingt durch Änderungen des Witterungsablaufes, sind gering, so daß sich eine ziemlich große Regelmäßigkeit erkennen läßt. Nach den Beobachtungen im Stechlin-, Nehmitz- und Gerlinsee können die litoralen Cladoceren nach ihrem zyklischen Verhalten in 5 Gruppen eingeteilt werden (Tab. 3), mit deren Hilfe eine Erfassung der Aspektfolge möglich ist.

1) Vorfrühlingsaspekt (Prävernal). Mit dem Auftauen des Eises Mitte bis Ende März vollzieht sich innerhalb weniger Tage der Übergang vom Winter- zum Vorfrühlingsaspekt, für den das Auftreten der prävernalen Arten *Alonopsis elongata, Pleuroxus trigonellus* und *Alonella rostrata* typisch ist. Bereits 14 Tage später wird er abgelöst vom

2) Frühjahrsaspekt (Vernal), der den ganzen April über andauert und durch das Schlüpfen der Mehrzahl der litoralen Cladoceren aus den Dauereiern gekennzeichnet ist, von denen aber nur ein Teil gleich zu Beginn des Monats erscheint. Etwa gleichzeitig setzt eine intensivere parthenogenetische Vermehrung der den Winter überdauernden Arten ein.

In der ersten Maihälfte schließt sich mit dem Erscheinen der spät schlüpfenden Formen ein

3) Nachfrühlingsaspekt (Postvernal) an, der mit dem Auftreten von *Scapholeberis mucronata* etwa um die Mitte des Monats beendet ist.

4) Der Sommeraspekt (Aestival) dauert etwa $3^1/_2$ Monate von Mitte Mai bis Ende August und stellt eine Periode intensiver parthenogenetischer Vermehrung dar.

5) Der Herbstaspekt (Autumnal) besitzt mit einer Dauer von 4 Monaten (Anfang September bis Ende Dezember) die längste Ausdehnung. In milden Wintern kann er

[1]) Vgl. besonders das zahlreiche Vorkommen in den Böhmerwaldseen (HELLICH 1887), im Madüsee (KEILHACK 1905) und im Wollingster See (KLIE 1933).

sich bis in den Januar hinein fortsetzen. Von Mitte bis Ende August schiebt sich eine Übergangszeit zwischen den Sommer- und Herbstaspekt ein, der etwa dem Hochsommeraspekt (Serotinal) auf dem Lande entspricht. Als Hauptmerkmal der Herbstperiode wird das Erscheinen der Sexualtiere betrachtet. Die Sexualperiode wiederholt sich jedes Jahr in fast der gleichen Weise und erweist sich dadurch als unabhängiger von den klimatischen Bedingungen als das Verschwinden und Schlüpfen der einzelnen Kolonien.

6) Der Winteraspekt (Hiemal) ist nur von kurzer Dauer (Anfang Januar bis Mitte März). Als Grenzen der Periode werden das Absterben der nicht überwinternden

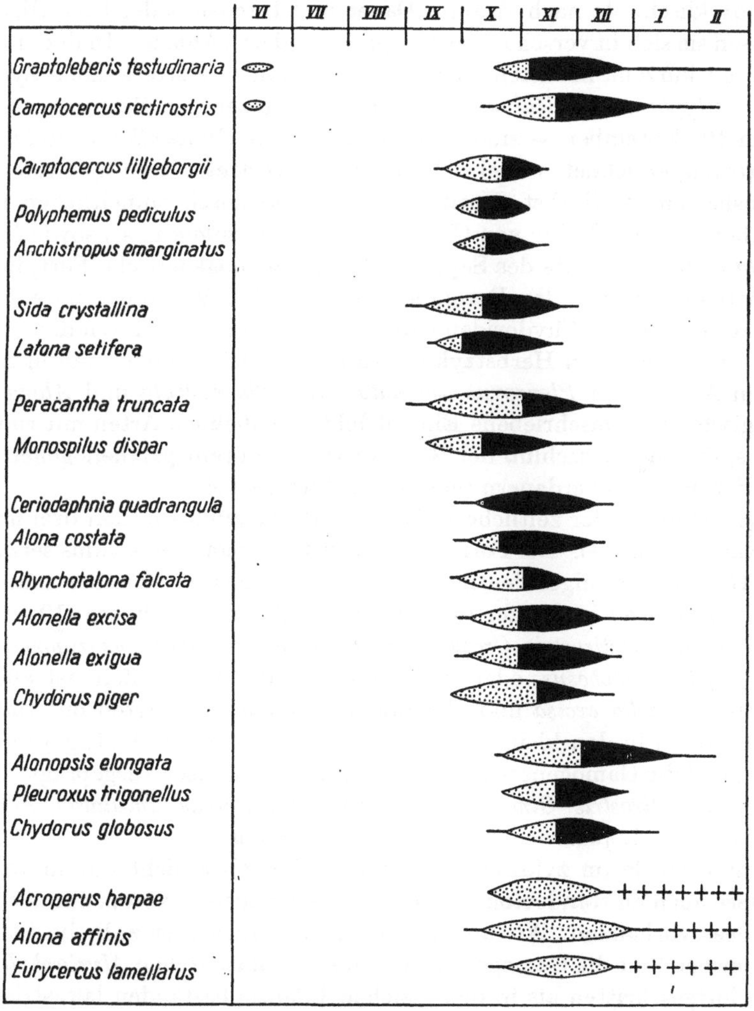

Abb. 9. Die Sexualperioden litoraler Cladoceren im Stechlin-, Nehmitz- und Gerlinsee.
punktiert: Parthenogenese und Gamogenese gemischt
schwarz: reine Gamogenese
+++ reine Parthenogenese bei Arten, die den Winter überdauern.

Arten im Herbst und deren Schlüpfen im Vorfrühling angenommen. Durch seine Artenarmut ist der Winteraspekt vor allen anderen Jahresperioden gekennzeichnet. Im Untersuchungsgebiet, vor allem im Stechlinsee, wurden folgende Arten überwinternd angetroffen: *Simocephalus vetulus*, *Lathonura rectirostris*, *Chydorus gibbus*, *Alona guttata*, *Eurycercus lamellatus*, *Acroperus harpae*, *Alona affinis*, *A. quadrangularis*, *Alonella nana*, *Chydorus sphaericus*, dazu die Plankter *Daphnia longispina*, *D. cucullata*, *Bosmina longirostris* und *B. coregoni*. Überwinterungsorte sind neben dem Pelagial die *Chara*-Wiesen und das schlammige Sedimental, weniger der Algenbewuchs an *Typha*-Stengeln.

Im engen Zusammenhang mit dem phänologischen Verhalten steht der Fortpflanzungszyklus der Cladoceren. In den Seen des Stechlinseegebietes sind die meisten Arten monozyklisch. Je nach Beginn, Dauer und Intensität der herbstlichen Sexualperiode lassen sie sich in verschiedene Gruppen gliedern (Abb. 9). In der ersten Gruppe sind Arten mit kurzem, höchstens sich über zwei Monate erstreckenden Zyklus zusammengefaßt (*Polyphemus pediculus* u. a.). Durch einen zeitigen Beginn der Gamogenese — vor dem 10. September — sind außer den Sididen *Peracantha truncata* und *Monospilus dispar* ausgezeichnet, wobei sich die beiden Vertreter der Chydoriden durch das längere Ausharren im Herbst deutlich von der biologisch einheitlichen Gruppe der Sididen abheben. Eine Reihe von Chydoriden (*Alona costata* u. a.) sowie *Ceriodaphnia quadrangula* treten im Laufe des September in die gamogenetische Fortpflanzung, die bei allen Arten bis weit in den Dezember hinein reicht. Von ihnen unterscheidet sich eine kleinere Gruppe von Chydoriden (*Alonopsis elongata* u. a.) durch den nahezu einen Monat später beginnenden Herbstzyklus; zu ihnen gehören außer den in Abbildung 9 angeführten Arten noch *Pleuroxus uncinatus*, *Alonella rostrata* und *Alona rectangula*. Eine biologisch wohl umschriebene Einheit bilden schließlich Arten mit rudimentärem Monozyklus, die nach Abschluß der Sexualperiode bei rein parthenogenetischer Fortpflanzung den Winter überdauern (vgl. oben, Winteraspekt).

Bei vielen Arten ist der zeitliche Ablauf des Herbstzyklus in den drei untersuchten Seen verschieden (Tab. 4). Bei Formen mit vollständigem Monozyklus setzt die Gamogenese im Gerlinsee, weniger deutlich auch im Nehmitzsee, entweder zeitiger ein (um etwa eine Woche) und ist kürzer (6—7 Wochen) als im Stechlinsee (10—11 Wochen), so bei *Camptocercus rectirostris*, *Graptoleberis testudinaria*, *Pleuroxus trigonellus*, *P. uncinatus* und *Chydorus globosus*, oder sie beginnt um die gleiche Zeit, ist aber ebenfalls kürzer, so bei *Alonella excisa* und *Peracantha truncata*. Die Arten mit rudimentärem Monozyklus treten in den kleineren Seen deutlich früher (bis 14 Tage) in die Sexualperiode ein, und die Gamogenese ist stärker als im Stechlinsee ausgeprägt; so verhalten sich *Lathonura rectirostris*, *Simocephalus vetulus*, *Eurycercus lamellatus*, *Acroperus harpae*, *Alona affinis*, *A. quadrangularis* und *Alonella nana*.

Diese Unterschiede im zyklischen Verhalten sind aber nicht nur in verschiedenen Seen, sondern auch an standortökologisch ungleichartigen Taxotopen innerhalb ein und desselben Sees vorhanden. Wie aus Tabelle 4 hervorgeht, ist z. B. im Stechlinsee zu etwa der gleichen Zeit die Gamogenese in den semilakustrischen *Myriophyllum*-Beständen weiter fortgeschritten als in den gleichen Pflanzenbeständen lakustrischer Standorte; d. h. an den *Myriophyllum*-Standorten mit semilakustrischen Eigenschaften beginnt und endet der Zyklus früher.

Die submersen Pflanzenbestände im Gerlinsee und an den semilakustrischen Standorten im Nehmitz- und Stechlinsee bieten mit ihrem schärfer ausgeprägten jahreszeit-

TABELLE 3
Die Jahresperiodizität einiger litoraler Cladoceren
I – XII = Monate; A = Anfang; M = Mitte; E = Ende.

	Schlüpf-termin	Maximum der Populationen	Sexual-zyklus
1. Monozyklische überwinternde Arten mit reduziertem Herbst- bzw. Frühjahrszyklus			
Chydorus sphaericus		IV – VI; XII	(IV)
Alonella nana		V – VII; XII – I	(XI)
Chydorus gibbus		VI; X	(XI)
Alona quadrangularis		VI; XI	(E X – M XII)
Eurycercus lamellatus		VI; XI – XII	(M X – E XII)
Acroperus harpae		V – VI; XII	(M X – E XII)
Alona affinis		VII; XI – XII	(A X – A I)
Alona guttata		IV – VII; IX	(XI)
Lathonura rectirostris		X – XII	(X – XI)
2. Prävernale Arten			
Alonopsis elongata	E III	VI – VII; IX	E X – A I
Pleuroxus trigonellus	E III	VI; X	M X – M XII
Alonella rostrata	E III	VI; XI	E X – E XI
3. Vernale Arten			
Chydorus globosus	A IV	XI – XII	A XI – E XII
Alonella exigua	A IV	V – VI; IX	A X – M XII
Alonella excisa	A IV	V – VII; IX	E IX – M XII
Ceriodaphnia quadrangula	A IV	VI; IX – XI	A X – M XII
Pleuroxus uncinatus	A IV	VI; A XI	E X – E XI
Alona rectangula	A IV	VI – VII; IX	X
Peracantha truncata	A IV	IX – X	A IX – M XII
Pleuroxus laevis	M IV	IX	E X – XI
Monospilus dispar	?	M IX – A X	M IX – E XI
Sida crystallina	M IV	VI; IX	A IX – E XI
Macrothrix rosea	?	VII	IX – X
Ceriodaphnia laticaudata	M IV	VIII	M VIII – E IX
Ceriodaphnia rotunda	M IV	VIII	M VIII – E IX
4. Postvernale Arten			
Polyphemus pediculus	E IV – A	V VI; E IX – A X	E IX – E X
Chydorus piger	A V	X	A X – M XII
Rhynchotalona falcata	A V	IX – X	E IX – A XII
Drepanothrix dentata	A V	X	M X – XI
Latona setifera	A V	IX	M IX – A XI
Diaphanosoma brachyurum	M V	VII – M IX	IX – A XI
Anchistropus emarginatus	M V	M X	E IX – M XI
Camptocercus lilljeborgii	M V	E IX	M IX – E X
Scapholeberis mucronata	M V	VI; IX	?
5. Dizyklische Arten mit rudimentärem Sommerzyklus			
Simocephalus vetulus		V – VI	V – VI; XI
Graptoleberis testudinaria	A IV	VI; IX	VI; X – XII
Camptocercus rectirostris	A IV	VI; XI – XII	VI; M X – E XII

lichen Wechsel der Dichte und Ausdehnung der Bestände wie auch der Bewuchs- und Detritusmengen den Cladoceren weniger konstante Umweltbedingungen als die lakustrischen *Myriophyllum*-Bestände des tieferen Litorals. Auf diese stärkeren jahreszeitlichen Schwankungen der Milieufaktoren reagieren die Cladoceren in ihrem fortpflanzungszyklischen Verhalten durch früheren Beginn und stärkeres Hervortreten der Gamogenese sowie durch früheres Absterben der Bestände.

Im Stechlinsee — weniger ausgeprägt auch im Nehmitz- und Gerlinsee — ist die Neigung zur Azyklie nicht nur auf die eulimnetischen Daphnien und Bosminen beschränkt (KAESTNER 1959). Sie tritt regelmäßig auch bei einigen litoralen Arten auf (vgl. Tab. 3). So liegt im Stechlinsee zur Zeit der Gamogenese der Anteil der Sexualtiere verschiedener überwinternder Populationen von *Acroperus harpae* bei 1—39%, von *Alona affinis* bei 4—32%, von *Eurycercus lamellatus* bei 10—20%, von *Alona quadrangularis* unter 20% und von *Chydorus gibbus* unter 15%.

TABELLE 4

Stärke der Parthenogenese und Gamogenese (in % der Sexualtiere) Anfang November in *Myriophyllum*-Beständen des Stechlin- und Gerlinsees
a) *Myriophyllum*, lakustrischer Bestand
b) *M.*, semilakustrischer Bestand, fragmentarisch
c) *M.*, semilakustrischer Bestand, typisch
Parthenoweibchen vereinzelt (p), mehrfach (pp) und zahlreich (ppp).

Standort / Spezies	Stechlinsee a)	Stechlinsee b)	Stechlinsee c)	Gerlinsee
Graptoleberis testudinaria	pp, 7	p, 32	p, 36	66
Peracantha truncata	9	p, 36	42	100
Alonella exigua	20	33	60	100
Alonella excisa	20	25	—	100
Alona costata	40	45	100	100
Camptocercus rectirostris	—	—	p, 16	87
Chydorus globosus	pp	—	pp, 3	43
Acroperus harpae	pp	pp, 48	p, 50	ppp, 26+)
Eurycercus lamellatus	pp	pp	pp, 0,3	p, 47
Alona affinis	—	p	p	p, 29

+) Höhepunkt der Gamogenese bereits überschritten.

Abschließend sollen die Fortpflanzungszyklen der litoralen Cladoceren im Stechlinseegebiet unter allgemeinen Gesichtspunkten näher betrachtet werden. Unter dem Einfluß einer damals viel beachteten Arbeit EKMANS (1904) hatte KEILHACK (1911a) bei der Besprechung der WEIGOLDschen Untersuchungen über die Sexualzyklen sächsischer Cladoceren (WEIGOLD 1910) die Vermutung geäußert, „daß die mitteldeutschen Chydoriden sich biologisch weiter von dem ursprünglichen Verhalten ihrer nordeuropäischen Artgenossen entfernt haben als die Bewohner unserer baltischen Seen.“ EKMAN (1904) hält den Monozyklus für ursprünglich und postuliert mit Rücksicht darauf, daß in den arktischen Gewässern mit ihrer kurzen eisfreien Periode alle Populationen streng monozyklisch sind, den arktischen Ursprung unserer Cladoceren, die nach dem postglazialen Rückgang des Eises als Relikte in den mitteleuropäischen Gebieten zurückgeblieben seien und dort in Anpassung an die längeren Sommer die Di- bzw. Polyzyklie erworben hätten. Für diese Annahme liegen jedoch keine zwingenden Gründe vor; ja es ist überhaupt fraglich, ob sie zur Erklärung der Entstehung des unterschiedlichen zyklischen Verhaltens der Cladoceren in den verschiedenen Wohngewässern überhaupt nötig ist. Die Erscheinung läßt sich viel ungezwungener erklären, wenn man annimmt, daß die Cladoceren, wie die Conchostraken, ursprünglich polyzyklische Bewohner meist ephemerer Kleingewässer waren und nach der Besiedelung perennierender Gewässer allmählich die Zyklen verlängerten, bis aus dem ursprünglich polyzyklischen Verhalten Di- und Monozyklie entstand. Nur in dem astatischen Milieu periodischer Kleingewässer ist also noch der ursprüngliche Fortpflanzungszyklus erhalten geblieben, während in den größeren Gewässern (Seen) ein abgeleitetes Verhalten mit sekundärem Monozyklus oder Neigung zur Azyklie auftritt.

Mit diesen hypothetischen Gedankengängen stimmen die eigenen an märkischen Seen erhaltenen Befunde überein. In den größeren Seen des Stechlinseegebietes mit ihrem sehr konstanten Milieu herrscht bei den allermeisten Cladoceren-Arten ein reiner sekundärer Monozyklus, der bei einigen Formen so weit unterdrückt ist, daß sich azyklisches Verhalten anbahnt. Als Hinweis für die sekundäre Natur des Monozyklus mag die bemerkenswerte Tatsache angeführt werden, daß im Stechlinsee, aber auch in den beiden anderen Seen, sehr viele Cladoceren-Arten zwei Entfaltungsmaxima im Jahr haben, ein Maximum im Frühsommer (Ende Mai bis Anfang Juli) und ein zweites, oft stärkeres im Herbst (vgl. Tab. 3), von denen aber in der Regel (Ausnahme s. u.) nur das Herbstmaximum von einer Geschlechtsperiode begleitet wird. Das Entfaltungsmaximum im Sommer deutet auf eine ursprüngliche Dizyklie hin, da Sexualtiere meist im Anschluß an eine Massenentwicklung („crowding" der angelsächsischen Literatur) auftreten, in deren Gefolge es durch verschiedene Faktoren zu Depressionserscheinungen kommt, die nach einer Hypothese von Berg (1933) den Übergang von der parthenogenetischen zur gamogenetischen Vermehrung herbeiführen.

Einen rudimentären sekundären Monozyklus haben im Gebiet des Stechlinsees *Lathonura rectirostris*, *Alona guttata*, *Bosmina longirostris*, *Daphnia cucullata*, *Alona affinis*, *Acroperus harpae*, *Eurycercus lamellatus*, *Alona quadrangularis*, *Chydorus gibbus*, *Alonella nana*, *Chydorus sphaericus* und *Bosmina coregoni*, wobei die beiden letzten Arten praktisch azyklisch sind.

Reste einer Sommersexualität, also dizyklisches Verhalten, wurden nur bei drei Arten, nämlich *Simocephalus vetulus*, *Camptocercus rectirostris* und *Graptoleberis testudinaria* gefunden. Es sind Einzelfunde, denen keine große Bedeutung für die Biologie der betreffenden Arten beigemessen werden kann. Nach der oben zitierten Vermutung Keilhacks (1911a) müßten aber die Cladoceren im Stechlinsee ein ausgeprägt dizyklisches Verhalten als Remineszenz an den kurzen arktischen Sommer besitzen. Von einer solchen Remineszenz, also einer rein endogen gesteuerten Reaktionsnorm, kann aber nach den Befunden im Stechlinsee gar keine Rede sein. In dieser Hinsicht ist besonders das zyklische Verhalten von *Polyphemus pediculus* aufschlußreich. Der Generationszyklus der mitteleuropäischen Populationen dieses Krebses diente den älteren Autoren (bes. Keilhack 1909b und Strohl 1907) als Beweis für die Annahme des erblich fixierten Eintrittes der Gamogenese und des Festhaltens des unter arktischen Bedingungen erworbenen kurzen Monozyklus. Die Sommergeschlechtsperiode in den mitteleuropäischen Gewässern sollte also nach den Verfechtern dieser Hypothese dem primären Monozyklus in arktischen Gewässern entsprechen, während die zweite Periode im Herbst eine in Mitteleuropa durch den verlängerten Sommer zusätzlich erworbene Eigenart wäre. WAGLER (1913) glaubte sogar: „Die Geschichte von der monozyklischen Fortpflanzungsweise des *Polyphemus* dürfte damit wohl definitiv ins Reich der Märchen zu verweisen sein. Er ist dizyklisch."

Polyphemus pediculus vermag aber, wie die Befunde im Stechlinsee lehren, sich auch in Mitteleuropa in Gewässern mit sehr konstantem Milieu (große und tiefe Seen) monozyklisch fortzupflanzen. Im Stechlinsee konnten in einem sehr reichhaltigen Material keinerlei Reste einer Sommersexualität, geschweige denn eine vollständige sommerliche Gamogenese, nachgewiesen werden. Die Art ist hier — wahrscheinlich auch im Nehmitzsee — vielmehr streng monozyklisch mit einer vollständigen Geschlechtsperiode im Oktober. Die von ISCHREYT (1933) an einer *Polyphemus*-Kolonie im Libauer Festungsgraben (!) durchgeführten Untersuchungen haben außerdem erwiesen, daß ein Schwinden der ersten Sexualperiode im Sommer in den nördlichen Gebieten Mitteleuropas offenbar nicht allzu selten und nicht einmal auf große und tiefe Seen beschränkt ist. Auch KUPTSCH (1927) gibt aus den Gewässern um Riga ♂♂ nur aus dem September an, ohne jedoch von einem Monozyklus der Art zu sprechen.

4. Die autökologischen Grundlagen der Verteilung der Cladoceren im Litoral der Seen des Stechlinsee-Gebietes

Obschon seit über einem Jahrhundert eine Fülle wichtiger Einzelbeobachtungen über Vorkommen und Verbreitung der litoralen Cladoceren vorliegt, ist bislang der Versuch, ein allgemeines Prinzip ihrer Verteilung und relativen Biotopbindung zu finden, kaum unternommen worden. Mir sind nur zwei einschlägige Arbeiten bekannt geworden, nämlich die Aufstellung von zwei faunistischen Gewässertypen auf Grund von Untersuchungen an Phyllopoden und Copepoden durch GAJL (1924) und die Arbeit POULSENS (1928), in der der Dichte der Vegetation die entscheidende Bedeutung für die Verteilung der Cladoceren zugesprochen wird. Eine schematische Übersicht der ökologischen Verteilung der Cladoceren mit wichtigen Hinweisen über die Strukturierung der litoralen Standorte findet sich in der wenig beachteten Arbeit von BIGELOW (1928) über die Mikrofauna des Lake Nipigon.

Zunächst lassen sich die Cladoceren des Untersuchungsgebietes nach ihrer Gebundenheit an bestimmte Standorte im See grob wie folgt in verschiedene ökologische Gruppen gliedern:

1. Eulimnetische Formen: *Daphnia longispina, D. cucullata, Bosmina coregoni, B. longirostris, Leptodora kindtii* und *Bythotrephes longimanus.*

2. Phytophile Formen: *Camptocercus lilljeborgii, Alona guttata, Graptoleberis testudinaria, Alonella exigua, Peracantha truncata, Pleuroxus aduncus, Chydorus globosus, Anchistropus emarginatus.*

3. Sowohl in dichter Vegetation als auch über unbewachsenem Boden, jedoch keine Ubiquisten: *Sida crystallina, Scapholeberis mucronata, Simocephalus vetulus, Ceriodaphnia quadrangula, Lathonura rectirostris, Eurycercus lamellatus, Camptocercus rectirostris, Acroperus harpae, Alonopsis elongata, Alona rectangula, Alona affinis, Alonella excisa, Pleuroxus laevis* und *Polyphemus pediculus.*

4. Lasiophile Formen: *Alona costata.*

5. Bodenformen ohne Bindung an eine bestimmte Sedimentfazies: *Chydorus piger* und *Leydigia quadrangularis.*

6. Iliophile Formen: *Latona setifera, Alonella rostrata, Alona quadrangularis, Macrothrix rosea* und *Pleuroxus trigonellus.*
7. Iliobionte Formen: *Iliocryptus*-Arten, *Drepanothrix dentata, Bunops serricaudata* und *Pleuroxus uncinatus.*
8. Psammophile Formen: *Chydorus gibbus* und *Monospilus dispar.*
9. Psammobionte Formen: *Rhynchotalona falcata.*
10. Ubiquisten: *Alonella nana* und *Chydorus sphaericus.*

Die kausalen Gesetzmäßigkeiten der verschiedenen Verteilung jedoch sind durch Freilandbeobachtungen im Gewässer kaum eindeutig feststellbar. Meinen Beobachtungen nach spielen dabei folgende Momente, die zu einem vermutlich sehr verwobenen Umweltmuster gehören, bei den im Phytal lebenden Arten eine Rolle: Lage der Pflanzenbestände im Gewässer, Ausmaß der Wellenbewegung und Beschaffenheit des Untergrundes im Bestand, Trübungsgrad des Wassers, Wuchsformen und Blattgestalt der verschiedenen Pflanzenarten, Dichte der Bestände und Grad der Raumerfüllung der Pflanzenorgane (vor allem der Blätter) in einem Bestand, Form und Menge der Nahrung und Dichte des pflanzlichen Bewuchses auf den Makrophyten.

Die Litoralzone ist eine komplizierte, mosaikartig strukturierte Umwelt mit vielen verschiedenen, ökologisch abweichend gestalteten und oft eng begrenzten Standorten. Diese grenzen sich als Lebensbezirke von Cladoceren meist nicht eindeutig und allein nach dem Vorkommen bestimmter Pflanzenarten, sondern erst durch das vielschichtige Zusammenspiel aller am Standort wirksamen Milieufaktoren (vgl. LANGHANS 1925; SEBESTYÉN 1948; HENSIEK 1955), unter denen der Pflanzenart als solcher zweifellos eine Bedeutung zukommt, gegeneinander ab. Die Bildung ökologischer Nischen ist also im Litoral deutlich ausgeprägt, und sicher sind auch viele Cladoceren diesen Nischen speziell angepaßt. Doch ist die Analyse von adaptiven Merkmalen der Arten, von wenigen Ausnahmen wie *Sida crystallina, Scapholeberis mucronata* und den spezifischen Bodenformen abgesehen, dadurch erschwert, daß die Anpassungserscheinungen bei Cladoceren selten an morphologische Strukturen, sondern vielmehr an Elemente des Aktionssystems — die Art des Nahrungserwerbes und der Beweglichkeit — gebunden sind. Die Lebensformen der litoralen Cladoceren stellen also, von wenigen Ausnahmen abgesehen, keine durch die Übereinstimmung von Struktur und Funktion gekennzeichneten Lebensformtypen (REMANE 1943) dar, sondern sind eher als „Lebensweisetypen" im Sinne von REMANE mit Besonderheiten der Ernährungs- und Bewegungsweise aufzufassen.

Wie die Analyse des Fangapparates einiger Cladoceren-Arten ergeben hat (FRANKE 1925, ERIKSSON 1935), lassen sich diese nach ihrem Aktionsprinzip (KÖNIG 1952) in zwei Gruppen gliedern, in die Schlamm- und Detritusfresser und in die Partikelfänger. Beide Gruppen stellen offenbar Anfangs- und Endpunkt einer Entwicklungsreihe dar, die durch eine Übergangsgruppe verbunden werden.

Der Aktionsbereich der Bodenformen, zu denen die *Iliocryptus*-Arten, die Gattung *Leydigia, Rhynchotalona falcata, Monospilus dispar, Alona quadrangularis, Pleuroxus uncinatus, P. trigonellus, Chydorus piger* und *Ch. gibbus* gehören, ist das Sedimental. Es sind Schlamm- und Detritusfresser[1]), die in engem Kontakt mit dem Sediment leben, in und auf dem sie sich kriechend-schwimmend mit Hilfe der 2. Antennen und des

[1]) Im Gegensatz zu ERIKSSON (1935) halte ich die *Iliocryptus*-Arten nicht für reine Partikelfänger.

Postabdomens fortbewegen. Durch die willkürliche Bewegung des mit klauenähnlichen Telopoditborsten ausgerüsteten 1. Beinpaares ziehen sie Schlammklümpchen zum Schalenrand, von denen das 2. und 3. Beinpaar Teile abschaben und zur Bauchrinne befördern (ERIKSSON 1935). Eine automatische Filtration schwebender oder losgerissener Partikel findet kaum statt. Über die Anpassungsmerkmale der Bodenformen hat schon KURZ (1878) eingehend berichtet.

Die semilakustrischen Formen haben ihren Verbreitungsschwerpunkt in dichten Einzelbeständen des Myriophyllo-Nupharetum und in der Sediment-Wasser-Kontaktzone schlammiger Buchten und Ufer. In den Pflanzenbeständen lassen sie sich nach dem Grad ihrer Bindung an das Substrat in zwei Gruppen gliedern. Die Arten mit enger Substratbindung, wie *Pleuroxus aduncus*, *P. laevis*, *Alona affinis*, *Alonella nana*, *A. rostrata*, *Alona rectangula*, *A. tenuicaudis*, *Camptocercus lilljeborgii*, *Lathonura rectirostris*, *Drepanothrix dentata*, *Macrothrix rosea*, *Streblocerus serricaudatus* betreiben Detritus- und Partikelfang kombiniert. Der Partikelfang erfolgt meist nicht durch automatische Filtration der im Wasser suspendierten Teilchen, sondern von einem festen Nahrungssubstrat (detritusreicher Bewuchs), indem der Saugstrom durch die mit den „Kratzborsten" der vorderen Beinpaare abgeharkten Partikel angereichert wird (FRANKE 1925, ERIKSSON 1935). *Anchistropus emarginatus* ernährt sich trotz der parasitischen Lebensweise grundsätzlich nach dem gleichen Prinzip, nur mit dem Unterschied, daß anstelle der Detritus- und Bewuchsschicht auf Pflanzen und Steinen das Ektoderm von Hydren aufgenommen wird. Zu den Arten mit schwacher Substratbindung, welche die „Freiwasserlücken" in den Pflanzenbeständen und den Freiwasserraum über dem Bodenschlamm an geschützten Ufern besiedeln, gehören *Ceriodaphnia quadrangula*, *C. rotunda*, *C. laticaudata*, *C. reticulata*, *C. megops*, *Simocephalus vetulus*, *S. serrulatus*, *Scapholeberis mucronata*, *Diaphanosoma brachyurum* und *Bosmina longirostris*. Sie sind reine Partikelfänger, welche die groben Suspensionen ihres Wohnraumes filtrieren.

Durch ihre Ernährungsweise sind die semilakustrisch lebenden Formen nicht auf die Auffüllung des Nahrungsraumes durch passiven Zustrom angewiesen. Die Trübung des Wassers durch Sinkstoffe hat in der Regel keinerlei Einfluß auf ihr Vorkommen, was hingegen von der Stärke der Wellenbewegung nicht behauptet werden kann. Starke Wellenbewegung ist für ihr Vorkommen offenbar ein begrenzender Faktor, der eine nicht verträgliche Inkonstanz des besiedelten Substrates — eine ausreichend starke detritusreiche Bewuchsschicht — bedingt, ja meist eine genügende Entfaltung des Aufwuchses nicht gestattet.

Zur dritten Gruppe zählen die lakustrischen Formen. Ihr Aktionsbereich umspannt die *Potamogeton*- und *Myriophyllum*-Bestände des Potametum lucentis, teilweise auch die *Chara*-Wiesen und die Sediment-Wasser-Kontaktzone sandiger, offener Uferstrecken. Auch unter den lakustrischen Formen ist die Bindung an das Substrat verschieden stark ausgeprägt. Die Arten mit enger Substratbindung, wie *Alona guttata*, *A. costata*, *Camptocercus rectirostris*, *Graptoleberis testudinaria* und *Chydorus globosus*, findet man besonders in den bodennahen Regionen dichter *Myriophyllum*-Bestände, wo die Stärke der Wellenbewegung herabgemindert und dadurch eine ausreichende Entfaltung und Konstanz des Aufwuchses gegeben ist. Die Ernährung erfolgt durch reinen Partikelfang, und zwar in Gestalt der oben näher beschriebenen Substratfiltration. Die Arten mit geringer Substratbindung, wie *Peracantha truncata*, *Alonopsis elongata*, *Sida crystallina* und *Polyphemus pediculus*, haben sich unter allen Ufercladoceren am stärksten von den typischen litoralen Standorten gelöst und bilden ökologisch den Übergang zu den eulimnetischen Planktern. Sie sind ebenfalls reine Partikelfänger, die sich vornehmlich durch Filtration feiner Suspensionen ernähren. Die zu dieser Gruppe zählenden Chydoriden betreiben außerdem noch Substratfiltration. Für *Sida crystallina* als reinen Ultrafiltrierer wird eine zu starke Trübung des Wassers zum Extremfaktor, da der von dem Eindringen grober Partikel wenig geschützte Fangapparat leicht verstopft. Auch *Polyphemus pediculus*, der zum Detritus- und Raubfang übergegangen ist, besitzt einen „einheitlichen in gewissem Maße automatisch arbeitenden, mit Saugkammern versehenen Apparat zum Einfangen größerer Körper" (ERIKSSON 1935), gehört also seinem Aktionsprinzip nach zu den lakustrischen Formen.

Arten mit hoher Filtrationsleistung (Eulimnoplankter, *Sida* als litoraler Feinpartikelfiltrierer) gedeihen schlecht bei überreichem Nahrungsangebot, also bei hoher Phytoplanktondichte bzw. bei starken Bewuchs- und Detritusmengen im Benthal, da die Tiere immer neue Partikel in den Darmkanal befördern, bevor die bereits aufgenommenen verdaut sind. Die Mehrzahl der in zu großer Menge angebotenen „Nahrungspartikel" passiert den Darmkanal unverdaut, so daß der Energiegewinn für die Tiere minimal bleibt. *Sida crystallina* ist demzufolge optimal an den lakustrischen Standorten des Litorals verbreitet, die durch klares, phytoplanktonarmes Wasser und durch Bewuchs- und Detritusarmut der Makrophytenvegetation ausgezeichnet sind.

Die schon länger bekannte Erscheinung, daß Daphnien in stark vegetationsgefärbtem Wasser schlecht gedeihen („animal exclusion"), steht im Prinzip mit der gleichen Ursache in Beziehung, worauf kürzlich UHLMANN (1961) nach eigenen Beobachtungen in hocheutrophierten, flachen Abwasserteichen und nach den zahlreichen diesbezüglichen Angaben im Schrifttum hingewiesen hat. Im angereicherten Nahrungsmilieu semilakustrischer Standorte des Litorals scheint der Filterautomat der lakustrischen Formen zu versagen. Es können sich nur die semilakustrischen Formen mit ihrem den speziellen Bedingungen des Nahrungssubstrates angepaßten Aktionsprinzip durchsetzen. HARNISCH (1950) führt das Fehlen der Daphnien in den triptonreichen Hochmoorgewässern auf dieselbe Erscheinung zurück.

Jede der drei Verhaltens- oder Standortstypen (TISCHLER 1955) füllt also nach Aufenthaltsbereich und Nahrungserwerb ein besonderes Wirkungsfeld spezifischer Umweltfaktoren (Umweltmuster) im Litoral der Seen aus. Dadurch wird die Konkurrenz verringert und eine größere Ausnutzung der im Biotop gegebenen Existenzmöglichkeiten erreicht (Tab. 5).

Zwei eng miteinander verknüpfte Tendenzen beherrschen also die ökologische Differenzierung der litoralen Cladoceren: Einmal die zunehmende Lösung vom Substrat und Besiedelung des Freiwasserraumes, die im Endstadium zu eulimnoplanktischer Lebensweise führt, zum anderen eine Umstellung der Ernährungsweise vom Schlamm- und Detritusfang über die Substratfiltration zur Geschwebefiltration. Die Lösung vom Substrat erfolgte sowohl an semilakustrischen als auch an lakustrischen Standorten, wobei hauptsächlich von den letzteren aus die Besiedelung des Pelagials ausging. Von semilakustrischen Standorten aus haben vor allem die Ceriodaphnien den Freiwasserraum erobert; sie sind kennzeichnend für das Teich- und Weiherplankton. Ihr Fangapparat ist weniger hochspezialisiert (HARNISCH 1950), da er in dem triptonreichen „Nahrungsmilieu" Einrichtungen bedarf, die einer Verstopfung des empfindlichen Fangraumes vorbeugen.

TABELLE 5
Aktionsbereiche von litoralen Cladoceren[1])

Lebensbezirk	Substrat-gebundenheit	Ernährungsweise
Sedimental	Stark	Einfangen von Detritus und Schlammklümpchen durch willkürliche Bewegung des 1. Beinpaares. In geringerem Maße Substratfiltration.
Detritusreicher Bewuchs in semilakustrischen Pflanzenbeständen (Myriophyllo-Nupharetum) und Sediment-Wasser-Kontaktzone an schlammigen Ufern	Stark	Neben Detritusfraß vorwiegend Partikelfang in Form der Substratfiltration.
Freiwasserbezirk in semilakustrischen Pflanzenbeständen (Myriophyllo-Nupharetum)	Schwach	Reine Partikelfänger. Geschwebefiltration grober und feiner Suspensionen.
Detritusarmer spärlicher Bewuchs in lakustrischen Pflanzenbeständen (Potametum lucentis)	Stark	Reine Partikelfänger. Substratfiltration.
Freiwasserbezirk in lakustrischen Pflanzenbeständen (Potametum lucentis)	Schwach	Reine Partikelfänger. Geschwebefiltration feiner Suspensionen, teilweise auch Substratfiltration.

[1]) In der obigen Zusammenstellung sind die einzelnen Unterschiede absichtlich scharf herausgehoben worden, obwohl es sich um eine graduell abgestufte und durch Übergänge verbundene Gruppierung handelt.

F. Synökologischer Teil

1. Einleitung

Aufgabe der Synökologie ist es, die Formen der Vergesellschaftung von Tieren und Pflanzen zu beschreiben und Lebensgemeinschaften gegeneinander abzugrenzen, sowie die Beziehungen, die die Mitglieder einer Biozönose gesetzmäßig untereinander und mit den Umweltfaktoren verknüpfen, zu erforschen. Die Beschreibung und Gliederung von Biozönosen gründet sich auf die Erfassung von Biotopen (Standortseinheiten) bzw. Biotopstrukturen (Schichten) als den Trägern von Organismenvergesellschaftungen und auf die Abgrenzung von an gleichen Standorten sich wiederholenden Artenkombinationen.

Eine erste Einteilung der litoralen Lebensbezirke eines Sees ist durch die Trennung von Phytal und Sedimental, von bewachsenen und unbewachsenen Ufergebieten, gegeben. Das Phytal, die Zone der emersen Verlandungsvegetation und der submersen Makrophytenbestände, ist bei der Untersuchung der litoralen Cladoceren-Taxozönosen nach Standorten verschiedener Pflanzenarten weiter gegliedert worden, wobei es sich als zweckmäßig erwies, nicht prinzipiell auf phytosoziologischer Grundlage zu arbeiten, sondern die Trennung des Phytals nach den für die Besiedelung mit Cladoceren wirksamen Standort- und Struktureigentümlichkeiten der Makrophytenvegetation vorzunehmen. Zu diesen ein vielfältig verwobenes „Umweltmuster“ zusammensetzenden

Standortfaktoren zählen, wie weiter oben näher ausgeführt wurde, u. a. Eigenschaften der Pflanzen selbst wie auch die abiotischen Faktoren des Standortes. Die Gliederung des Sedimentals, der unbewachsenen Uferstrecken, erfolgte nach der Beschaffenheit und dem Nahrungsreichtum der Ablagerungen sowie nach der Lage im Gewässer (Grad der Exposition gegenüber Wind- und Wasserbewegung).

Die Cladoceren-Taxozönosen der verschiedenen litoralen Taxotope wurden weniger nach Charakterarten und nach dominanten Konstanten als vielmehr nach sich wiederholenden Artenkombinationen beschrieben und voneinander abgegrenzt. Arten, die hinsichtlich ihres soziologischen Verhaltens ähnlich zu beurteilen sind, kann man zu einer „korrelierten Artengruppe" (KULCZYNSKI 1927) zusammenfassen, die zugleich auch ökologische Artengruppe sein kann, aber nicht zu sein braucht.

Nach den bisher aus Norddeutschland vorliegenden Erfahrungen können innerhalb der Seen im wesentlichen die folgenden soziologischen Artengruppen unterschieden werden:

1. *Alona affinis*-Gruppe

Alona affinis	(*Chydorus sphaericus*)
Alonopsis elongata	(*Acroperus harpae*)
Alona costata	(*Eurycercus lamellatus*)
Alonella excisa	(*Alonella nana*)

Die Arten dieser Gruppe sind für den Algenbewuchs an *Typha*-Stengeln und Steinen typisch.

2. *Sida*-Gruppe

Sida crystallina	(*Ceriodaphnia quadrangula*)
Polyphemus pediculus	

In den Seen bevorzugen die Arten der genannten Gruppe den Röhrichtgürtel und die *Potamogeton*-Bestände an lakustrischen Standorten.

3. *Scapholeberis*-Gruppe

Scapholeberis mucronata	(*Peracantha truncata*)
Ceriodaphnia quadrangula	(*Sida crystallina*)
Camptocercus lilljeborgii	

Diese Arten zeigen Hauptverbreitung in den Schwimmblattpflanzen der Seerosengesellschaft.

4. *Acroperus*-Gruppe

Acroperus harpae	(*Eurycercus lamellatus*)
Pleuroxus aduncus	(*Ceriodaphnia quadrangula*)
Alonella exigua	(*Sida crystallina*)
(*Alonella nana*)	

Die Gruppe ist für die detritusreichen *Myriophyllum*-Standorte der Seerosengesellschaft und für *Stratiotes*-Bestände sehr charakteristisch.

5. *Graptoleberis*-Gruppe

Graptoleberis testudinaria	(*Sida crystallina*)
Peracantha truncata	(*Acroperus harpae*)
Chydorus globosus	(*Eurycercus lamellatus*)
Anchistropus emarginatus	

Sie besiedelt fast ausschließlich *Myriophyllum*-Bestände des Potametum lucentis.

6. *Eurycercus*-Gruppe

Eurycercus lamellatus	(*Chydorus sphaericus*)
Camptocercus rectirostris	(*Simocephalus vetulus*)
(*Alonella nana*)	(*Acroperus harpae*)

Die *Eurycercus*-Gruppe ist typisch für die *Chara*-Wiesen.

7. *Alona quadrangularis*-Gruppe

Alona quadrangularis	*Iliocryptus agilis*
Alonella rostrata	*Iliocryptus acutifrons*
Pleuroxus trigonellus	(*Alona affinis*)
Pleuroxus uncinatus	(*Acroperus harpae*)
Drepanothrix dentata	(*Simocephalus vetulus*)
Latona setifera	(*Chydorus piger*)
Leydigia quadrangularis	(*Alonella nana*)
Iliocryptus sordidus	(*Eurycercus lamellatus*)

Die Arten dieser Gruppe, die auch ökologisch recht einheitlich sind, bevorzugen im See schlammige Bodenablagerungen des Litorals.

8. *Rhynchotalona*-Gruppe

Rhynchotalona falcata	(*Acroperus harpae*)
Chydorus piger	(*Alona affinis*)
Chydorus gibbus	(*Alonella excisa*)
Monospilus dispar	(*Camptocercus rectirostris*)
(*Alonopsis elongata*)	

Die Gruppe ist für sandige Bodenablagerungen des Litorals kennzeichnend.

9. *Simocephalus*-Gruppe

Simocephalus vetulus	(*Pleuroxus laevis*)
Ceriodaphnia laticaudata	(*Chydorus sphaericus*)
Ceriodaphnia rotunda	(*Pleuroxus trigonellus*)
Kurzia latissima	

Diese Arten besiedeln den Laubdy in Erlenbrüchen.

2. Die litoralen Cladoceren-Taxozönosen des Stechlinsee-Gebietes

a) Die Cladoceren-Taxozönose im Bewuchs (Tab. 6)

In den Seen des Stechlinseegebietes findet sich im Bewuchs an *Typha-*, *Phragmites-* und *Schoenoplectus*-Stengeln ein Cladocerenbestand, in dem *Alona affinis, A. costata* und *Alonopsis elongata* eine typische eudominante korrelierte Artengruppe bilden. Diese Artenkombination ist besonders für den Bewuchs im Stechlinsee typisch und stellt vielleicht eine für große und tiefe, nur mäßig eutrophe bis oligotrophe Seen bezeichnende Ausbildungsform der Bewuchs-Taxozönose dar. Im Nehmitz- und Gerlinsee treten *Alonopsis elongata* und *Alona costata* zurück und werden, allerdings mit geringer Dominanz, durch *Alonella excisa,* im Gerlinsee auch durch *A. nana* ersetzt. Als typische Seeformen finden *Alonopsis elongata* und *Alona costata* in kleinen und stärker verlandeten Seen offenbar keine optimalen Lebensbedingungen vor.

TABELLE 6

Die Cladoceren-Taxozönose im Bewuchs

Artenzahl: 36
Durchschnittliche Artendichte: 9

	Fänge insges.	Anzahl der Fänge pro Häufigkeitsgrad									
		e	s	m	wz	z	sz	ma	A	D	C
Eudominanten											
Alona affinis	44	3	7	8	10	7	9	.	160	23,5	86
Alonopsis elongata	39	7	4	9	8	1	10	.	139	20,5	76
Chydorus sphaericus	39	9	9	9	5	3	3	1	114	15,8	76
Alona costata	30	6	4	8	4	3	5	.	99	15,2	59
Dominanten											
Acroperus harpae	38	19	9	2	3	3	1	1	83	8,1	75
Alonella excisa	36	14	11	3	2	6	.	.	83	5,0	70
Subdominanten											
Eurycercus lamellatus	22	10	5	3	1	3	.	.	48	3,1	43
Alonella nana	34	19	9	3	1	2	.	.	60	2,8	67
Peracantha truncata	31	19	7	4	.	.	1	.	51	2,0	61
Alona guttata	21	10	6	2	3	.	.	.	40	1,5	41
Rezedenten											
Alonella exigua	12	5	7	.	.	.	.	.	19	0,4	24
Sida crystallina	10	8	1	1	.	.	.	.	13	0,4	20
Polyphemus pediculus	4	2	2	.	.	.	.	.	6	0,2	8
Chydorus globosus	5	4	.	1	.	.	.	.	7	0,2	10
Scapholeberis mucronata	3	2	.	1	.	.	.	.	5	0,2	6
Chydorus piger	4	2	.	1	1	.	.	.	9	0,2	8
Alona rectangula	9	7	2	.	.	.	.	.	11	0,2	18
Camptocercus rectirostris	4	2	2	.	.	.	.	.	6	0,1	8
Graptoleberis testudinaria	7	5	2	.	.	.	.	.	9	0,1	14
Subrezedenten											
Alona quadrangularis	5	4	1	.	.	.	.	.	6	0,1	10
Alona tenuicaudis	1	.	1	.	.	.	.	.	2	0,1	2
Simocephalus vetulus	2	2	.	.	.	.	.	.	2	0,1	4
Ceriodaphnia quadrangula	3	1	2	.	.	.	.	.	5	0,1	6
Anchistropus emarginatus	1	.	1	.	.	.	.	.	2	0,1	2
Alonella rostrata	3	3	.	.	.	.	.	.	3	0,03	6
Diaphanosoma brachyurum	2	1	1	.	.	.	.	.	3	0,03	4
Bosmina longirostris	3	3	.	.	.	.	.	.	3	0,03	6
Chydorus gibbus	2	2	.	.	.	.	.	.	2	0,02	4
Pleuroxus trigonellus	3	3	.	.	.	.	.	.	3	0,02	6
Daphnia cucullata	2	2	.	.	.	.	.	.	2	0,02	4
Monospilus dispar	1	1	.	.	.	.	.	.	1	0,02	2
Alona protzi	1	1	.	.	.	.	.	.	1	0,01	2
Ceriodaphnia reticulata	1	1	.	.	.	.	.	.	1	0,01	2
Camptocercus lilljeborgii	1	1	.	.	.	.	.	.	1	0,01	2
Bosmina coregoni	1	1	.	.	.	.	.	.	1	0,01	2
Chydorus latus	1	1	.	.	.	.	.	.	1	0,01	2

Die Taxozönose im Bewuchs auf Geröllen der Brandungsufer muß als besondere Variante mit den Differentialarten *Chydorus piger*, *Camptocercus rectirostris*, *Alonella rostrata* und *Chydoros gibbus* ausgeschieden werden. Im Bewuchs des Sedimentbereiches werden außerdem *Alonopsis elongata*, *Acroperus harpae*, *Alonella excisa* und *Eurycercus lamellatus* auffallend gefördert, während *Alona affinis* und *A. costata* weit zurücktreten.

Der Individuenreichtum der einzelnen Bewuchsproben ist im Vergleich zu anderen litoralen Cladoceren-Taxozönosen gering. Die höchsten Abundanzwerte liegen im Juni/Juli und Ende Oktober/November; das Herbstmaximum ist also gegenüber den Befunden MEUCHES (1939) in ostholsteinischen Seen etwas in den Spätherbst verschoben. Drei quantitativ entnommene Proben brachten das in Tabelle 7 zusammengestellte Ergebnis.

TABELLE 7
Quantitative Bewuchsproben, Besiedelungsfläche 225 cm²

	Stechlinsee Westbucht 7. 6. 61	Stechlinsee vor Station 8. 6. 61	Stechlinsee SW-Bucht 9. 6. 61
Alonopsis elongata	12	323	158
Alona costata	64	6	240
Alona affinis	38	4	22
Acroperus harpae	126	10	89
Alonella excisa	67	2	—
Peracantha truncata	18	—	12
Chydorus sphaericus	5	12	20
Alonella nana	2	18	—
Eurycercus lamellatus	2	2	13
Chydorus piger	—	3	—
Sida crystallina	—	2	6
Polyphemus pediculus	—	1	—
Alona protzi	—	1	—
Bosmina longirostris	—	—	2
Daphnia cucullata	—	—	2
Alona guttata	—	—	1
Graptoleberis testudinaria	—	—	1
Artenzahl	9	12	12
Individuen je 225 cm²	334	384	566

Obschon die Dominanzwerte einiger Arten (*Alona affinis*, *Alonopsis elongata*, *Chydorus sphaericus*, *Alona costata* und *Alonella excisa*) zeitweise recht hoch liegen können — 20 bis 60% — kommt es kaum zu wirklichen Massenentfaltungen.

Die Aspektfolge ist in der Bewuchs-Taxozönose deutlich, wenn auch weniger scharf ausgeprägt als in den anderen litoralen Cladoceren-Taxozönosen. Auf einen Winteraspekt im Januar und Februar mit *Alona affinis*, *Chydorus sphaericus*, *Alona guttata*, *Acroperus harpae*, *Eurycercus lamellatus* und *Alonella nana* folgt nach dem Schlüpfen der Latenzeier ein Frühjahrsaspekt, der zögernd im März einsetzt und erst in der zweiten Maihälfte mit dem zahlreichen Auftreten von *Alonopsis elongata*, *Alona costata*, *Alonella excisa* und *Peracantha truncata* voll ausgebildet ist. Dieser Zustand bleibt, ohne merkliche qualitative Änderungen zu erfahren, unter deutlicher Zunahme der Abundanzwerte bis in den September hinein erhalten, bis im Laufe des Oktober mit dem Eintreten der Geschlechtsperiode und dem allmählichen Verschwinden der wenig resistenten Arten der gut ausgebildete Herbstaspekt einsetzt. Mit dem Schwinden der letzten nicht überwinternden Arten geht er schließlich wieder in den Winteraspekt über, der vor allem durch seine Arten-, weniger durch seine Individuenarmut gekennzeichnet ist. Bemerkenswert für die Aspektfolge ist, daß der Algenbewuchs mit seinen jahreszeitlich ziemlich konstanten Milieubedingungen ausdauernden Arten, unter denen vor allem *Alona affinis* durch ihren Individuenreichtum auffällt, die Möglichkeit zur Überwinterung bietet.

Ergänzende Bemerkungen: MEUCHE (1939) fand im Bewuchs 25 sicher bestimmte Cladoceren-Arten, von denen er 13 als „typisch" bezeichnet. Als typisch faßt er die am häufigsten auftretenden Arten auf. Wie die ökologischen Untersuchungen an litoralen Cladoceren im Gebiet des Stechlinsees gezeigt haben, können aber nur drei Arten, *Alona costata*, *Alona guttata* und *Alonella excisa*, als mehr oder minder typisch für den Bewuchs, d. h. als zönophile Bewohner (Präferenten) der Bewuchs-Taxozönose gelten. Die Gesellschaftsbindung der im Bewuchs überaus häufigen *Alona affinis* und *Alonopsis elongata* ist zu gering, um sie als wirklich typische Bewuchsformen bezeichnen zu können. *Chydorus sphaericus*, nach MEUCHE (1939) typisch für den Bewuchs, scheidet als Ubiquist zur Kennzeichnung der Bewuchs-Taxozönose ganz aus. Auch die Häufigkeitsangaben MEUCHES lassen sich nur teilweise für die Seen des Stechlingebietes bestätigen, indem hier *Chydorus sphaericus*, *Peracantha truncata* und *Alonella nana* an Individuenzahl stark zurücktreten.

Nach MUCKLE (1942) kamen im Bodensee im Aufwuchs an Pfählen und Steinen am Brandungsufer am zahlreichsten *Acroperus harpae*, *Alonopsis elongata*, *Alona affinis*, *A. costata*, *Peracantha truncata*, *Chydorus globosus* und *Ch. sphaericus* vor. OBERMAYER (1922) teilt aus dem Vierwaldstätter See eine ähnliche Liste mit.

b) Die Cladoceren-Taxozönose im Röhricht (Tab. 8)

Die Freiwasserräume im vornehmlich aus *Typha angustifolia* gebildeten Röhrichtgürtel der Seen besiedelt eine artenarme Cladocerengemeinschaft, in der die Geschwebefiltrierer vorherrschen. Typisch ist auch das Vorkommen der Stillwasserbezirke liebenden *Scapholeberis mucronata*. Im Röhricht mischen sich lakustrische mit semilakustrischen Formen, wie *Sida crystallina* mit *Ceriodaphnia quadrangula*, *Peracantha truncata* mit *Acroperus harpae*, *Alonopsis elongata* mit *Simocephalus vetulus*. Standortökologisch ähnelt das Röhricht am meisten Beständen von *Nymphaea* und *Potamogeton natans*. Die Übereinstimmung der Cladocerengemeinschaften beider Taxotope ist entsprechend groß.

Ergänzende Bemerkungen: MUCKLE (1942) gibt aus der *Phragmites*-Zone des Bodensees 16 Arten an, von denen *Sida crystallina*, *Alonopsis elongata*, *Alona costata*, *Peracantha truncata* und *Chydorus sphaericus* mit hoher Individuendichte vorkamen bzw. ihr Frequenzmaximum im Röhricht hatten. Für das Phragmitetum der Teiche sind nach REINSCH (1925) *Diaphanosoma brachyurum* und *Daphnia longispina longispina* typisch. MICOLETZKY (1912) teilt aus dem Wallersee (Salzburg) folgende Liste der in einem Schilfbestand gefundenen Cladoceren mit: *Alona rectangula*, *Chydorus sphaericus*, *Sida crystallina*, *Alonella exigua*, *Alonella nana*, *Peracantha truncata* und *Alonopsis elongata*.

c) Die Cladoceren-Taxozönose in *Potamogeton natans*- und *Nymphaea*-Beständen (Tab. 9)

In den Beständen dieser Schwimmblattpflanzen-Gesellschaft wurden 37 Cladoceren-Arten nachgewiesen, von denen *Camptocercus lilljeborgii* als schwache Kennart der Taxozönose aufgefaßt werden kann. Zusammen mit *Ceriodaphnia quadrangula* und *C. reticulata*, *Scapholeberis mucronata*, *Simocephalus vetulus*, *Alona affinis*, *Bosmina longirostris* und *Alonella excisa* bildet sie eine charakteristische Artenkombination. Die

TABELLE 8
Die Cladoceren-Taxozönose im Röhricht

Artenzahl: 27
Durchschnittliche Artendichte: 15

	Fänge insges.	Anzahl der Fänge pro Häufigkeitsgrad									
		e	s	m	wz	z	sz	ma	A	D	C
Eudominanten											
Ceriodaphnia quadrangula	6	3	1	.	.	.	1	1	18	30,3	86
Dominanten											
Sida crystallina	6	1	3	.	1	.	.	1	17	16,6	86
Acroperus harpae	6	.	1	.	2	2	1	.	26	13,8	86
Simocephalus vetulus	5	.	.	2	1	1	1	.	21	11,2	71
Subdominanten											
Alonella excisa	6	1	2	1	2	.	.	.	16	4,3	86
Peracantha truncata	6	2	1	.	3	.	.	.	18	4,2	86
Scapholeberis mucronata	4	2	.	.	1	1	.	.	11	3,6	57
Chydorus sphaericus	5	1	2	.	2	.	.	.	13	3,1	71
Alona affinis	7	3	2	1	1	.	.	.	14	2,9	100
Rezedenten											
Alona costata	5	2	1	1	1	.	.	.	11	2,2	71
Alonopsis elongata	6	3	1	2	.	.	.	.	11	1,7	86
Alonella exigua	5	1	4	.	.	.	.	.	9	1,2	71
Eurycercus lamellatus	6	2	3	1	.	.	.	.	11	1,2	86
Subrezedenten											
Camptocercus lilljeborgii	4	2	1	1	.	.	.	.	7	0,9	57
Alonella rostrata	1	.	.	1	.	.	.	.	3	0,5	14
Ceriodaphnia reticulata	2	1	1	.	.	.	.	.	3	0,5	29
Polyphemus pediculus	5	4	1	.	.	.	.	.	6	0,4	71
Graptoleberis testudinaria	3	2	1	.	.	.	.	.	4	0,4	43
Diaphanosoma brachyurum	3	2	1	.	.	.	.	.	4	0,3	43
Alonella nana	3	3	.	.	.	.	.	.	3	0,2	43
Alona rectangula	2	2	.	.	.	.	.	.	2	0,1	29
Chydorus globosus	2	2	.	.	.	.	.	.	2	0,1	29
Anchistropus emarginatus	1	1	.	.	.	.	.	.	1	0,1	14
Pleuroxus trigonellus	1	1	.	.	.	.	.	.	1	0,1	14
Daphnia longispina	1	1	.	.	.	.	.	.	1	0,1	14
Alona karelica	1	1	.	.	.	.	.	.	1	0,04	14
Lathonura rectirostris	1	1	.	.	.	.	.	.	1	0,04	14

Taxozönose zerfällt in eine typische Variante in *Potamogeton natans* mit den Differentialarten *Acroperus harpae*, *Chydorus sphaericus*, *Simocephalus vetulus*, *Alonella nana*, *Eurycercus lamellatus* und *Alona affinis* und in eine *Nymphaea*-Variante mit den Differentialarten *Peracantha truncata*, *Sida crystallina*, *Scapholeberis mucronata*, *Ceriodaphnia quadrangula* und *C. reticulata.* Beide Varianten treten reich nur in wohlausgebildeten, großen *Nymphaea*- und *Potamogeton natans*-Beständen der kleineren, weiherartigen Seen auf, während in den großen Seen die Gesellschaft in einer verarmten Aus-

TABELLE 9

Die Cladoceren-Taxozönose in *Potamogeton natans*- und *Nymphaea*-Beständen

Artenzahl: 37
Durchschnittliche Artendichte: 14

	Fänge insges.	Anzahl der Fänge pro Häufigkeitsgrad									
		e	s	m	wz	z	sz	ma	A	D	C
Eudominanten											
Chydorus sphaericus	26	1	5	8	1	1	5	5	109	35,0	93
Dominanten											
Peracantha truncata	25	1	.	2	4	4	9	5	132	19,5	89
Ceriodaphnia quadrangula	19	4	4	2	1	.	4	4	74	13,8	68
Acroperus harpae	27	2	4	2	3	6	9	1	113	6,8	96
Sida crystallina	18	1	4	3	2	2	5	1	76	6,3	64
Subdominanten											
Scapholeberis mucronata	16	2	1	3	5	1	3	1	60	4,5	57
Camptocercus lilljeborgii	14	5	4	.	2	1	1	1	39	2,5	50
Alonella excisa	15	5	1	3	3	2	1	.	44	1,6	54
Alona costata	22	2	6	3	5	5	1	.	64	1,5	79
Alonopsis elongata	14	2	3	2	3	3	1	.	47	1,3	50
Simocephalus vetulus	19	7	4	1	5	.	2	.	50	1,2	68
Alona affinis	21	6	5	2	5	3	.	.	57	1,1	75
Alonella exigua	17	6	5	5	.	.	1	.	37	1,0	61
Rezedenten											
Alonella nana	14	4	5	.	3	1	1	.	37	0,9	50
Ceriodaphnia reticulata	2	.	.	.	.	.	2	.	12	0,9	7
Eurycercus lamellatus	21	4	8	7	1	.	1	.	51	0,9	75
Polyphemus pediculus	11	1	4	2	1	3	.	.	31	0,8	39
Bosmina longirostris	7	1	3	.	1	2	.	.	24	0,4	25
Subrezedenten											
Chydorus globosus	12	3	5	4	.	.	.	.	25	0,2	43
Graptoleberis testudinaria	17	12	3	2	.	.	.	.	22	0,2	61
Alona guttata	13	7	4	1	1	.	.	.	22	0,1	46
Alona tenuicaudis	3	2	.	1	.	.	.	.	5	0,05	11
Anchistropus emarginatus	5	4	1	.	.	.	.	.	6	0,03	18
Alona rectangula	6	5	1	.	.	.	.	.	7	0,02	21
Alonella rostrata	1	.	1	.	.	.	.	.	2	0,01	4
Chydorus latus	3	3	.	.	.	.	.	.	3	0,01	11
Bosmina coregoni	3	3	.	.	.	.	.	.	3	0,01	11
Pleuroxus aduncus	5	5	.	.	.	.	.	.	5	0,01	18
Daphnia cucullata	3	3	.	.	.	.	.	.	3	0,01	11
Pleuroxus laevis	3	3	.	.	.	.	.	.	3	0,01	11
Drepanothrix dentata	2	2	.	.	.	.	.	.	2	0,01	7
Pleuroxus trigonellus	2	1	.	1	.	.	.	.	4	0,01	7
Diaphanosoma brachyurum	2	2	.	.	.	.	.	.	2	0,01	7
Lathonura rectirostris	1	1	.	.	.	.	.	.	1	0,01	4
Alona weltneri	1	1	.	.	.	.	.	.	1	0,01	4
Chydorus globosus	1	1	.	.	.	.	.	.	1	0,01	4
Camptocercus rectirostris	1	1	.	.	.	.	.	.	1	0,01	4

bildungsform mit *Alonopsis elongata, Polyphemus pediculus, Alona costata* und *Alonella excisa* vorkommt. Die Mehrzahl der Cladoceren lebt im Freiwasser zwischen den Pflanzen oder nur in loser Bindung an das Substrat: *Sida crystallina, Peracantha truncata,* die *Ceriodaphnia*-Arten, *Acroperus harpae, Camptocercus lilljeborgii, Polyphemus pediculus, Alonella excisa, Alonopsis elongata, Simocephalus vetulus, Eurycercus lamellatus* und *Bosmina longirostris.* Wie für das Röhricht ist auch für die Bestände von *Potamogeton natans* und *Nymphaea* eine Mischung von semilakustrischen und lakustrischen Formen kennzeichnend, wobei die Geschwebefiltrierer überwiegen. Der spärliche Aufwuchs an den *Potamogeton*- und *Nymphaea*-Pflanzen wird von den Substratfiltrierern *Acroperus harpae, Alona costata, A. affinis, A. rectangula, Alonella nana, Chydorus globosus* und *Graptoleberis testudinaria* abgeweidet.

Gegenüber dem Bewuchs und dem Röhricht fällt der Individuenreichtum der *Potamogeton-Nymphaea*-Taxozönose auf. Faziesbildend treten *Camptocercus lilljeborgii* und *Alonella nana* auf.

Ergänzende Bemerkungen: Über die Cladocerenfauna von *Potamogeton*-Beständen liegt eine Fülle von Einzelbeobachtungen vor, doch sind dabei die einzelnen Pflanzenarten meist nicht voneinander getrennt worden. Als Vergleich zu den vorliegenden Untersuchungen bieten sich nur die ausdrücklich auf *Potamogeton natans* bezogenen Mitteilungen von REINSCH (1925) und MICOLETZKY (1914) an, nach denen in den Wielenbacher Teichen *Diaphanosoma brachyurum* und *Acroperus harpae* dominierten, während im Faistenauer Hintersee nahe dem Wasserspiegel *Sida crystallina* mit 96%, *Alonopsis elongata, Peracantha truncata, Chydorus sphaericus* und *Acroperus harpae* zusammen mit 1,8% und nahe dem schlammigen Grund *S. crystallina* mit 4%, *Alona quadrangularis* mit 3,8%, *P. truncata* mit 2,3% und *Simocephalus vetulus* mit 1,7% gefunden wurden.

d) Die Cladoceren-Taxozönose in *Potamogeton*-Beständen des Potametum lucentis (Tab. 10)

Unter dieser Bezeichnung verstehe ich die Cladocerenbestände an *Potamogeton lucens* und *P. pectinatus.* Andere Laichkräuter waren im Arbeitsgebiet wegen zu spärlichen Vorkommens der Untersuchung nicht zugänglich.

In den genannten *Potamogeton*-Beständen wurden 29 Cladoceren-Arten nachgewiesen, von denen aber kaum eine wirklich typisch für die Taxozönose ist. Zur Charakterisierung derselben eignen sich vielmehr gemeinsam auftretende Arten. Eine solche „korrelierte Artengruppe" bilden in der *Potamogeton*-Taxozönose *Sida crystallina, Alonopsis elongata, Polyphemus pediculus, Peracantha truncata* und *Alona costata,* wobei die erstgenannte Art als eudominante Form Massenpopulationen bildet. Von den konstanten Dominanten steht *Acroperus harpae* in enger Beziehung zu den gemeinsam auftretenden Arten, doch eignet er sich wegen seiner standortökologischen Eigenheiten weitaus weniger zur zönologischen Charakterisierung der *Potamogeton*-Taxozönose. Auffällig ist die geringe Dominanz von *Chydorus sphaericus.*

Zwischen den Cladocerengemeinschaften in den *Potamogeton*-Beständen des Potametum lucentis und des Myriophyllo-Nupharetum besteht ein deutlicher Unterschied, der auf die windgeschützte Lage der semilakustrischen Bestände von *Potamogeton natans* und auf den stärker ausgebildeten Algenbewuchs an den Pflanzen zurückzuführen ist. Daher können sich einige semilakustrische Formen, wie *Simocephalus vetulus, Acroperus harpae, Alona affinis, Alonella nana* und *Ceriodaphnia quadrangula* im *Potamogeton* der Seerosengesellschaft stärker entfalten. Auch die Stillwasserform *Scapholeberis*

TABELLE 10
Die Cladoceren-Taxozönose in *Potamogeton*-Beständen des Potametum lucentis

Artenzahl: 29
Durchschnittliche Artendichte: 13

	Fänge insges.	Anzahl der Fänge pro Häufigkeitsgrad									
		e	s	m	wz	z	sz	ma	A	D	C
Eudominanten											
Sida crystallina	9	.	1	.	1	1	4	2	49	52,4	69
Peracantha truncata	12	.	.	2	3	3	2	2	59	19,1	92
Dominanten											
Alonopsis elongata	12	2	2	.	.	3	5	.	49	8,3	92
Polyphemus pediculus	6	1	.	.	.	2	3	.	29	4,9	46
Subdominanten											
Acroperus harpae	12	3	1	3	1	.	4	.	42	4,1	92
Chydorus sphaericus	12	2	3	2	2	.	3	.	40	3,1	92
Alona costata	12	2	3	2	4	.	1	.	36	2,0	92
Rezedenten											
Eurycercus lamellatus	8	3	.	1	3	1	.	.	23	1,1	61
Scapholeberis mucronata	4	.	2	.	.	2	.	.	14	1,0	31
Subrezedenten											
Alonella nana	11	5	4	1	1	.	.	.	20	0,7	85
Alonella exigua	9	6	1	1	.	1	.	.	16	0,6	69
Graptoleberis testudinaria	9	1	6	.	2	.	.	.	21	0,6	69
Camptocercus lilljeborgii	3	2	.	.	1	.	.	.	6	0,5	23
Ceriodaphnia quadrangula	4	.	1	2	1	.	.	.	12	0,4	31
Alonella excisa	10	5	4	1	.	.	.	.	16	0,3	77
Daphnia cucullata	2	2	.	.	.	.	.	.	2	0,3	15
Alona guttata	6	3	1	1	1	.	.	.	8	0,2	46
Anchistropus emarginatus	8	5	3	.	.	.	.	.	11	0,2	61
Alona affinis	10	8	2	.	.	.	.	.	12	0,1	77
Bosmina coregoni	3	1	1	1	.	.	.	.	6	0,1	23
Alonella rostrata	2	1	1	.	.	.	.	.	3	0,1	15
Lathonura rectirostris	2	1	1	.	.	.	.	.	3	0,1	15
Diaphanosoma brachyurum	1	.	1	.	.	.	.	.	2	0,1	8
Chydorus globosus	3	3	.	.	.	.	.	.	3	0,02	8
Rhynchotalona falcata	1	.	1	.	.	.	.	.	2	0,01	8
Camptocercus rectirostris	1	1	.	.	.	.	.	.	1	0,01	8
Alona rectangula	1	1	.	.	.	.	.	.	1	0,01	8
Pleuroxus laevis	1	1	.	.	.	.	.	.	1	0,01	8
Pleuroxus trigonellus	1	1	.	.	.	.	.	.	1	0,01	8

mucronata findet hier bessere Lebensbedingungen vor. Umgekehrt dominieren in den bewuchsarmen und viel stärker den Wellenbewegungen ausgesetzten lakustrischen *Potamogeton*-Beständen des Potametum lucentis die lakustrischen Arten *Sida crystallina, Peracantha truncata, Alonopsis elongata* und *Polyphemus pediculus,* die in ihrer Ernährungsweise den speziellen Umweltbedingungen des Standortes angepaßt erscheinen. Sie sind Geschwebefiltrierer, die auch feine Suspensionen auszunützen vermögen.

A. elongata und *P. truncata* ernähren sich zusätzlich auch durch Substratfiltration des spärlichen Algenbewuchses.

Von der Bewuchs-Taxozönose unterscheidet sich die Cladocerenfauna der lakustrischen *Potamogeton*-Bestände durch das hier häufigere Vorkommen von *Sida crystallina*, *Peracantha truncata*, *Polyphemus pediculus*, *Scapholeberis mucronata* und *Anchistropus emarginatus*, so daß eine Trennung trotz der beiden Taxozönosen eigenen Arten, wie *Alonopsis elongata*, *Alona costata* und *A. affinis*, berechtigt ist. Algenbewuchs und *Potamogeton*-Bestände unterscheiden sich in ihrer Cladocerenbevölkerung auch hinsichtlich des Arten- und Individuenreichtums.

Der Individuenreichtum der *Potamogeton*-Taxozönose ist bedeutend. Besonders von Ende Mai bis Anfang Juli während der Hauptentfaltung der unterseeischen Laichkrautbestände werden diese, sofern sie nicht allzu kümmerlich entwickelt sind, von Myriaden der verschiedensten Cladoceren-Arten bevölkert. Diese überaus hohe Siedlungsdichte der als Fischnährtiere bedeutsamen Cladoceren ist in Fischereikreisen offenbar weit bekannt (vgl. auch SCHWENG 1937) und wird auch von MÜLLER-LIEBENAU (1956) für ostholsteinische Seen hervorgehoben. Es ist deshalb auffallend, daß LANGHANS (1911b) die Arten- und Individuenarmut eines ausgedehnten Potametum im Hirschberger Großteich betont.

Die Aspektfolge ist in der *Potamogeton*-Taxozönose noch schärfer ausgeprägt als im Algenbewuchs. Das rührt vor allem daher, daß die *Potamogeton*-Bestände einen „Sommerbiotop" darstellen, der überwinternden Arten keine Aufenthaltsmöglichkeiten gewährt. Der Winteraspekt ist also durch völlige „Winterruhe" der Cladoceren-Taxozönose ausgezeichnet. Erst später im Jahre, kaum vor Mitte Mai, beginnen die Laichkräuter aus dem Seeboden zu sprießen und damit stellt sich zögernd der Frühjahrsaspekt ein. Schon nach wenigen Wochen macht er dem Sommeraspekt Platz, der durch lebhafte parthenogenetische Vermehrung und fast sprunghaften Anstieg der Cladocerenbevölkerung im Laufe des Juni gekennzeichnet ist. Der Herbstaspekt wird, wie in allen Taxozönosen, durch abnehmende Parthenogenese und den Eintritt der Geschlechtsperiode bestimmt und dauert trotz des Ende November erfolgenden Absterbens der Pflanzen bis in den Dezember hinein fort.

Ergänzende Bemerkungen: Die Listen von LANGHANS (1911b) aus einem Potametum des Hirschberger Großteiches weichen von den Befunden im Gebiet des Stechlinsees vor allem durch das häufige Vorkommen der planktischen Arten *Bosmina coregoni*, *B. longirostris cornuta*, *Daphnia longispina* und *Diaphanosoma brachyurum* in dem zwar großen, aber flachen und stark verlandeten Teich ab. Der untersuchte Pflanzenbestand wuchs, einer Bucht weit vorgelagert, im Freiwasserbezirk des Teiches, wodurch sich die Besiedlung mit planktischen Formen erklärt. Typisch für die *Potamogeton*-Bestände des Hirschberger Großteiches scheint mir das Fehlen der „Seeformen' *Alona costata* und *Peracantha truncata* zu sein, während die ebenfalls fehlende *Alonopsis elongata* wahrscheinlich auch in Brandenburg nur in wenigen tiefen und mehr oder minder oligotrophen Seen häufig ist.

Nach quantitativen Untersuchungen von ENTZ (1947) besiedeln *Sida crystallina* und *Acroperus harpae* im Balaton-See vor allem die oberen Blätter und Sproßteile der *Potamogeton*-Pflanzen. SCHWENG (1937) fand in einem Bestand von *Potamogeton perfoliatus* im Kalksee bei Rüdersdorf im Juni 1933 eine Massenpopulation von *Eurycercus lamellatus* (2250 Tiere je m² Fläche). MÜLLER-LIEBENAU (1956) fing in der *Potamogeton*-Zone ostholsteinischer Seen 24 Cladoceren-Arten, von denen 6 regelmäßig und teilweise sehr häufig vorkamen. *Alona affinis* und *Alonella nana* ließen sich in den von mir untersuchten Seen des Stechlingebietes nicht als häufige Besiedler der *Potamogeton*-Bestände bestätigen. Da jedoch die Fänge von MÜLLER-LIEBENAU nicht nach Pflanzenarten getrennt sind, ist ein exakter Vergleich nicht möglich. Das gleiche gilt für Angaben von Muckle (1942), der in der *Potamogeton*-Zone des Bodensees 19 Arten fand, von denen *Sida crystallina, Acroperus harpae, Alonopsis elongata, Alona rectangula, Peracantha truncata* und *Chydorus sphaericus* dominierten.

e) Die Cladoceren-Taxozönose in *Myriophyllum*-Beständen des Potametum lucentis (Tab. 11)

Zönophile und dominante Kennarten der Taxozönose in lakustrischen *Myriophyllum*-Beständen — es handelt sich ausschließlich um *Myriophyllum spicatum* — sind *Chydorus*

TABELLE 11

Die Cladoceren-Taxozönose in *Myriophyllum*-Beständen des Potametum lucentis

Artenzahl: 28
Durchschnittliche Artendichte: 10

	Fänge insges.	Anzahl der Fänge pro Häufigkeitsgrad									
		e	s	m	wz	z	sz	ma	A	D	C
Eudominanten											
Peracantha truncata	15	2	.	4	4	1	2	2	61	38,1	65
Chydorus sphaericus	20	6	3	1	3	2	3	2	69	25,6	87
Dominanten											
Graptoleberis testudinaria	14	7	2	2	.	.	3	.	35	8,6	61
Acroperus harpae	18	3	7	2	2	1	3	.	54	7,4	78
Sida crystallina	10	2	1	1	2	2	2	.	37	5,9	43
Eurycercus lamellatus	19	3	7	1	6	1	1	.	55	4,1	83
Subdominanten											
Ceriodaphnia quadrangula	5	2	1	.	.	1	1	.	15	1,8	22
Chydorus globosus	15	8	5	1	.	.	1	.	27	1,7	65
Alonella nana	12	4	2	3	3	.	.	.	29	1,4	52
Rezedenten											
Alona costata	12	5	3	2	2	.	.	.	25	1,0	52
Alona guttata	8	5	.	2	.	1	.	.	16	0,8	35
Alonopsis elongata	8	6	1	.	1	.	.	.	12	0,6	35
Anchistropus emarginatus	7	3	3	.	1	.	.	.	13	0,6	30
Alona affinis	15	9	3	2	1	.	.	.	25	0,5	65
Camptocercus rectirostris	8	5	2	.	1	.	.	.	14	0,5	35
Simocephalus vetulus	6	3	1	1	1	.	.	.	12	0,5	26
Subrezedenten											
Alonella exigua	9	6	3	.	.	.	.	.	12	0,3	39
Alonella excisa	8	7	1	.	.	.	.	.	9	0,3	35
Lathonura rectirostris	3	2	1	.	.	.	.	.	4	0,1	13
Alona rectangula	4	4	.	.	.	.	.	.	4	0,1	17
Pleuroxus laevis	2	1	1	.	.	.	.	.	3	0,1	9
Pleuroxus trigonellus	2	1	1	.	.	.	.	.	3	0,1	9
Bosmina coregoni	4	4	.	.	.	.	.	.	4	0,03	17
Alona quadrangularis	3	3	.	.	.	.	.	.	3	0,03	13
Bosmina longirostris	2	2	.	.	.	.	.	.	2	0,03	9
Polyphemus pediculus	2	2	.	.	.	.	.	.	2	0,02	9
Alona tenuicaudis	1	1	.	.	.	.	.	.	1	0,01	4
Chydorus gibbus	1	1	.	.	.	.	.	.	1	0,01	4

globosus, *Anchistropus emarginatus* und *Alona guttata.* Zu den gemeinsam auftretenden Arten zählen weiterhin *Peracantha truncata*, *Graptoleberis testudinaria*, *Chydorus sphaericus*, *Acroperus harpae*, *Eurycercus lamellatus*, *Alona affinis*, *Alonella nana* und *Sida crystallina*, von denen einige auch zur korrelierten Artengruppe der *Potamogeton*-Taxozönose gehören. Doch sind die zönologischen Beziehungen beider Taxozönosen durch die hohe Siedelungsdichte von *Peracantha truncata* und *Graptoleberis testudinaria* und das starke Zurücktreten von *Sida crystallina*, *Alonopsis elongata* und *Alona costata* in der lakustrischen *Myriophyllum*-Taxozönose gering genug, um eine klare Trennung durchführen zu können. Bezeichnend für die *Myriophyllum*-Bestände des Potametum lucentis ist auch die Massenentwicklung von *Chydorus sphaericus* und das Vorkommen von *Camptocercus rectirostris.*

Die standortökologischen Faktoren lakustrischer *Myriophyllum*-Bestände, vor allem die anders geartete Wuchsform und Blattgestalt im Zusammenspiel mit der stärkeren Bewuchsmenge und Detritusablagerung auf den Pflanzen, bedingen die gegenüber *Potamogeton* der gleichen Pflanzengesellschaft größere Siedelungsdichte der semilakustrischen Cladoceren *Acroperus harpae*, *Ceriodaphnia quadrangula*, *Alona affinis* und *Alonella nana.* Der Nahrungsreichtum gestattet den großen, „anspruchsvollen" Formen *Eurycerus lamellatus* und *Simocephalus vetulus* eine stärkere Entfaltung. Die substratspezifische (Anheftungsflächen) *Sida crystallina* tritt dagegen zurück, und für den freischwimmenden *Polyphemus pediculus* sind die *Myriophyllum*-Bestände offenbar schon zu dicht.

Eine „Schichtung" in Besiedler des Freiwasserraumes und Besiedler des Algenbewuchses ist deutlicher als in *Potamogeton*-Beständen. *Peracantha truncata*, *Sida crystallina*, *Ceriodaphnia quadrangula* und *Simocephalus vetulus* treten bevorzugt im Freiwasser zwischen den Pflanzen auf, während *Graptoleberis testudinaria*, *Chydorus globosus*, *Alona costata* und *A. affinis* mehr oder minder an das Substrat gebunden sind.

Im Individuen- und Artenreichtum bestehen kaum Unterschiede zur *Potamogeton*-Taxozönose. Vor allem *Peracantha truncata* und *Chydorus sphaericus* bilden Massenpopulationen, und auch *Graptoleberis testudinaria* pflegt mitunter in großen Mengen aufzutreten.

Auch die Aspektfolge verläuft ähnlich derjenigen in den *Potamogeton*-Beständen, nur daß der Sommeraspekt etwas weiter gegen das Frühjahr hin — bis Anfang Mai — verschoben ist.

f) Die Cladoceren-Taxozönose in *Myriophyllum*-Beständen der Seerosengesellschaft (Myriophyllo-Nupharetum) (Tab. 12)

Die üppigen, detritus- und bewuchsreichen *Myriophyllum*-Bestände stiller Buchten und kleiner Seen besiedelt eine auffallend artenreiche Cladocerengemeinschaft, die durch eine Vielzahl bezeichnender Arten eine Sonderstellung im Phytal der Seen einnimmt. In typischer Ausbildung beschränkt sie sich allerdings auf Optimalstandorte der Seerosengesellschaft, also semilakustrische Ufergebiete, die in großen und tiefen Seen mit starker Uferneigung (Stechlinsee) räumlich so begrenzt sind, daß sie nur spärliche Bestände von *Myriophyllum* zu beherbergen vermögen. Der weiherartige Charakter der Optimalstandorte ist somit ihr faunenbestimmendes Merkmal, das sich deutlich auch in der Cladocerenbesiedelung ausprägt.

TABELLE 12

Die Cladoceren-Taxozönose in *Myriophyllum*-Beständen der Seerosengesellschaft

Artenzahl: 47
Durchschnittliche Artendichte: 18

	Fänge insges.	Anzahl der Fänge pro Häufigkeitsgrad									
		c	s	m	wz	z	sz	ma	A	D	C
Eudominanten											
Chydorus sphaericus	46	4	2	4	10	4	14	8	220	41,3	100
Dominanten											
Acroperus harpae	46	4	3	8	12	1	16	2	197	12,4	100
Ceriodaphnia quadrangula	27	6	2	2	7	2	6	2	104	8,5	59
Sida crystallina	30	9	2	3	6	4	4	2	104	5,7	65
Graptoleberis testudinaria	37	6	11	6	3	5	5	1	120	5,2	80
Subdominanten											
Eurycercus lamellatus	42	4	6	10	13	5	4	.	147	4,1	91
Peracantha truncata	35	8	9	2	6	5	4	1	112	3,9	76
Simocephalus vetulus	40	14	10	4	3	4	5	.	108	3,0	87
Alonella nana	37	7	9	7	5	5	4	.	115	2,9	80
Alona affinis	40	16	8	1	7	4	4	.	107	2,6	87
Alonella exigua	31	11	5	6	4	2	3	.	83	2,5	67
Rezedenten											
Pleuroxus aduncus	12	3	1	2	4	1	1	.	38	1,0	26
Alonella excisa	33	8	11	6	7	1	.	.	81	1,0	72
Scapholeberis mucronata	12	5	1	1	2	1	2	.	35	0,9	26
Alona costata	31	12	10	3	5	1	.	.	66	0,8	67
Subrezedenten											
Chydorus globosus	29	14	9	4	1	1	.	.	53	0,5	63
Ceriodaphnia reticulata	7	3	1	1	.	1	1	.	19	0,5	15
Alona rectangula	21	11	2	4	3	1	.	.	48	0,4	46
Alonopsis elongata	22	9	7	2	4	.	.	.	45	0,4	48
Simocephalus serrulatus	2	.	1	.	.	.	1	.	8	0,4	4
Bosmina longirostris	11	6	1	3	.	1	.	.	22	0,3	24
Polyphemus pediculus	9	5	3	.	.	.	1	.	17	0,3	20
Camptocercus rectirostris	15	8	5	1	.	1	.	.	26	0,3	33
Diaphanosoma brachyurum	9	5	2	1	.	.	1	.	18	0,3	20
Ceriodaphnia megops	3	.	.	2	.	1	.	.	11	0,2	7
Lathonura rectirostris	13	9	1	1	2	.	.	.	22	0,2	28
Camptocercus lilljeborgii	10	5	3	1	1	.	.	.	18	0,2	22
Alona guttata	22	14	8	.	.	.	.	.	30	0,1	48
Daphnia cucullata	3	2	.	.	1	.	.	.	6	0,1	7
Anchistropus emarginatus	8	4	4	.	.	.	.	.	12	0,1	17
Pleuroxus trigonellus	7	5	2	.	.	.	.	.	9	0,04	15
Bosmina coregoni	5	4	.	1	.	.	.	.	7	0,04	11
Alonella rostrata	4	3	1	.	.	.	.	.	5	0,02	9
Pleuroxus laevis	7	7	.	.	.	.	.	.	7	0,02	15
Alona tenuicaudis	3	2	1	.	.	.	.	.	4	0,02	7
Alona quadrangula	4	4	.	.	.	.	.	.	4	0,01	7
Pleuroxus uncinatus	1	.	1	.	.	.	.	.	2	0,01	2
Daphnia longispina	3	3	.	.	.	.	.	.	3	0,01	7
Streblocerus serricaudatus	2	2	.	.	.	.	.	.	2	0,01	4
Chydorus gibbus	2	2	.	.	.	.	.	.	2	0,01	4
Macrothrix rosea	2	2	.	.	.	.	.	.	2	0,01	4
Latona setifera	1	1	.	.	.	.	.	.	1	0,01	2
Chydorus piger	1	1	.	.	.	.	.	.	1	0,01	2
Rhynchotalona falcata	1	1	.	.	.	.	.	.	1	0,01	2
Ceriodaphnia laticaudata	1	1	.	.	.	.	.	.	1	0,01	2
Ceriodaphnia rotunda	1	1	.	.	.	.	.	.	1	0,01	2
Alona karelica	1	1	.	.	.	.	.	.	1	0,01	2

Die Cladocerenfauna der unterseeischen *Stratiotes*-Bestände weist, abgesehen von der größeren Siedelungsdichte von *Sida crystallina*, keine signifikanten Unterschiede zu den semilakustrischen *Myriophyllum*-Standorten auf, muß aber als verarmte Variante abgetrennt werden.

Die charakteristische Artenkombination der semilakustrischen *Myriophyllum*-Taxozönose setzt sich zusammen aus *Acroperus harpae, Ceriodaphnia quadrangula, Simocephalus vetulus, Alonella exigua, Pleuroxus aduncus, Alonella nana, Alona affinis, Bosmina longirostris, Ceriodaphnia reticulata, Eurycercus lamellatus* und *Alona rectangula*.

Viele der häufigeren, mehr oder minder bezeichnenden Arten nähern sich in ihrem Aktionsprinzip ausgesprochen semilakustrischen, versumpfte und verwachsene Ufergebiete liebenden Cladoceren. Zu diesem Verhaltenstyp, der sein Verbreitungszentrum in Weihern, Teichen und kleinerenSeen hat, zählen *Ceriodaphnia quradrangula, C. reticulata, C. megops, Simocephalus vetulus, Pleuroxus aduncus, Alonella nana, A. exigua* und *Bosmina longirostris*. Wie wir sehen, ist ein im *Myriophyllum* lakustrischer Standorte eingeschlagenes Aktionsprinzip, das der durch vorwiegend kletternde Bewegung und Besonderheiten des Nahrungserwerbs ausgezeichneten semilakustrischen Formen, weiter gesteigert. Eine Weiterentwicklung dieses Aktionsprinzips ist nur außerhalb des Phytals, im Sedimental, möglich, wodurch sich die *Myriophyllum*-Taxozönose der Seerosengesellschaft als eines der Bindeglieder der phytalen zu den sedimentalen Cladoceren-Taxozönosen erweist.

Im Stechlin finden sich infolge seiner steil geböschten und windexponierten Ufer nur verarmte Ausbildungsformen der Seerosengesellschaft, deren relativ detritus- und bewuchsarme *Myriophyllum*-Bestände von einer Cladocerengemeinschaft besiedelt werden, die deutliche Unterschiede zur typischen semilakustrischen *Myriophyllum*-Taxozönose erkennen läßt und deshalb als Variante mit den Differentialarten *Alonopsis elongata, Sida crystallina, Peracantha truncata* und *Alona costata* ausgegliedert werden muß.

Im *Myriophyllum* der Seerosengesellschaft ist die „Schichtung" der Cladoceren-Taxozönose stark ausgeprägt. An das Substrat — den detritusreichen Algenbewuchs an Stengeln und Blättern — gebunden sind *Pleuroxus aduncus, Graptoleberis testudinaria, Alona affinis, A. costata, A. rectangula, Chydorus globosus* und *Alonella nana*. Sie ernähren sich durch kombinierten Detritus- und Partikelfang. Der Partikelfang wird vor allem in Form der Substratfiltration betrieben. Den detritusreichen Freiwasserraum zwischen den Pflanzen besiedeln hingegen die Geschwebefiltrierer *Simocephalus vetulus, Sida crystallina, Scapholeberis mucronata, Diaphanosoma brachyurum, Bosmina longirostris, Peracantha truncata* und die Ceriodaphnien. Schichtunspezifisch sind *Acroperus harpae* und *Eurycerus lamellatus*.

Der Individuenreichtum der semilakustrischen *Myriophyllum*-Taxozönose steht bei größerer Artenzahl kaum hinter dem der lakustrischen *Myriophyllum*-Bestände nach und spricht für die Vitalität der Taxozönose.

Die Aspektfolge ist durch den bis weit in den Mai hinein verzögerten Frühjahrsaspekt der verhältnismäßig spät sich entwickelnden *Myriophyllum*-Bestände gekennzeichnet.

Die *Stratiotes*-Bestände sind ähnlich den *Chara*-Wiesen auch den Winter über von den im Gebiet perennierenden Arten, vor allem *Chydorus sphaericus, Acroperus harpae* und *Alonella nana*, in relativ hoher Dichte besiedelt.

Ergänzende Bemerkungen: STEUER (1901) gibt aus *Myriophyllum*-Beständen der Alten Donau bei Wien ohne Häufigkeitswerte folgende Arten an: *Sida crystallina, Acroperus harpae, Simocephalus vetulus, S. serrulatus, Eurycercus lamellatus, Alona guttata* und *Ceriodaphnia rotunda.* Die Liste läßt mit Sicherheit auf einen semilakustrischen Standort schließen. ENTZ (1947) und SEBESTYÉN (1948) unterscheiden bei ihren autökologischen Studien an litoralen Cladoceren des Balaton ebenfalls scharf lakustrische und semilakustrische Standorte. An den offenen Uferstrecken wachsen ausgedehnte Bestände von *Potamogeton perfoliatus* über nicht zu morastigem Grund, in denen *Sida crystallina* ganz im Gegensatz zu den semilakustrischen Beständen des Laichkrautes optimal entfaltet ist. *Acroperus harpae* hingegen besiedelt ganz besonders die semilakustrischen *Myriophyllum*-Bestände abgeschlossener Buchten — hier sogar stellvertretend in *Potamogeton* lebend —, während er sich in *Myriophyllum* der offenen Uferstrecken nur spärlich findet. Eine standortökologische Trennung der *Myriophyllum*- wie der *Potamogeton*-Bestände wird allerdings nur mit Hilfe dieser beiden Arten durchgeführt, nicht aber aufgrund der gesamten Cladocerenbevölkerung.

Über die Cladocerenfauna in *Stratiotes*-Beständen finden sich im Schrifttum m. W. nur bei STEUER (1901) Angaben.

g) Die Cladoceren-Taxozönose in *Chara*-Beständen (Tab. 13)

Von den 35 in *Chara*-Beständen sicher nachgewiesenen Cladoceren-Arten erwiesen sich nur *Eurycercus lamellatus* und *Chydorus sphaericus* als Kennarten, deren Zönophilie trotz des ausgesprochenen Massenvorkommens in der *Chara*-Taxozönose allerdings nur schwach ausgeprägt ist. Für die unterseeischen *Chara*-Wiesen ist vielmehr eine korrelierte Artengruppe aus *Chydorus sphaericus, Acroperus harpae, Eurycercus lamellatus, Alona affinis, Camptocercus rectirostris, Simocephalus vetulus* und *Alonella nana* charakteristisch, die mit hoher Konstanz, aber wechselnder Dominanz der einzelnen Arten immer wieder auftritt. Mitunter treten Ceriodaphnien (*Ceriodaphnia quadrangula, C. laticaudata, C. rotunda*) und *Daphnia cucullata* sehr zahlreich auf; sie leben wahrscheinlich im freien Wasser dicht über den *Chara*-Wiesen.

Die Cladocerengemeinschaft der *Chara*-Bestände des tieferen Litorals[1]) bildet keine eigene Taxozönose, sondern stellt nur eine verarmte Variante mit den Differentialarten *Pleuroxus laevis* und *P. trigonellus* dar. So treten mit zunehmender Tiefe *Alonella excisa, A. nana, A. exigua, Sida crystallina, Alona costata, A. rectangula* und *Peracantha truncata* zurück, und nur *Simocephalus vetulus* wird im Sublitoral zahlreicher.

Die *Chara*-Taxozönose nimmt innerhalb des Litorals durch die geringe Siedelungsdichte vieler der in *Potamogeton*- und *Myriophyllum*-Beständen zahlreichen Ufercladoceren, wie *Sida crystallina, Peracantha truncata, Alonopsis elongata, Alona costata, Camptocercus lilljeborgii, Graptoleberis testudinaria, Alonella exigua, A. excisa, Scapholeberis testudinaria, Polyphemus pediculus* und *Alona tenuicaudis* eine Sonderstellung ein. Dieser Eindruck wird noch bestärkt durch das typische Vorkommen der wenig spezifischen Bodenformen *Camptocercus rectirostris* und *Lathonura rectirostris*, dem sich noch einige recht bezeichnende Einzelfunde der ökologisch verwandten *Pleuroxus trigonellus, P. laevis, Alonella rostrata, Ceriodaphnia rotunda* und *C. laticaudata* beigesellen. Hierdurch tritt die *Chara*-Taxozönose in Beziehung zu den Sedimental-Taxozönosen. Die Beziehungen der Cladocerenbestände des Charetum zu denen der litoralen Bodenablagerungen erklären sich durch standortökologische Eigenheiten der *Chara*-Wiesen. Durch ihre Wuchsform stehen sie in engem Kontakt mit dem Gewässergrund und wer-

[1]) Nach FREITAG (1962) handelt es sich um das Nitellopsetum obtusae und die *Nitella flexilis-Vaucheria dichotoma*-Gesellschaft.

den in ihren bodennahen Schichten von den schlammigen oder sandigen Ablagerungen durchdrungen. Es darf vermutet werden, daß entsprechend der vertikalen Struktur und dem Faktorengefälle in den Chareten eine nach Schichten geordnete Trennung der

TABELLE 13
Die Cladoceren-Taxozönose in *Chara*-Beständen

Artenzahl: 35
Durchschnittliche Artendichte: 9

	Fänge insges.	Anzahl der Fänge pro Häufigkeitsgrad									
		e	s	m	wz	z	sz	ma	A	D	C
Eudominanten											
Chydorus sphaericus	34	5	2	2	4	3	7	11	171	65,5	79
Dominanten											
Eurycercus lamellatus	32	5	7	3	4	6	4	3	119	11,2	74
Acroperus harpae	32	5	1	4	11	2	8	1	128	10,2	74
Subdominanten											
Simocephalus vetulus	17	1	2	3	3	7	1	.	67	3,0	39
Ceriodaphnia quadrangula	19	12	2	.	3	.	2	.	40	2,5	44
Alonella nana	28	12	7	7	1	.	.	1	58	2,1	65
Alona affinis	23	9	8	2	1	1	2	.	52	1,8	53
Rezedenten											
Camptocercus rectirostris	18	5	7	2	3	1	.	.	42	0,6	42
Alonella excisa	23	11	5	4	3	.	.	.	45	0,5	53
Subrezedenten											
Pleuroxus trigonellus	12	8	2	1	1	.	.	.	19	0,2	28
Chydorus globosus	17	9	6	1	1	.	.	.	28	0,2	40
Alona costata	15	10	3	2	.	.	.	.	22	0,2	35
Sida crystallina	11	7	3	.	1	.	.	.	17	0,2	26
Peracantha truncata	9	4	4	.	1	.	.	.	16	0,2	21
Daphnia cucullata	5	2	1	1	1	.	.	.	11	0,2	12
Ceriodaphnia rotunda	2	.	.	1	.	1	.	.	8	0,2	4
Alona guttata	18	15	3	.	.	.	.	.	21	0,1	42
Alonella exigua	13	11	2	.	.	.	.	.	15	0,1	30
Lathonura rectirostris	12	7	4	.	.	1	.	.	20	0,1	28
Alona rectangula	9	6	3	.	.	.	.	.	12	0,1	21
Pleuroxus laevis	7	5	2	.	.	.	.	.	9	0,1	16
Alonopsis elongata	7	6	1	.	.	.	.	.	8	0,1	16
Alona quadrangularis	7	7	.	.	.	.	.	.	7	0,1	16
Bosmina coregoni	5	3	.	1	1	.	.	.	10	0,1	12
Ceriodaphnia laticaudata	1	.	.	.	1	.	.	.	4	0,1	2
Graptoleberis testudinaria	7	7	.	.	.	.	.	.	7	0,03	16
Daphnia longispina	3	2	.	1	.	.	.	.	5	0,04	7
Bosmina longirostris	2	1	.	1	.	.	.	.	4	0,04	4
Diaphanosoma brachyurum	2	1	1	.	.	.	.	.	3	0,03	4
Pleuroxus uncinatus	2	1	1	.	.	.	.	.	3	0,01	4
Chydorus latus	2	2	.	.	.	.	.	.	2	0,01	4
Alonella rostrata	2	2	.	.	.	.	.	.	2	0,01	4
Anchistropus emarginatus	2	2	.	.	.	.	.	.	2	0,01	4
Pleuroxus aduncus	1	1	.	.	.	.	.	.	1	0,01	2
Streblocerus serricaudatus	1	1	.	.	.	.	.	.	1	0,01	2

Cladocerenbevölkerung ausgebildet ist, dergestalt, daß die beweglichen Formen — die Ceriodaphnien, *Eurycercus lamellatus*, *Peracantha truncata*, *Sida crystallina*, *Simocephalus vetulus*, *Camptocercus rectirostris* — im Freiwasser dicht über dem *Chara*-Rasen und in der obersten lockeren Rasenschicht leben, die Mehrzahl der semilakustrischen, stärker an das Substrat gebundenen Arten — *Chydorus sphaericus*, *Ch. globosus*, *Alona costata*, *Alonella nana* — sich hingegen in der mittleren sehr dichten, aber schlammfreien Schicht aufhalten, während die von Schlamm durchtränkte unterste bodennahe Schicht des *Chara*-Rasens von *Alona affinis*, vereinzelt auch von *A. quadrangularis*, *Pleuroxus trigonellus*, *P. laevis* und *Alonella rostrata* besiedelt ist. Doch stehen spezielle auf die Schichtung der Cladocerenfauna in *Chara*-Wiesen ausgerichtete Untersuchungen noch aus.

Die unterseeischen *Chara*-Bestände zählen zu den am dichtesten besiedelten Lebensstätten des Litorals, die besonders in den Wintermonaten von zahllosen Cladoceren bevölkert werden. Der jahreszeitliche Massenwechsel im Charetum unterscheidet sich scharf von dem in anderen submersen Pflanzenbeständen. Infolge ihrer perennierenden Lebensweise bilden die ausgedehnten *Chara*-Wiesen den Hauptüberwinterungsplatz der ausdauernden Arten, so daß die litorale Cladocerenfauna hier tatsächlich im Winter individuenreicher als in den Sommermonaten ist. Die Erscheinung wurde schon von Steuer (1901) in der Alten Donau festgestellt, von Weigold (1910) und Langhans (1911b) jedoch entschieden bezweifelt. Der Widerspruch dürfte darin begründet sein, daß Steuer seine wahrscheinlich nur in *Chara*, in *Stratiotes* und im Sediment getroffenen Befunde auf das gesamte Litoral ausdehnte, was natürlich bei Untersuchern wie Weigold und Langhans, die nur die im Winter absterbenden Pflanzenbestände wie *Myriophyllum* und *Potamogeton* absammelten, auf Ablehnung stoßen mußte. Die optimale Siedelungsdichte von *Chydorus sphaericus* in den *Chara*-Wiesen hängt vermutlich mit der schon Ende Februar beginnenden Massenentwicklung der Art zusammen, da ihr um diese Jahreszeit kaum andere Pflanzenbestände für eine Besiedelung zur Verfügung stehen.

Ergänzende Bemerkungen: Reinsch (1925) fand in *Chara*-Fängen aus oberbayrischen Fischteichen *Alona rectangula* viel stärker vertreten als in *Phragmites*. *Alonella exigua* trat dagegen zurück, ebenso *Diaphanosoma brachyurum* und *Daphnia longispina*. Nach Smyly (1957) waren in Teichen Windermeres in *Nitella* häufig: *Eurycercus lamellatus*, *Chydorus sphaericus* und *Peracantha truncata*. Keilhack (1905) fand die dichten *Chara*-Rasen im Madüsee von *Sida crystallina*, *Eurycercus lamellatus* und *Simocephalus vetulus* reichlich bevölkert. Nach Untersuchungen von Muckle (1942) im Bodensee erwiesen sich die *Chara*-Wiesen als die am dichtesten von Cladoceren besiedelte Uferzone (vgl. auch Rzoska 1936). Insgesamt wurden 33 Arten nachgewiesen; die Liste stimmt im wesentlichen mit der meinigen überein.

h) Die Cladoceren-Taxozönose im Schlamm (Tab. 14)

Innerhalb des Litorals vollzieht sich vom Phytal zum Sedimental ein deutlich ausgeprägter Wechsel der Cladocerenfauna; doch werden beide Lebensstätten durch einige gemeinsame Arten miteinander verbunden. Zu diesen nicht an die Vegetation gebundenen Arten zählen im Gebiet des Stechlinsees *Alona affinis*, *Acroperus harpae*, *Sida crystallina*, *Eurycercus lamellatus*, *Ceriodaphnia quadrangula*, *Simocephalus vetulus*, *Alonella nana*, *Alonopsis elongata*, *Polyphemus pediculus* und *Chydorus sphaericus*.

In der Schlamm-Taxozönose tritt eine Vielzahl den spezifischen Umweltbedingungen angepaßter Arten mit starker zönologischer Affinität auf. Sie bilden eine sich wieder-

TABELLE 14

Die Cladoceren-Taxozönose im Schlamm

Artenzahl: 48
Durchschnittliche Artendichte: 12

	Fänge insges.	Anzahl der Fänge pro Häufigkeitsgrad									
		e	s	m	wz	z	sz	ma	A	D	C
Eudominanten											
Alona affinis	52	8	3	5	7	10	16	3	224	37,5	100
Dominanten											
Chydorus sphaericus	41	11	5	5	11	3	6	.	131	10,5	78
Alona quadrangularis	34	11	9	5	2	2	4	1	93	9,8	65
Alonella rostrata	22	10	6	1	4	.	.	1	48	7,2	42
Pleuroxus trigonellus	30	9	8	2	6	1	4	.	84	6,4	57
Acroperus harpae	44	10	11	6	8	7	2	.	119	5,9	82
Subdominanten											
Ceriodaphnia quadrangula	20	7	3	2	4	2	1	1	58	4,7	38
Pleuroxus uncinatus	20	4	5	2	5	1	3	.	63	3,8	38
Alonella nana	35	16	9	4	3	2	1	.	74	2,4	67
Drepanothrix dentata	16	7	4	.	1	3	1	.	40	1,8	31
Rezedenten											
Eurycercus lamellatus	35	15	9	5	6	.	.	.	72	1,4	67
Simocephalus vetulus	23	8	7	1	5	2	.	.	55	1,3	44
Alona rectangula	12	10	.	.	1	.	1	.	20	1,1	23
Subrezedenten											
Chydorus piger	7	1	4	1	.	1	.	.	17	0,6	13
Camptocercus rectirostris	22	12	8	1	1	.	.	.	35	0,6	41
Ceriodaphnia laticaudata	3	2	.	.	.	.	1	.	8	0,5	6
Latona setifera	8	4	2	1	.	1	.	.	16	0,5	15
Bosmina longirostris	3	1	1	.	.	1	.	.	8	0,5	6
Alonella excisa	22	15	5	1	1	.	.	.	27	0,5	41
Sida crystallina	16	10	4	2	.	.	.	.	24	0,4	31
Graptoleberis testudinaria	12	8	3	.	1	.	.	.	18	0,4	23
Alonopsis elongata	16	10	4	2	.	.	.	.	24	0,3	31
Macrothrix rosea	3	2	.	.	.	1	.	.	7	0,3	6
Ceriodaphnia rotunda	2	1	.	.	.	.	1	.	7	0,2	4
Alonella exigua	14	9	5	.	.	.	.	.	19	0,2	27
Peracantha truncata	15	13	1	1	.	.	.	.	18	0,2	29
Pleuroxus laevis	11	7	3	.	1	.	.	.	17	0,2	21
Iliocryptus agilis	2	.	1	.	1	.	.	.	6	0,2	4
Pleuroxus aduncus	5	4	.	1	.	.	.	.	7	0,1	10
Alona costata	10	9	1	.	.	.	.	.	11	0,1	19
Leydigia quadrangularis	5	3	2	.	.	.	.	.	7	0,1	10
Alona guttata	5	4	1	.	.	.	.	.	6	0,1	10
Scapholeberis mucronata	2	1	.	1	.	.	.	.	4	0,1	4
Iliocryptus sordidus	2	1	1	.	.	.	.	.	3	0,1	4
Simocephalus serrulatus	2	1	.	1	.	.	.	.	4	0,1	4
Chydorus latus	3	1	2	.	.	.	.	.	5	0,1	6
Polyphemus pediculus	4	2	2	.	.	.	.	.	6	0,04	8
Chydorus gibbus	5	5	.	.	.	.	.	.	5	0,03	10
Ceriodaphnia megops	2	1	1	.	.	.	.	.	3	0,03	4
Chydorus globosus	5	4	1	.	.	.	.	.	6	0,02	10
Camptocercus lilljeborgii	1	.	1	.	.	.	.	.	2	0,02	2
Lathonura rectirostris	2	2	.	.	.	.	.	.	2	0,02	4
Diaphanosoma brachyurum	1	.	1	.	.	.	.	.	2	0,02	2
Bosmina coregoni	2	2	.	.	.	.	.	.	2	0,01	4
Iliocryptus acutifrons	1	1	.	.	.	.	.	.	1	0,01	2
Ceriodaphnia reticulata	1	1	.	.	.	.	.	.	1	0,01	2
Bunops serricaudata	1	1	.	.	.	.	.	.	1	0,01	2
Daphnia cucullata	1	1	.	.	.	.	.	.	1	0,01	2

holende Artenkombination, durch die sich die Taxozönose deutlich von den anderen litoralen Cladocerenbeständen unterscheidet. Es sind dies *Alona affinis, A. quadrangularis*, die *Iliocryptus*-Arten, *Pleuroxus uncinatus, P. trigonellus, Alonella rostrata, Drepanothrix dentata, Macrothrix rosea, Latona setifera* und *Leydigia quadrangularis*. Allerdings findet man nur selten reiche, typisch ausgebildete Bestände, da die Taxozönose stark zur Faziesbildung neigt und viele der oben aufgeführten Kennarten infolge ihrer Seltenheit und versteckten Lebensweise dem Nachweis entgehen. Dieser Umstand erklärt auch die geringe Konstanz einiger typischer Schlammbewohner.

Im allgemeinen fällt es jedoch nicht schwer, die Schlamm-Taxozönose mit Hilfe der konstanten Kennarten *Alona quadrangularis, Pleuroxus uncinatus, Alonella rostrata* und der weniger typischen *Alona affinis* von den anderen Sediment-Taxozönosen abzugrenzen, wobei schon eine grobe Standortanalyse gute Hinweise liefert. Weitaus schwieriger ist es, die verschiedenen Ausbildungsformen der Schlamm-Taxozönose zu erkennen. Die Befunde über die Variantenbildung in den drei untersuchten Seen können nur als Hinweise dienen, da das Aufnahmematerial zu gering ist, um in die verschiedenen Ausbildungsformen der litoralen Schlamm-Taxozönose Klarheit zu bringen.

An offenen, wenig verlandeten Ufern großer Seen findet sich die „lakustrische Variante“, die eigentlich nur eine verarmte Ausbildungsform ist, in der noch *Alona quadrangularis, Chydorus sphaericus, Pleuroxus uncinatus, P. trigonellus*, ganz besonders aber *Alona affinis* hohe Siedelungsdichten aufweisen. In typischer optimaler Entfaltung kommt die Schlamm-Taxozönose nur an semilakustrischen Schlammstandorten stark verlandeter, ruhiger Buchten nicht zu großer und nicht zu tiefer Seen (Nehmitz- und Gerlinsee) vor, während sie im Stechlinsee in den durch Verlandungsvegetation mehr oder minder vom Pelagial abgeschirmten Endzipfeln der Buchten zwar typisch, aber kaum optimal entwickelt ist. Offenbar genügen die nur wenige m² großen Schlammflächen nicht zur Entfaltung des Artenreichtums der typischen semilakustrischen Standorte.

Die Cladoceren-Taxozönose des litoralen Bodenschlammes ist deutlich vertikal geschichtet, worauf schon BIGELOW (1928) hingewiesen hat. In und auf der dünnen mit abgestorbenen Tier- und Pflanzenresten vermischten und von Bakterien, Protozoen und Diatomeen dicht besiedelten Detritusschicht, welche die weitgehend mineralisierten Sedimente geschlossen überzieht, lebt die Detritusschicht-Gemeinschaft (ooze-film cenosis nach BIGELOW). Sie setzt sich zusammen aus *Iliocryptus sordidus, I. agilis, I. acutifrons* und *Leydigia quadrangularis*. Weniger typisch für die Detritusschicht sind *Pleuroxus uncinatus, P. trigonellus, Alona quadrangularis* und *Chydorus piger*, die Übergänge zur folgenden Strukturgemeinschaft darstellen. Alle diese Arten gehören zur Lebensformgruppe der Bodenformen (vgl. Abschnitt E 4). Mit ihnen zusammen tritt eine Cladoceren-Bevölkerung auf, die sich unmittelbar über der Schlammoberfläche schwimmend aufhält und gelegentlich auch auf dieser niederläßt, ohne aber in der Detritusschicht umherzukriechen. Diese Kontaktschicht-Gemeinschaft (associated ooze-film cenosis nach BIGELOW), wie sie nach ihrem Aufenthaltsort genannt sein mag, ist ernährungsbiologisch direkt abhängig von der Detritusschicht, so daß sie nur selten weit entfernt von der Schlammoberfläche zu finden ist. Sie setzt sich aus den folgenden Arten zusammen:

Drepanothrix dentata
Latona setifera
Macrothrix rosea
Bunops serricaudata
Alonella rostrata
Alona affinis
Alonella nana
Chydorus sphaericus
Chydorus latus
Acroperus harpae
Eurycercus lamellatus
Pleuroxus laevis
Pleuroxus aduncus
Alona rectangula
Simocephalus vetulus

Neben diesen beiden relativ fest an die Schlammoberfläche gebundenen Cladoceren-Bevölkerungen tritt an pflanzenfreien Schlammufern noch eine weitere schichtgebundene Gemeinschaft auf, die den Freiwasserraum über dem Gewässergrund besiedelt und die keine ökologische Abhängigkeit von der Detritusschicht erkennen läßt. Dieser Freiwasser-Gemeinschaft gehören vor allem freischwimmende Cladoceren an:

Ceriodaphnia quadrangula
Ceriodaphnia laticaudata
Ceriodaphnia rotunda
Ceriodaphnia reticulata
Ceriodaphnia megops
Bosmina longirostris
Bosmina coregoni
Polyphemus pediculus
Diaphanosoma brachyurum
Daphnia cucullata
Scapholeberis mucronata

Die von BIGELOW (1928) aus den litoralen Sedimenten des Lake Nipigon beschriebenen Cladocerenbestände der Bodenstrukturteile zeigen nicht unbedeutende Abweichungen gegenüber denen in den Seen des Stechlingebietes. So fehlen in der Detritusschicht-Gemeinschaft des Lake Nipigon offenbar *Pleuroxus uncinatus*, *P. trigonellus* und *Chydorus piger*, während *Alona quadrangularis* zur Kontaktschicht-Gemeinschaft gezählt wird. In der Liste dieser Gemeinschaft vermißt man dagegen *Drepanothrix dentata*, *Pleuroxus laevis*, *P. aduncus*, *Alona rectangula*, *Simocephalus vetulus*, *Chydorus latus* und *Macrothrix rosea*, die, wie die ersten drei Arten, anderen Gemeinschaften angegliedert werden oder der Fauna des Lake Nipigon überhaupt fehlen.

Der litorale Bodenschlamm ist aber nicht nur vertikal in Mikrostandorte gegliedert, sondern weist auch eine komplizierte mosaikartige horizontale Strukturierung auf, die eine Folge der je nach der Lage im See unterschiedlichen Zusammensetzung der in der Detritusschicht abgelagerten und sich zersetzenden organischen Substanz ist. Standorte mit hohem Anteil autochthoner organischer Substanz (planktogener und phytogener Detritus) wechseln auf kleinem Raum mit Stellen rohhumusreicher Ablagerungen ab, die durch den mikrobiellen Abbau des aus der Gewässerumgebung stammenden Buchenlaubes entstehen. Sie sind auffallend nahrungsarm und beherbergen eine an Arten und Individuen sehr verarmte Cladocerenfauna. An den durch starke biologische Aktivität ausgezeichneten Gyttjastandorten hingegen kann sich die typische arten- und individuenreiche Cladoceren-Taxozönose entfalten.

In vielen Seen sind Bodencladoceren bis in große Tiefen verbreitet (v. HOFSTEN 1911, LILLJEBORG 1900, MONARD 1918, MUCKLE 1942, OBERMAYER 1922, ZSCHOKKE 1907, 1911). Im Stechlinsee ist dem nicht so, vermutlich wegen des Rohhumusgehaltes der profundalen Sedimente. Unterhalb einer Tiefengrenze von etwa 15 m konnten im Stechlinsee keine Cladoceren mehr aufgefunden werden. Während die bis in diese Tiefen reichenden *Chara*-Wiesen noch dicht besiedelt sind, finden sich Cladoceren an der Grenze Litoral-Profundal nur sehr spärlich.

Die Siedelungsdichte im Sediment ist in der Regel geringer als in den Taxozönosen des Phytals; doch können einzelne Arten, wie *Alonella rostrata*, *Alona affinis*, *A. quadrangularis*, *Chydorus sphaericus* und *Pleuroxus trigonellus* Massenpopulationen bilden. Die Aspektfolge ähnelt derjenigen der *Chara*-Taxozönose; doch ist die Winterfauna unter Eis im Litoralschlamm bedeutend individuenärmer. Der Befund SEBESTYÉNS (1947) im Balaton, daß die Mitglieder der Schlammfauna, die auch im Phytal beheimatet sind, in den Schlammbiotopen stärker zur Azyklie neigen, kann für die Seen des Stechlingebietes grundsätzlich bestätigt werden, obschon die Unterschiede des zyklischen Verhaltens an beiden Lebensstätten nicht allzu deutlich sind.

i) Die Cladoceren-Taxozönose im Sand (Tab. 15)

Die Sandzonen des flachen Litorals werden von einer verhältnismäßig artenreichen Cladocerengemeinschaft bevölkert. Unter den 40 sicher nachgewiesenen Cladoceren-Arten sind *Rhynchotalona falcata*, *Monospilus dispar* und *Chydorus gibbus* typische Kennarten des Psammon. Auf schlammigem Sand kommt eine deutlich abgegrenzte Variante vor, in der iliophile Arten, wie *Latona setifera*, *Alona quadrangularis*, *Pleuroxus trigonellus*, *P. uncinatus* und *Leydigia quadrangularis* sowie die nahrungsreiche Ufergebiete liebenden *Eurycercus lamellatus*, *Acroperus harpae*, *Alonella nana*, *Simocephalus vetulus*, *Chydorus globosus* und *Lathonura rectirostris* stärker hervortreten.

Die typische, durch ihren Artenreichtum ausgezeichnete Variante der Sand-Taxozönose ist auf die nahrungsreicheren an *Chara*-Rasen angrenzenden Sandgebiete beschränkt. Durch die Brandungswellen werden hier immer wieder Detritus- und Schlammteilchen angespült. Die Gesellschaft verarmt hingegen auffallend an ausgedehnten Sandufern. Aus der reichen Variante fehlen bzw. treten hier stark zurück: *Ceriodaphnia quadrangula*, *C. rotunda*, *Peracantha truncata*, *Pleuroxus uncinatus*, *P. trigonellus*, *P. laevis*, *Alona quadrangularis* und *A. affinis*. Nach RZOSKA (1936) zeigt die Cladocerenfauna des Sandbodens im Wigry-See eine ähnliche Abhängigkeit der Siedlungsdichte und des Artenreichtums vom Nahrungsangebot.

Wie der litorale Bodenschlamm stellt auch das pflanzenfreie Sandufer keinen homogenen Standort dar. Strukturierung und Strukturgebundenheit geben sich hier wie dort in gleicher Regelmäßigkeit zu erkennen. Allerdings führen die abgeänderten Milieubedingungen an den Sandstandorten (Nahrungsarmut, stärkerer Wellenschlag) zu Unterschieden in den Artbeständen. So sind für die Detritusschicht-Gemeinschaft *Rhynchotalona falcata*, *Monospilus dispar*, *Chydorus gibbus* und *Ch. piger* typisch, während von den iliobionten und iliophilen Arten nur *Pleuroxus trigonellus* und *Alona quadrangularis* in geminderter Abundanz vorkommen. Ein ähnlicher Wechsel macht sich auch bei der Kontaktschicht-Gemeinschaft geltend, in der die semilakustrischen Arten der Schlammstandorte von lakustrischen Arten, wie *Alonopsis elongata*, *Camptocercus rectirostris*, *Peracantha truncata* und *Alona costata* zurückgedrängt oder abgelöst werden. Nur die eurytopen *Chydorus sphaericus*, *Acroperus harpae* und *Eurycercus lamellatus* finden sich mit etwa gleicher Abundanz auch an Sandufern. In dem Freiwasserraum über dem Sanduntergrund fehlen *Ceriodaphnia laticaudata*, *C. reticulata* und *C. megops*. Dafür lebt hier in großer Dichte *Sida crystallina*, die als Filtrierer feiner Partikel in dem ungetrübten klaren Wasser der von Sand bedeckten Brandungsufer optimale Lebensbedingungen vorfindet. Auch ihrem Bedürfnis nach Anheftungsflächen ist hier durch Steine, Blätter und Holzreste besser Genüge getan als an Schlammstandorten. Die

TABELLE 15

Die Cladoceren-Taxozönose im Sand

Artenzahl: 40
Durchschnittliche Artendichte: 12

	Fänge insges.	Anzahl der Fänge pro Häufigkeitsgrad									
		e	s	m	wz	z	sz	ma	A	D	C
Eudominanten											
Sida crystallina	18	5	1	1	2	3	3	3	62	20,5	50
Chydorus sphaericus	24	5	7	.	4	2	5	1	82	17,0	67
Alona affinis	29	1	4	2	11	4	5	2	123	14,7	80
Dominanten											
Acroperus harpae	27	7	2	4	3	6	5	.	99	10,0	76
Alonopsis elongata	30	6	8	5	2	7	1	1	93	9,1	83
Polyphemus pediculus	10	3	4	.	1	.	.	2	29	8,3	28
Eurycercus lamellatus	28	6	6	4	6	4	2	.	86	5,0	78
Scapholeberis mucronata	3	.	1	.	1	.	.	1	13	4,8	8
Subdominanten											
Chydorus piger	17	10	1	1	3	2	.	.	37	1,3	47
Alonella nana	17	7	4	3	1	1	1	.	39	1,3	47
Rezedenten											
Chydorus gibbus	20	9	4	3	3	1	.	.	43	1,0	55
Pleuroxus trigonellus	11	3	3	3	1	.	1	.	28	1,0	31
Rhynchotalona falcata	14	3	7	.	2	1	1	.	36	0,9	39
Peracantha truncata	12	9	.	1	2	.	.	.	20	0,8	32
Alonella excisa	17	9	1	5	1	1	.	.	35	0,8	47
Simocephalus vetulus	8	4	1	1	.	2	.	.	19	0,8	22
Ceriodaphnia quadrangula	14	9	1	2	1	1	.	.	26	0,6	39
Camptocercus rectirostris	12	8	.	2	2	.	.	.	22	0,5	32
Subrezedenten											
Alonella rostrata	10	6	1	1	2	.	.	.	19	0,4	28
Monospilus dispar	5	2	1	1	.	1	.	.	12	0,3	14
Lathonura rectirostris	4	3	.	.	1	.	.	.	7	0,2	11
Alona quadrangularis	11	8	.	3	.	.	.	.	14	0,2	31
Pleuroxus uncinatus	2	.	.	2	.	.	.	.	6	0,2	6
Bosmina coregoni	10	4	5	1	.	.	.	.	17	0,2	28
Alona costata	10	6	2	1	1	.	.	.	17	0,2	28
Daphnia cucullata	5	3	.	2	.	.	.	.	9	0,2	14
Diaphanosoma brachyurum	4	2	.	2	.	.	.	.	8	0,1	11
Chydorus globosus	10	5	4	1	.	.	.	.	16	0,1	31
Graptoleberis testudinaria	8	6	2	.	.	.	.	.	10	0,1	22
Alona rectangula	6	5	1	.	.	.	.	.	7	0,1	17
Pleuroxus laevis	4	2	1	1	.	.	.	.	7	0,1	11
Latona setifera	4	3	.	1	.	.	.	.	6	0,1	11
Ceriodaphnia rotunda	2	.	2	.	.	.	.	.	4	0,04	6
Leydigia quadrangularis	3	2	1	.	.	.	.	.	4	0,03	8
Alona guttata	2	2	.	.	.	.	.	.	2	0,01	6
Anchistropus emarginatus	1	1	.	.	.	.	.	.	1	0,01	3
Bosmina longirostris	1	1	.	.	.	.	.	.	1	0,01	3
Alonella exigua	1	1	.	.	.	.	.	.	1	0,01	3
Drepanothrix dentata	1	1	.	.	.	.	.	.	1	0,01	3

Eigenheit von *Sida crystallina*, sich an festen Gegenständen des Gewässergrundes anzuheften, verhindert eine strenge Bindung an eine der Taxotopstrukturen, welche die übrigen Mitglieder der Sand-Taxozönose in so auffallender Weise auszeichnet.

Die Sandufer, die nach Untersuchungen von RZOSKA (1936) im Wigry-See mosaikartig in Mikrostandorte gegliedert sind, werden im Stechlinsee auf größere Strecken hin einheitlicher von Cladoceren besiedelt.

Ergänzende Bemerkungen: STENROOS (1897) gibt von steinig-sandigen sterilen Ufern in Karelien folgende Arten an: *Chydorus sphaericus, Alonopsis elongata, Polyphemus pediculus, Acroperus harpae, Bosmina brevicornis, Alonella nana, Rhynchotalona falcata, Monospilus dispar* und *Alonella rostrata.* In Nurmijärvi (Südfinnland) fand derselbe Autor (1898) an pflanzenarmen Sandufern mit *Eleocharis acicularis, Ranunculus reptans* und *Isoetes*: *Latona setifera, Bosmina brevicornis, Ophryoxus gracilis, Drepanothrix dentata, Chydorus latus, Monospilus dispar, Alona affinis, Alonopsis elongata, Rhynchotalona falcata, Alonella rostrata, Chydorus sphaericus, Ch. piger* und *Polyphemus pediculus.* Nach MUCKLE (1942) leben in der Sandzone des Bodensees 16 Cladoceren-Arten, unter denen man nur *Chydorus gibbus* vermißt. Aus dem Vierwaldstätter See teilt OBERMAYER (1922) eine ähnliche Liste mit. *Ch. gibbus* wird als Charakterart der Sandbodenfauna m. W. nur von RZOSKA (1936) aus dem Wigry-See angegeben.

k) Die Cladoceren-Taxozönose in Erlenbrüchen (Tab. 16)

Für die ziemlich artenarme Cladocerengemeinschaft in Erlenbrüchen sind die Arten der *Simocephalus*-Gruppe typisch. Obwohl alle untersuchten Erlenbrüche mit Seen in offener Verbindung stehen und zeitweise, vor allem im Frühjahr, von Seewasser überflutet werden, stellen sie doch keine eigentlichen Seebiotope dar. Durch die Inkonstanz der Umweltbedingungen — starke Temperatur- und Wasserstandsschwankungen, lange Eisbedeckung — stehen sie vielmehr den Kleingewässern nahe, deren Artenarmut (HERBST 1951, PROSZYNSKA 1962) sie jedoch nicht in dem Maße teilen. Als verlandete ehemalige Ufergebiete der Seen haben sie sich einen größeren Artenreichtum erhalten.

3. Über die Beziehungen der Cladoceren-Taxozönosen zu den Pflanzengesellschaften in den Seen

In der ökologischen Literatur ist das Problem der topographischen Übereinstimmung von Pflanzen- und Tiergesellschaften schon mehrfach diskutiert worden (zuletzt RABELER 1960), ohne daß eine Einigung erzielt worden wäre. Die Limnologen haben sich diese Frage noch nicht gestellt. Durch die Untersuchung der Cladocerenfauna in Pflanzenbeständen verschiedener phytozönologischer Zugehörigkeit sollte deshalb die Frage geklärt werden, ob und wie sich die in verschiedenen Pflanzenassoziationen lebenden Gemeinschaften litoraler Cladoceren unterscheiden. Dabei hat es sich herausgestellt, daß sich eine Trennung der Taxozönosen in den standortökologisch abweichenden *Potamogeton*- und *Myriophyllum*-Beständen als notwendig erweist und sich auf phytozönologischer Grundlage durchführen läßt. Die Cladocerenbestände in den semilakustrischen *Myriophyllum*-Beständen der Seerosengesellschaft unterscheiden sich deutlich von denen des Potametum lucentis: Ähnliches gilt für die in *Potamogeton*-Beständen. Am auffälligsten werden diese Beziehungen zwischen Cladoceren- und Pflanzengemeinschaft dort, wo einzelne Pflanzenarten je nach ihrem Standort verschiedenen Assoziationen zugeordnet werden. So weist beispielsweise die Cladocerenbevölkerung in *Potamogeton lucens*-Beständen, die an Standorten der Seerosengesellschaft wachsen, auffällige Unterschiede zu jenen Beständen dieser Pflanzenart auf, die dem Potametum lucentis angehören. Ähnliche Beobachtungen liegen aus Beständen von *Myriophyllum spicatum* vor. Obwohl die Cladoceren nicht die gesamte Pflanzengesellschaft gleichmäßig, sondern nur bestimmte ihr angehörende Pflanzenarten bevorzugt besiedeln, ist bei den meisten Arten

TABELLE 16

Die Cladoceren-Taxozönose in Erlenbrüchen

Artenzahl: 26

Durchschnittliche Artendichte: 8

	Fänge insges.	Anzahl der Fänge pro Häufigkeitsgrad									
		e	s	m	wz	z	sz	ma	A	D	C
Eudominanten											
Chydorus sphaericus	8	2	1	1	.	2	2	.	29	55,3	89
Simocephalus vetulus	8	1	3	1	2	.	1	.	24	20,4	89
Dominanten											
Pleuroxus trigonellus	6	1	1	3	1	.	.	.	16	6,1	67
Subdominanten											
Ceriodaphnia laticaudata	5	3	.	1	1	.	.	.	10	3,6	56
Ceriodaphnia rotunda	3	1	1	.	1	.	.	.	7	2,8	33
Graptoleberis testudinaria	4	2	1	1	.	.	.	.	7	1,8	44
Rezedenten											
Acroperus harpae	5	3	2	.	.	.	.	.	7	1,5	56
Kurzia latissima	2	1	.	1	.	.	.	.	4	1,5	22
Pleuroxus laevis	3	1	1	1	.	.	.	.	6	1,3	33
Peracantha truncata	3	2	.	1	.	.	.	.	5	1,1	33
Camptocercus lilljeborgii	2	1	1	.	.	.	.	.	3	0,9	11
Lathonura rectirostris	4	3	1	.	.	.	.	.	5	0,8	44
Subrezedenten											
Alonella excisa	4	3	1	.	.	.	.	.	5	0,6	44
Alona costata	1	.	.	1	.	.	.	.	3	0,4	11
Eurycercus lamellatus	3	3	.	.	.	.	.	.	3	0,3	33
Alona affinis	3	3	.	.	.	.	.	.	3	0,3	33
Scapholeberis mucronata	2	1	1	.	.	.	.	.	3	0,3	22
Alona quadrangularis	2	2	.	.	.	.	.	.	2	0,3	22
Sida crystallina	2	2	.	.	.	.	.	.	2	0,2	22
Ceriodaphnia megops	1	1	.	.	.	.	.	.	1	0,2	11
Ceriodaphnia quadrangula	1	1	.	.	.	.	.	.	1	0,2	11
Alona guttata	1	1	.	.	.	.	.	.	1	0,2	11
Alonella exigua	1	1	.	.	.	.	.	.	1	0,2	11
Alona tenuicaudis	1	1	.	.	.	.	.	.	1	0,1	11
Daphnia pulex	1	1	.	.	.	.	.	.	1	0,1	11
Alonella nana	1	1	.	.	.	.	.	.	1	0,1	11

die Bindung an die Pflanzenassoziation stärker als an die einzelne Pflanzenart. Das führt dazu, daß viele für *Myriophyllum*-Bestände der Seerosengesellschaft typische Cladoceren *Potamogeton natans* und *Nymphaea* stärker besiedeln als *Myriophyllum*-Bestände des Potametum lucentis. In *Potamogeton*- und *Myriophyllum*-Beständen des Potametum lucentis herrschen jedoch nicht so große Übereinstimmungen. Anderseits gibt es einige Cladoceren-Arten, die stärker an bestimmte Pflanzenarten bzw. -Gattungen gebunden sind, wie *Alonopsis elongata, Polyphemus pediculus* und *Camptocercus lilljeborgii* an *Potamogeton* und *Graptoleberis testudinaria, Eurycercus lamellatus* und *Chydorus globosus* an *Myriophyllum*.

G. Zusammenfassung

1. Von September 1959 bis August 1962 wurden in 9 Seen im Gebiet des Stechlinsees rund 200000 Cladoceren gesammelt. 10 litorale Taxotope, von denen 7 dem Phytal und 3 dem Sedimental angehören, wurden vergleichend auf ihren Cladocerenbestand untersucht.

2. Die Faunenliste umfaßt einschließlich der nicht näher untersuchten auf das Pelagial beschränkten Formen 61 Arten und 5 Formen (außer den zyklomorphen *Daphnia*- und *Bosmina*-Ökotypen), davon 53 Arten allein in dem 4,3 km² großen Stechlinsee.

3. Hinsichtlich ihres phänologischen Verhaltens ist die Cladocerenfauna der untersuchten Seen, besonders des Stechlinsees, durch das lange Ausharren im Herbst und durch die Vielzahl überwinternder Arten (insgesamt 13) ausgezeichnet.

4. Nach dem Zeitpunkt ihres Erscheinens im Frühjahr lassen sich prävernale, vernale und postvernale Arten unterscheiden.

5. Die Mehrzahl der Cladoceren des Arbeitsgebietes ist streng monozyklisch mit einer vollständigen Geschlechtsperiode im Herbst. Einige Formen neigen zur Azyklie: *Bosmina coregoni*, *Chydorus sphaericus* und *Alonella nana*. Reste einer Sommersexualität wurden für *Simocephalus vetulus* im Nehmitzsee, für *Graptoleberis testudinaria* im Gerlinsee und für *Camptocercus rectirostris* im Stechlinsee nachgewiesen. Die Vermutung Keilhacks (1911a), daß die Chydoriden Norddeutschlands „sich in ihrer Fortpflanzungsweise weniger weit von dem ursprünglichen“ Verhalten ihrer nordeuropäischen Artgenossen entfernt haben als die Bewohner der mitteldeutschen Gewässer, d. h. eine stärker ausgeprägte Sommersexualität besitzen sollen, muß endgültig fallen gelassen werden.

6. Der zeitliche Ablauf und die Stärke des herbstlichen Monozyklus sind abhängig von der Vegetationsentwicklung und von dem Gang der Temperatur. Auf die ausgeprägten jahreszeitlichen Schwankungen der Dichte und Ausdehnung der Pflanzenbestände und dem zeitigeren Abfall der herbstlichen Wassertemperaturen in den kleineren Seen und an den semilakustrischen Standorten der großen Seen reagieren die Cladoceren durch früheren Beginn und stärkeres Hervortreten der Gamogenese sowie durch früheres Absterben der Populationen.

7. Die autökologischen Verhältnisse der einzelnen Arten werden eingehend dargestellt und diskutiert.

8. Die Cladocerenfauna der untersuchten Seen läßt sich nach dem Grad und nach der Art der standortökologischen Bindungen in folgende Gruppen gliedern:

a) eulimnetische Formen,
b) phytophile Formen
c) Formen, die sowohl in dichter Vegetation wie über unbewachsenem Untergrund vorkommen, jedoch keine Ubiquisten sind,
d) lasiophile Formen,
e) Bodenformen ohne spezifische Bindung an eine bestimmte Sedimentfazies,
f) iliophile Formen,
g) iliobionte Formen,
h) psammophile Formen,
i) psammobionte Formen,
k) Ubiquisten.

9. Die litoralen Cladoceren besitzen ein sehr verwobenes „Umweltmuster", das nicht allein durch das Vorkommen bestimmter Pflanzenarten, sondern erst durch den infolge des Zusammenspieles abiotischer und biotischer Faktoren vielfältig strukturierten Standortkomplex gegeben ist.

10. Nach der unterschiedlichen Besiedelung mit Cladoceren werden lakustrische und semilakustrische Standorte unterschieden. Diese lassen sich phytozönologisch als die Verbreitungsschwerpunkte zweier wichtiger Verlandungsgesellschaften, des Potametum lucentis und des Myriophyllo-Nupharetum charakterisieren.

11. Für das Verständnis der unterschiedlichen Standortbindung der litoralen Cladoceren sind weniger funktionell-morphologische Merkmale als vielmehr Elemente des Aktionssystems (Art des Nahrungserwerbes und Grad der Substratbindung) geeignet.

12. Die litoralen Cladoceren gliedern sich nach dem Standortstyp in Bodenformen, semilakustrische Formen und lakustrische Formen. Nach dem Lebensweisetyp lassen sie sich in Detritusfresser, Substratfiltrierer und Geschwebefiltrierer einteilen.

13. Die Cladocerenfauna des oligotrophen Stechlinsees ist durch ein teilweise zahlreiches Vorkommen nordischer Elemente ausgezeichnet.

14. Die Zusammensetzung der Cladoceren-Bevölkerung gestattet wichtige Rückschlüsse auf den Gang der Verlandung eines Sees. In großen und tiefen Seen mit wenig fortgeschrittener Verlandung sind die lakustrischen Arten relativ zahlreicher, während in kleinen und flachen weiherartigen Seen mit ausgedehnter Verlandung semilakustrische Arten überwiegen.

15. Das Seenlitoral weist eine reiche Gliederung in einzelne Cladoceren-Taxozönosen auf. Die Taxozönosen wurden nach Artenkombinationen beschrieben und abgegrenzt. Leitformen (Arten mit hoher zönologischer Affinität) finden sich nur in den Taxozönosen des Schlammes und des Sandes. Im Phytal ist die taxozönotische Differenzierung geringer als im Sedimental.

16. Die Schlamm- und Sandstandorte besitzen eine strukturelle Gliederung in Detritusschicht, Boden-Wasser-Kontaktschicht und Freiwasserschicht, denen spezifische Strukturgemeinschaften zugeordnet sind. Im Phytal ist die Standortstrukturierung besonders in *Myriophyllum*-Beständen ausgeprägt. Sie beschränkt sich hier auf eine Gliederung in Bewuchsschicht und Freiwasserschicht.

17. Der jahreszeitliche Massenwechsel ist am deutlichsten in *Myriophyllum*- und *Potamogeton*-Beständen. Das Sedimental, der Algenbewuchs an *Typha* und die submersen *Chara*- und *Stratiotes*-Bestände sind auch im Winter von Cladoceren besiedelt.

18. Die Siedelungsdichte der Cladoceren ist in den semilakustrischen *Myriophyllum*- und *Potamogeton*-Beständen sowie in den *Chara*-Beständen am größten, dagegen im Erlenbruch, im Bewuchs und im Röhricht am geringsten.

19. In den *Myriophyllum*- und *Potamogeton*-Beständen der baltischen Seen besteht eine topographische Übereinstimmung der Cladoceren-Taxozönosen mit den Planzenassoziationen.

H. Literatur

Anmerkung: Die mit + versehenen Titel konnten nicht im Original eingesehen werden.

BALOGH, J., 1958: Lebensgemeinschaften der Landtiere. Berlin.

BERG, K., 1929: A Faunistic and Biological Study of Danish Cladocera. Vidensk. Medd. Dansk Naturhist. Forening 88, 31—111.

BERG, K., 1931: Studies on the Genus *Daphnia* O. F. MÜLLER. Copenhagen.
— : 1933, Die Geschlechtsbestimmung und die Depression bei Cladoceren. Verh. Intern. Verein. Limnol. **6**, 314—318.
—, 1948: Biological Studies on the River Susaa. Folia Limnol. Scand. **4**, 1—318.
BIGELOW, N. K., 1928: The Ecological Distribution of Microscopic Organisms in Lake Nipigon. Univ. Toronto Studies, Publ. Ont. Fish. Res. Lab. **35**, 59—74.
BORG, F., 1935: Zur Kenntnis der Cladoceren-Gattung *Anchistropus*. Zool. Bidrag Uppsala **15**, 289—330.
+BOWKIEWICZ, J., 1925: Über einige wenig bekannte Crustaceen Polens. Trav. Soc. Sci. Vilno, Math. Nat. Kl. **2**.
—, 1926: Cladoceren-Fauna von Nordostpolen. Zool. Anz. **65**, 163—168.
BREHM, V., 1909: Charakteristik der Fauna des Lunzer Mittersees. Intern. Rev. Hydrobiol. **2**, 741—748.
—, 1917: Ergebnisse einiger im Franzensbader Moor unternommener Exkursionen. Arch. Hydrobiol. **11**, 306—323.
—, 1930: Einführung in die Limnologie. Biologische Studienbücher X. Berlin.
—, 1933: Die Cladoceren der Deutschen Limnologischen Sunda-Expedition. Arch. Hydrobiol./Suppl. **11**, 631—771.
BREHM, V. & F. RUTTNER, 1926/1927: Die Biozönosen der Lunzer Gewässer. Intern. Rev. Hydrobiol. **16/17**, 281—391.
CHODOROWSKI, A., 1959: Ecological differentiation of turbellarians in Harsz Lake. Polskie Arch. Hydrobiol. **6** (**19**), 33—73.
CZENSNY, R., 1960: Wasser-, Abwasser- und Fischereichemie. Berlin.
DEJDAR, R., 1927: Zur Biologie von *Bunops serricaudata* DADAY. Zool. Anz. **70**, 100—104.
DROST, R., 1925: Zur Entomostrakenfauna des Seeburger Sees. Z. Morphol. Ökol. Tiere **4**, 1—87.
EKMAN, S., 1904: Die Phyllopoden, Cladoceren und freischwimmenden Copepoden der nordschwedischen Hochgebirge. Ein Beitrag zur Tiergeographie, Biologie und Systematik der arktischen, nord- und mitteleuropäischen Arten. Zool. Jb. Syst. **21**, 1—170.
ENTZ, B., 1947: Qualitative and quantitative studies in the coatings of *Potamogeton perfoliatus* and *Myriophyllum spicatum* in Lake Balaton. Ann. Biol. Tihany **17**, 17—37.
ERIKSSON, S., 1935: Studien über die Fangapparate der Branchipoden nebst einigen phylogenetischen Bemerkungen. Zool. Bidrag Uppsala **15**, 23—287.
FLÖSSNER, D., 1962a: Zur Cladocerenfauna des Stechlinsee-Gebietes I. Über Morphologie und Variabilität einiger Formen und über Funde seltener Arten. Limnologica (Berlin) **1** (3), 217—229.
—, 1962b: Zur Variabilität und Synonymie von *Chydorus piger* G. O. SARS 1861 (Crustacea, Cladocera). Zool. Anz. **169**, 397—401.
—, 1963: *Scapholeberis microcephala* (LILLJEBORG, MS.) G. O. SARS 1890 und *Alona karelica* STENROOS 1897 (Crustacea, Cladocera) in Norddeutschland gefunden. Zool. Anz. **170**, 253—254.
FRANKE, H., 1925: Der Fangapparat von *Chydorus sphaericus*. Z. wiss. Zool. **125**, 271—298.
FREITAG, H., 1962: Flora und Vegetation des Stechlin-Sees (Vorläufige Mitteilung). Mitt. flor.-soz. Arbeitsgem. Stolzenau N. F. **9**, 261—264.
FREY, D. G., 1959: The Taxonomic and Phylogenetic Significance of the Head Pores of the Chydoridae (Cladocera). Intern. Rev. Hydrobiol. **44**, 27—50.
GAJL, K., 1924: Über zwei faunistische Typen aus der Umgebung von Warschau auf Grund von Untersuchungen an Phyllopoden und Copepoden (excl. Harpacticidae). Bull. Intern. Polon. Sci. Lettr. Serie B: Sci. Nat. 13—55.
GARMS, R., 1960: Biozönotische Untersuchungen an Entwässerungsgräben in Flußmarschen des Elbe-Ästuars. Arch. Hydrobiol./Suppl. **26**, 344—462.
GELDERN, H. GRAF, 1939: *Chydorus pigroides* LILLJEBORG in Deutschland gefunden. Intern. Rev. Hydrobiol. **39**, 187—190.
+GURNEY, R., 1914: The perch lake at Westwick. Transact. Norf. Norw. Nat. Sic. **10**, 23—33.
HAEMPEL, E., 1922: Zur Kenntnis einiger Alpenseen II. Der Grundlsee. Intern. Rev. Hydrobiol. **10**, 441—490.
HARNISCH, O., 1950: Vergleichende Beobachtungen zum Nahrungserwerb von *Daphnia* und *Ceriodaphnia*. Zool. Jb. Syst. **78**, 173—192.

Hartmann, O., 1915: Die Cladocerenfauna der Umgebung von Graz. Mitt. naturwiss. Ver. Steiermark **51**, 455–473.

Hartwig, W., 1897: Zur Verbreitung der niederen Crustaceen in der Provinz Brandenburg. Forschungsber. Biol. Stat. Plön **5**, 115–149.

Hauer-Eichhardt, H., 1953: Das Zooplankton in den Seen des südlichen Schwarzwalds. Arch. Hydrobiol./Suppl. **20**, 305–374.

Hellich, B., 1877: Die Cladoceren Böhmens. Arch. naturwiss. Landesdurchf. Böhmen **3**, 1–131.

Hensiek, W., 1955: Das Vorkommen der Cladoceren im Dümmer im Sommer 1952. Arch. Hydrobiol. **50**, 160–187.

Herbst, H. V., 1951: Ökologische Untersuchungen über die Crustaceenfauna südschleswigscher Kleingewässer mit besonderer Berücksichtigung der Copepoden. Arch. Hydrobiol. **45**, 413–542.

Herr, O., 1913: *Drepanothrix dentata* (Eurén) in der Oberlausitz. Arch. Hydrobiol. **8**, 419–431.

—, 1917: Die Phyllopodenfauna der preußischen Oberlausitz und der benachbarten Gebiete. Abh. naturforsch. Ges. Görlitz **28**, 1–162.

Hofsten, N. v., 1911: Zur Kenntnis der Tiefenfauna des Brienzer und Thuner Sees. Arch. Hydrobiol. **7**, 1–62, 163–229.

Hollwedel, W., 1953: Die Wasserflöhe des Saager Meeres. Beitr. Naturk. Niedersachs. **6**, 45–56, 117–128.

Imhof, O. E., 1890: Notizen über die pelagische Tierwelt der Seen in Kärnten und in der Krain. Zool. Anz. **13**, 261–263, 347–349, 372–377.

Ischreyt, G., 1933: Über *Polyphemus pediculus* L. Arch. Hydrobiol. **25**, 261–290.

—, 1942: Zur Cladocerenforschung im ostbaltischen Gebiet. Korrespondenzbl. Naturf. Ver. Riga **64**, 361–372.

Järnefelt, H., 1915: Zur Kenntnis des Vorkommens und der Biologie der Lyncodaphniden und Chydoriden in einigen Gewässern Nylands. Acta Soc. Fauna et Flora Fenn. **40**, 3–26.

Kaestner, A., 1959: Lehrbuch der Speziellen Zoologie. Teil I: Wirbellose, 4. Lief. Jena.

Keilhack, L., 1904: Die Cladocerenfauna der Krummen Lanke. Naturwiss. Wochenschr. N. F. **3**, 727–729.

—, 1905: Zur Cladocerenfauna des Madüsees in Pommern. Arch. Naturgesch. **71**, 138–162.

—, 1906: Zur Biologie des *Polyphemus pediculus*. Zool. Anz. **30**, 911–912.

—, 1908: Zur Cladocerenfauna der Mark Brandenburg. Mitt. Zool. Mus. Berlin **3**, 435–488.

—, 1909a: Phyllopoda. Die Süßwasserfauna Deutschlands. Heft 10, Jena. 112 S.

—, 1909b: Zur Bedeutung der Generationszyklen bei den Cladoceren. Intern. Rev. Hydrobiol. **2**, 238–240.

—, 1911a: Bemerkungen über die Verbreitung einiger Chydoriden innerhalb Deutschlands. Intern. Rev. Hydrobiol. **3**, 543–544.

—, 1911b: Beiträge zur Kenntnis dreier seltener Alonen aus Norddeutschland. Arch. Hydrobiol. **6**, 467–473.

König, O., 1952: Ökologie und Verhalten der Vögel des Neusiedlersee-Schilfgürtels. J. Ornithol. **93**, 207–289.

Klie, W., 1933: Die Krebstiere des Wollingster Sees. Schr. Ver. Naturk. Unterweser N. F. **6**, 31–37.

—, 1937: Die Entomostrakenfauna kalkarmer Seen Norddeutschlands mit vergleichsweiser Berücksichtigung normal kalkhaltiger Seen des gleichen Gebietes. Arch. Hydrobiol. **31**, 85–100.

Kulczynski, St., 1927: Die Pflanzenassoziationen der Pienninen. Bull. Intern. Acad. Sci. Cracovie **7–10**, 57–203.

Kuptsch, P., 1927: Die Cladoceren der Umgegend von Riga. Arch. Hydrobiol. **18**, 273–315.

Kurz, W., 1878: Über limikole Cladoceren. Z. wiss. Zool. **30**, 392–410.

Langhans, V., 1911a: Cladoceren aus dem Salzkammergut. Lotos **59**, 1–24.

—, 1911b: Der Großteich bei Hirschberg in Nordböhmen. Die Biologie der litoralen Cladoceren. Monogr. und Abh. zur Intern. Rev. Hydrobiol. **3**, 1–101.

—, 1925: Entomostraken und Teichmakrophyten. Arch. Hydrobiol. **15**, 481–493.

Lieder, U., 1957: Beiträge zur Kenntnis des Genus *Bosmina* (Crustacea, Cladocera) IV. Versuch einer Monographie der Untergattung *Eubosmina* Seligo 1900. Diss. Berlin. 247 S.

LIEDER, U., 1958: Über das Vorkommen der Gattung *Bythotrephes* (Crustacea, Cladocera) im norddeutschen Gebiet zwischen Elbe und Oder. Zool. Anz. **161**, 193–198.

LILLJEBORG, W., 1900: Cladocera Sueciae. Nova Acta reg. Soc. sci. Upsal. Ser. 3 **19**, 1–701.

LINDEMANN, E., 1917: Ein neuer Fundort für *Bunops serricaudata* (DADAY) in Gesellschaft mit *Canthocamptus trispinosus* BRADY. Arch. Hydrobiol. **11**, 606–608.

LUCKS, R., 1931: Die Cladoceren, Copepoden und Rotatorien des Mariensees. 53. Ber. Westpreuss. Bot.-Zool. Ver. Danzig, 1–71.

MÄEMETS, A., 1961: Eesti vesikirbuliste (Cladocera) ökologiast ja fenoloogiast. Hüdrobiol. nurimused **2**, 108–158.

—, 1962: Zoogeografičeskaja charakteristika fauny vetvistousych račkov (Cladocera) Estonii i rajonirovanie terretorii osnove ich raspostranenija. Inst. zool. i bot. Akad. nauk Est. SSR Gidrobiol. issled. **3**, 122–135.

MESCHKAT, A., 1934: Der Bewuchs in den Röhrichten des Plattensees. Arch. Hydrobiol. **27**, 437–517.

MEUCHE, A., 1937: Eine neue Cladocere aus ostholsteinischen Seen (*Chydorus thienemanni* n. sp.). Zool. Anz. **118**, 13–16.

—, 1939: Die Fauna im Algenbewuchs. Nach Untersuchungen im Litoral ostholsteinischer Seen. Arch. Hydrobiol. **34**, 349–520.

MICOLETZKY, H., 1912: Beiträge zur Kenntnis der Ufer- und Grundfauna einiger Seen Salzburgs sowie des Attersees. Zool. Jb. Syst. **32**, 421–444.

—, 1914: Zur Kenntnis des Faistenauer Hintersees bei Salzburg mit besonderer Berücksichtigung faunistischer und fischereilicher Verhältnisse. Intern. Rev. Hydrobiol./Suppl. **6**, 1–11.

MÖLLER, L., 1935: Stechlinsee und Sakrower See. Arch. Hydrobiol. **29**, 137–156.

MONARD, A., 1918: Sur la faune profonde du Lac de Neuchâtel. Rev. suisse Zool. **26**, 345–347.

MUCKLE, R., 1942: Beitrag zur Kenntnis der Uferfauna des Bodensees. Beitr. naturkdl. Forsch. Oberrheingeb. **7**, 1–109.

MÜLLER-LIEBENAU, I., 1956: Die Besiedelung der *Potamogeton*-Zone ostholsteinischer Seen. Arch. Hydrobiol. **52**, 470–606.

NORDQUIST, H., 1921: Studien über das Teichzooplankton. Lunds Univ. Årsskr. N. F. **17**.

OBERMAYER, H., 1922: Beiträge zur Kenntnis der Litoralfauna des Vierwaldstätter Sees. Diss. Aarau. 105 S.

OHLE, W., 1937: Kalksystematik unserer Binnengewässer und der Kalkgehalt Rügener Bäche. Geologie der Meere und Binnengew. **1**, 291–316.

PACAUD, A., 1939: Contribution à l'écologie des Cladocères. Bull. biol./Suppl. **25**, 1–260.

PASSOWICZ, K., 1938: Studien über die Ökologie des Wasserflohes *Simocephalus serrulatus*. Arch. Hydrobiol. i Ryb. **11**, 293.

PESTA, O., 1924: Hydrobiologische Studien über Ostalpenseen. Arch. Hydrobiol./Suppl. **3**, 385–596.

PONYI, E., 1957: Untersuchungen über die Crustaceen der Wasserpflanzenbestände im Plattensee. Arch. Hydrobiol. **53**, 537–551.

POPPE, S. A., 1889: Notizen zur Fauna der Süßwasserbecken des nordwestlichen Deutschland mit besonderer Berücksichtigung der Crustaceen. Abh. nat. Ver. Bremen **10**, 517–551.

POULSEN, E. M., 1928: Faunistische und biologische Untersuchungen über die Cladocerenfauna von Dänemark. Vidensk. Medd. Dansk naturhist. Foren. **86**, 203–242.

PROSZYNSKA, M., 1962: The annual cycle in occurence of Cladocera and Copepoda in small water bodies. Polskie Arch. Hydrobiol. **10(23)**, 379–422.

—, 1963: On the problem of differentiating Cladocera and Copepoda fauna in ponds and small water bodies in the light of present faunistic literature. Polskie Arch. Hydrobiol. **11(24)**, 77–96.

RABELER, W., 1960: Biozönotik auf Grundlage der Pflanzengesellschaften. Mitt. flor.-soz. Arbeitsgem. Stolzenau N. F. **8**, 311–332.

RAMMNER, W., 1940: Zum Vorkommen von *Chydorus thienemanni* MEUCHE in Deutschland. Zool. Anz. **129**, 168–170.

REDEKE, H. O. & A. P. C. DE VOS, 1933: Beiträge zur Kenntnis der Fauna niederländischer oligotropher Gewässer. Intern. Rev. Hydrobiol. **28**, 1–45.

REINSCH, F. K., 1925: Die Entomostrakenfauna in ihrer Beziehung zur Makroflora der Teiche. Arch. Hydrobiol. **15**, 253–279.

REMANE, A., 1943: Die Bedeutung der Lebensformtypen für die Ökologie. Biol. Gen. **17**, 164–182.

RYLOV, W., 1935: Das Zooplankton der Binnengewässer. Die Binnengewässer **15**. Stuttgart.

RZOSKA, J., 1936: Über die Ökologie der Bodenfauna im Seenlitoral. Arch. Hydrobiol. i Ryb. **10**.

SCHEFFELT, E., 1909: Die Copepoden und Cladoceren des südlichen Schwarzwaldes. Arch. Hydrobiol. **4**, 91–164.

SCHORLER, B. & J. THALLWITZ, 1906: Pflanzen- und Tierwelt des Moritzburger Großteiches bei Dresden. Ann. biol. lac. **1**, 193–305.

SCHULZ, H., 1961: Qualitative und quantitative Planktonuntersuchungen im Elbe-Ästuar. Arch. Hydrobiol./Suppl. **26**, 5–105.

SCHWENG, E., 1937: Beiträge zur Fischereibiologie märkischer Seen. I. Die produktionsbiologischen Verhältnisse flacher märkischer Flußseen, dargestellt auf Grund von fischereibiologischen Untersuchungen des Dämeritz-, Flaken- und Kalksees. Z. Fischerei **35**, 1–147.

SEBESTYÉN, O., 1947: Cladocera studies in Lake Balaton. I. Litoral cladocera and muddy bottom as environment. Arch. Biol. Hung. **17**, 1–16.

—, 1948: Cladocera studies in Lake Balaton. II. Litoral cladocera from the North-Eastern shores of the Tihany Peninsula. Arch. Biol. Hung. **18**, 101–116.

—, 1959: Studie über das organische Sediment im Erosionslitoral des Balatonsees. Arch. Hydrobiol. **55**, 371–391.

SMIRNOW, N. N., 1962: *Eurycercus lamellatus* (O. F. MÜLLER) (Chydoridae, Cladocera): Field observations and nutritions. Hydrobiologia (Den Haag) **20**, 280–294.

SMYLY, W. J. P., 1952: The Entomostraca of the weeds of a moorland pond. J. Animal Ecol. **21**, 1–11.

—, 1957: Distribution and seasonal abundance of Entomostraca in moorland pond of Windermere. Hydrobiologia (Den Haag) **11**, 59–72.

SPANDL, H., 1924: Die Phyllopodenfauna des mittleren und südlichen Mähren. Verh. Zool. Bot. Ges. Wien **74**, 1–37.

STENROOS, K. E., 1895: Die Cladoceren der Umgebung von Helsingfors. Acta Soc. Fauna et Flora Fenn. **11**, 1–44.

—, 1897: Zur Kenntnis der Crustaceen-Fauna von Russisch-Karelien. Acta Soc. Fauna et Flora Fenn. **15**, 1–72.

—, 1898: Das Tierleben im Nurmijärvisee. Acta Soc. Fauna et Flora Fenn. **17**, 1–260.

STEUER, A., 1901: Die Entomostrakenfauna der „Alten Donau" bei Wien. Mit Anhang: Zur Frage über Ursprung und Verbreitung der Entomostrakenfauna des Süßwassers. Zool. Jb. Syst. **15**, 1–156.

STINGELIN, TH., 1895: Die Cladoceren der Umgebung von Basel. Rev. Suisse Zool. **3**, 161–274.

STROHL, J., 1907: Zur Biologie des *Polyphemus pediculus* und die Generationszyklen bei Cladoceren. Zool. Anz. **32**, 19–25.

STROMENGER-KLEKOWSKA, Z., 1960: Cycles annuels des Cladocères dans les Étangs à poissons. Intern. Rev. Hydrobiol. **45**, 215–276.

THIENEMANN, A., 1950: Verbreitungsgeschichte der Süßwassertierwelt Europas. Die Binnengewässer **18**. Stuttgart. 809 S.

TISCHLER, W., 1955: Synökologie der Landtiere. Stuttgart.

UHLMANN, D., 1961: Über den Einfluß von Planktonorganismen auf ihr Milieu. Intern. Rev. Hydrobiol. **46**, 115–129.

WAGLER, E., 1913: Faunistische und biologische Studien an freischwimmenden Cladoceren Sachsens. Zoologica **67**, 305–366.

—, 1926: Branchiopoden, Phyllopoden. In KÜKENTHAL: Handbuch der Zoologie **3**(1), 305–398. Berlin und Leipzig.

—, 1937: Klasse: Crustacea, Krebstiere, In BROHMER: Die Tierwelt Mitteleuropas. II. Leipzig.

WAGNER, G., 1961: Temperatur und Sauerstoff im Großen Stechlinsee und im Sakrower See Eine Gegenüberstellung der Jahre 1958 und 1959. Z. Fischerei N. F. **10**, 5–19.

WEIGOLD, H., 1910: Biologische Studien an Lyncodaphniden und Chydoriden des Königreichs Sachsen. Intern. Rev. Hydrobiol./Suppl. **3**, 1–118.

WEISMANN, A., 1880: Beiträge zur Naturgeschichte der Daphnoiden. VII. Die Entstehung der zyklischen Fortpflanzung bei den Daphnoiden. Z. wiss. Zool. **33**, 110–270.

WESENBERG-LUND, C., 1939: Biologie der Süßwassertiere. Wien.

ZSCHOKKE, F., 1907: Übersicht über die Tiefenfauna des Vierwaldstätter Sees. Arch. Hydrobiol. **2**, 1–8.

—, 1911: Die Tiefenfauna der Seen Mitteleuropas. Leipzig.

Gutachten über die meteorologischen und hydrologischen Verhältnisse für das Gebiet des Großen Stechlinsees. Erstattet auf Grund der Meßergebnisse des zweiten hydrologischen Halbjahres für die Zeit vom 1. Mai 1959 bis 31. Oktober 1959. Meteorol. und hydrol. Dienst der DDR. Hauptamt für Hydrologie (Manuskript).

Anschrift des Verfassers:
Dr. rer. nat. DIETRICH FLÖSSNER
Jena-Lobeda, Alte Landstraße 3

Limnologica (Berlin)	2	1	1964	105–122

Aus der Forschungsstelle für Limnologie
der Deutschen Akademie der Wissenschaften zu Berlin, Jena-Lobeda
Direktor: Dozent Dr. habil. TH. SCHRÄDER

und der Biologischen Station Serrahn
der Deutschen Akademie der Landwirtschaftswissenschaften zu Berlin
Leiter: H. WEBER

WILFRIED SCHÖNBORN

Bodenbewohnende Testaceen aus Deutschland

I. Untersuchungen im Naturschutzgebiet Serrahn (Mecklenburg)

Mit Tafeln I–III sowie 1 Abbildung im Text

(Eingegangen am 15. März 1963)

1. Einleitung

Eine moderne systematische Bearbeitung der Bodentestaceen Deutschlands fehlt bisher. Nachdem vor allem französische und belgische Autoren seit etwa 8 Jahren eine Vielzahl bodenbewohnender Testaceen beschrieben haben, die vorzüglich an die edaphische Lebensweise angepaßt sind, wird dieser Mangel besonders spürbar. Die gründlichste Bearbeitung der bodenbewohnenden Testaceen Deutschlands ist immer noch die von VOLZ (1929).

In letzter Zeit hat es sich gezeigt, daß den Bodentestaceen eine große Bedeutung für das Verständnis der Evolution und Ökologie der Testaceen überhaupt zukommt. Während der größte Teil der in Sphagnen und Laubmoosen lebenden Arten auch im See vorkommt und im See bereits praeadaptive Merkmale für das Leben außerhalb des aquatischen Bereichs besitzt, findet man im Boden neben den in Sphagnen und Laubmoosen lebenden Testaceen auch eine Anzahl von Arten, die terribiont sind. Leider kennen wir diese Arten bisher im wesentlichen nur aus Frankreich und Belgien. Einige von ihnen wurden nur einmal oder wenige Male gefunden. In Deutschland konnte bisher nur ***Plagiopyxis callida*** als terribiont angesehen werden.

Wir müssen annehmen, daß bei den bodenbewohnenden Testaceen eine Anzahl Postadaptationen erfolgt sind, daß also neue Arten entstanden aus Formen, die aus dem See stammten. Für die Lebensräume der Sphagnen und Moose hat dies im viel geringeren Maße stattgefunden (SCHÖNBORN 1962a, 1962b).

Mit dieser Arbeit soll der Anfang einer näheren Erforschung der Bodentestaceen Deutschlands gemacht werden. Die Untersuchungen beschränken sich zunächst auf das Naturschutzgebiet Serrahn (Mecklenburg); sie sind damit gleichzeitig ein Beitrag zu der heute angestrebten Inventarisierung der Fauna von Naturschutzgebieten. Untersucht wurden Kiefern-, Birken- und Buchenwälder mineralischer Böden und Torfböden. In der zusammenfassenden Liste der von mir bisher edaphisch gefundenen Testaceen sind auch die Funde aus der Umgebung des Großen Stechlinsees (Brandenburg) berücksichtigt.

Für die Überlassung eines zeitweiligen Arbeitsplatzes in der Biologischen Station Serrahn und die Unterstützung bei der Durchführung der Untersuchung bin ich Herrn H. WEBER zu Dank verpflichtet; ebenso danke ich Herrn H. PRILL für seine Hilfe.

2. Methodik

Von den Proben wurden wässrige Suspensionen hergestellt. Bei hoher Testaceendichte genügt es, daraus mit einer Pipette die nötige Menge für den Objektträger zu entnehmen. Bei geringer Dichte wurde nach der MARTIN-LEWIN-Methode gearbeitet. Hierbei wird durch die Bodensuspension im Standzylinder Luft geleitet (mit Hilfe einer Aquarienpumpe); dicht über der Wasseroberfläche werden an Fäden mit Plastiline befestigte Deckgläschen angebracht, an welchen die emporsteigenden Bläschen die losgerissenen Testaceenschalen ablagern.

Von den Arten, die näher untersucht werden sollen, stellt man am zweckmäßigsten Dauerpräparate her. Man isoliert die betreffenden Individuen mit einer Kapillarpipette, fixiert mit 70% Alkohol (färbt mit Boraxkarmin, wenn die Schalen besetzt sind), führt sie bis zum 96% Alkohol und bettet in Euparal (GROSPIETSCH 1958) ein.

3. Liste der im Boden gefundenen Arten

In der folgenden Aufstellung sind neben den in Serrahn auch die in der Umgebung des Großen Stechlinsees (Brandenburg) gefundenen Arten enthalten.

Microchlamys patella (CLAPARÈDE & LACHMANN 1858) COCKERELL 1911
Arcella arenaria GREEFF 1896
Arcella discoides EHRENBERG 1872
Trigonopyxis arcula (LEIDY 1879) PENARD 1912
Cyclopyxis eurystoma DEFLANDRE 1929
Cyclopyxis kahli DEFLANDRE 1929
Cyclopyxis ambigua BONNET & THOMAS 1960
Centropyxis platystoma (PENARD 1890) DEFLANDRE 1929
Centropyxis elongata (PENARD 1890) THOMAS 1959
Centropyxis aërophila DEFLANDRE 1929
Centropyxis aërophila var. *sphagnicola* DEFLANDRE 1929
Centropyxis orbicularis DEFLANDRE 1929
Centropyxis serrahni sp. n.
Centropyxis sylvatica (DEFLANDRE 1929) THOMAS 1955
Centropyxis deflandriana BONNET 1959
Bullinularia indica (PENARD 1907) DEFLANDRE 1953
Bullinularia pulchella sp. n.
Proplagiopyxis nuda gen. n. sp. n.
Plagiopyxis labiata PENARD 1910
Plagiopyxis minuta BONNET 1959
Plagiopyxis penardi THOMAS 1955
Plagiopyxis declivis THOMAS 1955
Plagiopyxis callida PENARD 1910
Geoplagiopyxis declivus CHARDEZ 1960
Hyalosphenia subflava CASH 1909
Heleopera sylvatica PENARD 1890
Heleopera rosea PENARD 1890
Nebela collaris (EHRENBERG 1848) LEIDY 1879
Nebela tincta LEIDY 1879
Nebela militaris PENARD 1890
Phryganella acropodia (HERTWIG & LESSER 1874) HOPKINSON 1909
Phryganella acropodia var. *penardi* DECLOÎTRE 1955
Phryganella acropodia var. *penardi* f. *alta* f. n.
Cryptodifflugia compressa f. *angustioris* TARNOGRADSKIJ 1959
Difflugiella apiculata CASH 1904

Difflugiella sacculus var. *sakotschawi* TARNOGRADSKIJ 1959
Difflugiella oviformis (PENARD 1890) BONNET & THOMAS 1955
Difflugiella oviformis var. *fusca* (PENARD 1890)
Difflugiella oviformis var. *vulgaris* (FRANCÉ 1921) comb. n.
Pseudonebela humicola gen. n. sp. n.
Assulina muscorum GREEFF 1888
Assulina muscorum var. *stenostoma* v. n.
Assulina seminulum (EHRENBERG 1848) LEIDY 1879
Euglypha compressa CARTER 1884
Euglypha compressa f. *glabra* WAILES 1915
Euglypha laevis (EHRENBERG 1845) PERTY 1849
Euglypha rotunda WAILES & PENARD 1911
Euglypha ciliata (EHRENBERG 1848) LEIDY 1878
Tracheleuglypha dentata (VEIJDOWSKI 1882) DEFLANDRE 1928
Tracheleuglypha acolla BONNET & THOMAS 1955
Trinema lineare PENARD 1890
Trinema enchelys (EHRENBERG 1838) LEIDY 1878
Trinema complanatum PENARD 1890
Trinema complanatum var. *globulosa* CHARDEZ 1959
Trinema galeata (PENARD 1890) JUNG 1942
Trinema penardi THOMAS & CHARDEZ 1958
Corythion dubium TARANEK 1881
Corythion dubium var. *terricola* v. n.
Corythion pulchellum PENARD 1890
Corythion delamarei BONNET & THOMAS 1960
Geopyxella sylvicola BONNET & THOMAS 1955

4. Kriterien für die Autochthonie terrikoler Testaceen

Bis vor kurzem war es noch sehr fraglich, ob es Protozoen gibt, die ausschließlich im Erdboden vorkommen (vgl. DOFLEIN-REICHENOW 1953, S. 332). Obwohl wir die aquatische Protozoenfauna noch längst nicht vollständig kennen, kann es doch heute als gewiß gelten, daß es zumindest Testaceen gibt, die für den Erdboden autochthon sind.

Allerdings bilden diese nur einen geringen Prozentsatz aller im Boden vorkommenden Arten. Der beste Beweis für die Entstehung einer Art im Boden ist neben ihren adaptiven Merkmalen ihr Vorkommen ausschließlich in diesem Lebensraum. Ein solcher Beweis ist bei der Lückenhaftigkeit unserer Kenntnis der aquatischen Protozoenfauna jedoch nicht zu führen. Gerade die Untersuchungen der Testaceenfauna des Großen Stechlinsees haben gezeigt, daß ein großer Teil der Arten, die als aërophil galten, im See leben und adaptive Merkmale für diesen Lebensraum besitzen. Es gilt daher, morphologische Kriterien zu finden, die zumindest einen hohen Grad von Wahrscheinlichkeit für eine edaphische Autochthonie haben. Im folgenden soll der Versuch gemacht werden, solche Kriterien aufzustellen.

1. Kryptostomie. Die Kryptostomie ist das sicherste Merkmal für ein ausgesprochenes Bodenleben; es wurde bisher noch nie bei einer aquatischen Art beobachtet. Kryptostome Varietäten nichtkryptostomer aquatischer Arten wurden bisher nur im Boden gefunden. Die Kryptostomie ist eine Weiterentwicklung der Plagiostomie. Plagiostomie ist bei aquatischen Arten immer die Folge einer bestimmten Schalengestalt, die adaptiven Wert im See hat. Die Plagiostomie selbst hat im See meist einen indiffe-

renten Selektionswert; erst bei einem Lebensraumwechsel in trockenere Bereiche gewinnt sie positiven Wert. Bei der Kryptostomie entsteht ein Vestibulum vor dem eigentlichen Pseudostom; dies ist nur als Anpassung gegen die Austrocknungsgefahr zu erklären.

2. Plagiostomie, sofern sie nicht die Folge einer Schalenkomprimierung ist. Eine Plagiostomie ohne Komprimierung der Schale ist bisher nur aus dem edaphischen Raum bekannt. Bei den im Wasser lebenden Arten gibt es keine Gründe für eine selektive Begünstigung einer Pseudostomverkleinerung. Konsumenten verzehren in der Mehrzahl die Testaceen mit der ganzen Schale. Eine Vielzahl von aquatischen Arten ist plagiostom. In allen Fällen läßt sich ihre Plagiostomie als Begleiterscheinung und Folge einer für ihren engeren Lebensraum adaptiven Veränderung ihrer Schalengestalt verstehen. Nur eine Plagiostomie nichtkomprimierter Arten kann daher ein xeromorphes Merkmal sein.

3. Gegenüber der Stammform größere Dickschaligkeit oder extremere Plagiostomie terrikoler Varietäten. Dieses einleuchtende Kriterium konnte bisher stets bestätigt werden. Die Dickschaligkeit ist schon mehrmals als xeromorphes Merkmal angesehen worden; doch lassen sich nur in seltenen Fällen einwandfreie Unterschiede zu aquatischen Arten feststellen. Dies liegt in der Regel daran, daß relativ dickschalige Arten der Seen auch an trockeneren Standorten leben können.

Die übrigen Merkmale terrikoler Testaceen, wie Plagiostomie, Mikrostomie, Dornen- und Stachellosigkeit, seltene Ausstülpung der Pseudopodien, Neigung zur Kugelform bei in der Humusschicht lebenden und Abflachung bei in der sich zersetzenden Förna lebenden Arten, haben auch im See adaptiven Wert oder sind indifferent; sie erweisen sich lediglich als praeadaptiv für den edaphischen Lebensraum.

Für das terrestrische Leben der Protozoen scheint auch die pulsierende Vakuole von Bedeutung zu sein. Leider sind wir hierüber bei Testaceen noch sehr wenig informiert, da die meist undurchsichtigen Schalen eine Beobachtung am lebenden Objekt sehr erschweren. BIZCOK (1955) ist der Ansicht, daß Protozoen mit hochspezialisierten Vakuolen den Erdboden mit seinen veränderlichen osmotischen Verhältnissen nicht besiedeln können. Aus diesem Grunde sollen nach seiner Meinung Paramaecien im Boden fehlen. Terrikole Euglyphiden und Nebeliden, deren Protoplasma man im Leben sehr gut beobachten kann, haben sehr einfache bläschenförmige Vakuolen, meist in der Einzahl und nicht örtlich fixiert. Allerdings muß man bedenken, daß sich während der Untersuchung die Tiere auf dem Objektträger in Wasser befinden, so daß man nicht ohne weiteres auf das Verhalten im Boden schließen kann. Die Frequenz der Vakuole ist sehr langsam. Bei terribionten Centropyxiden und Plagiopyxiden habe ich nie eine Vakuole gesehen. Es ist anzunehmen, daß die Frequenz sehr stark schwankt und die Pulsationen überhaupt eingestellt werden können. Hier wären gründliche Untersuchungen wünschenswert.

Eine Anwendung der genannten drei Kriterien auf die in der Liste aufgeführten im Boden gefundenen Arten ergibt hinsichtlich ihrer Beziehungen zum Boden folgendes:

a) Mit großer Wahrscheinlichkeit autochthon für den Erdboden sind folgende Arten:

Kryptostome: *Plagiopyxis callida, Plagiopyxis penardi, Plagiopyxis declivis, Plagiopyxis minuta, Geoplagiopyxis declivus, Centropyxis serrahni.*
Plagiostome (ohne komprimierte Schale): *Bullinularia indica, Bullinularia pulchella* (diese Arten können teilweise auch etwas kryptostom sein).

Varietäten des 3. Kriteriums: *Assulina muscorum* var. *stenostoma*, *Corythion dubium* var. *terricola*, *Difflugiella oviformis* var. *vulgaris*.

b) Adaptive Merkmale der Bodentestaceen besitzen die folgenden Arten, die bisher ausschließlich im Boden (oder in Trockenmoosen) gefunden wurden, aber nicht mit den drei Kriterien faßbar sind. Es ist daher zu vermuten, daß auch sie autochthon-terribiont sind:

Cyclopyxis ambigua, *Centropyxis deflandriana*, *Hyalosphenia subflava*, *Proplagiopyxis nuda*, *Plagiopyxis labiata*, *Pseudonebela humicola*, *Tracheleuglypha acolla*, *Corythion delamarei*, *Trinema penardi*, *Trinema galeata*, *Geopyxella sylvicola*.

Die übrigen aufgefundenen Arten sind sehr wahrscheinlich nicht autochthon für den Erdboden. Die folgenden Arten kommen häufig im Boden vor, sind aber auch im See gefunden worden (SCHÖNBORN 1962a). Im See leben sie im Profundal, im Aufwuchs und vor allem in der Unterwasserförna. Aufwuchs und Unterwasserförna sind dem Erdboden raumstrukturähnlich; es können also auch in diesen Lebensstätten die gleichen Lebensformtypen existieren. Die Unterwasserförna ist auch substratgleich mit der Landförna. Es handelt sich im wesentlichen um die Arten:

Arcella arenaria, *Cyclopyxis kahli*, *Cyclopyxis eurystoma*, *Centropyxis elongata*, *Centropyxis orbicularis*, *Centropyxis aërophila*, *Centropyxis aërophila* var. *sphagnicola*, *Centropyxis sylvatica*, *Trigonopyxis arcula*, *Heleopera sylvatica*, einige *Nebela*-Arten, *Phryganella acropodia*, *Assulina muscorum*, *Trinema complanatum*, *Corythion dubium*, *Corythion pulchellum*.

Wir müssen diese Arten als ursprüngliche Lebensformtypen des Sees ansehen, die hier aber schon praeadaptiert für das Landleben waren und daher im Laufe des Postglazials den Erdboden erobern konnten. Es braucht nicht näher erörtert werden, daß diese Arten auch gleichzeitig die Trockenmoose besiedeln. Sie leben immer in den schon abgestorbenen Teilen dieser Moose, in denen es zu einem kontinuierlichen Übergang zum eigentlichen Erdboden kommt.

5. Beschreibung der neuen Arten und Varietäten und der Erstfunde für Deutschland

Centropyxis deflandriana BONNET 1959 (Tafel I, Fig. 1—2)

Beschreibung: Schale hyalin bis schwach braun, lückenlos mit Quarz belegt. Vorderer ventraler Schalenteil abgeschrägt. Die inneren Bügel des Pseudostoms sind zu einem Diaphragma mit Öffnung umgebildet, wodurch vor dem eigentlichen Plasmaraum ein Vestibulum entsteht. Das Pseudostom ist oval bis halbmondförmig. Das Protoplasma wurde nicht beobachtet. Maße: 54 μ Durchmesser, 30 μ Höhe.

Geographische Verbreitung: Frankreich (BONNET & THOMAS 1960b).

Ökologie: Im Gebiet vereinzelt im Boden eines Blaubeer-Kiefern-Moorbirkenwaldes.

Centropyxis serrahni sp. n. (Tafel I, Fig. 3—4)

Beschreibung: Schale hyalin, lückenlos mit Quarz belegt. Die Schalenform ist fast halbkuglig, nur wenig zum Pseudostom hin abgeschrägt. Das Pseudostom ist oval bis halbmondförmig. Die obere Pseudostomlippe ist vorgezogen, die untere eingebuchtet und verlängert sich weit in den Schalenraum, so daß Kryptostomie entsteht. Im

Protoplasma findet sich ein Kern mit mehreren Nukleolen. Pulsierende Vakuolen wurden nicht beobachtet. Maße: 110 bis 145 μ Durchmesser (meist 111 μ) und 50—60 μ Höhe.

Ökologie: Häufig im Blaubeer-Kiefern-Moorbirkenwald und in anderen Kiefernwäldern, die auf Torf stocken.

Cyclopyxis ambigua BONNET & THOMAS 1960 (Tafel I, Fig. 5—10)

Beschreibung: Schale halbkuglig, braun bis hyalin und bedeckt mit Quarz und Detritus, ähnlich wie bei *Trigonopyxis arcula*. Pseudostom zentral, immer unregelmäßig. Pseudostom nach innen sehr schwach oder gar nicht eingezogen. Protoplasma stark undurchsichtig. Im Kern befinden sich mehrere Nukleolen. Pulsierende Vakuolen wurden nicht beobachtet. Maße: 55—61 μ Durchmesser, 44 μ Höhe und 8—10 μ Pseudostomdurchmesser.

Geographische Verbreitung: Frankreich (BONNET & THOMAS 1960b), Belgien (CHARDEZ 1961).

Ökologie: Im untersuchten Gebiet häufig in Kiefernwäldern, die auf Torf stocken.

Systematische Stellung: Nach meiner Auffassung müßte die Art besser zur Gattung *Trigonopyxis* gestellt werden, weil das Pseudostom stets unregelmäßig ist und eine Invagination des Pseudostoms fehlt oder nur schwach ausgebildet ist. Dies sind die wichtigsten Kennzeichen der Gattung *Trigonopyxis*. Die uns bisher bekannten Arten der Gattung *Cyclopyxis* haben alle runde Pseudostome mit starker Invagination. Was BONNET & THOMAS (1960a) sicherlich zu der Einreihung in die Gattung *Cyclopyxis* bewogen hat, ist das Fehlen eines abgesetzten Randes um das Pseudostom, den wir bei den bisher bekannten *Trigonopyxis*-Arten kennen; DEFLANDRE (1953) nennt dieses Merkmal aber nicht als kennzeichnend für die Gattung *Trigonopyxis*.

Die Bewertung dieses Merkmals bleibt heute noch dem persönlichen Gutdünken des Bearbeiters vorbehalten; ich selbst halte den abgesetzten Rand nur für ein Artmerkmal und nicht für ein Gattungsmerkmal. Unter 50 untersuchten Individuen fand ich zwei, die einen teilweise ausgebildeten Rand besaßen, der dem der übrigen *Trigonopyxis*-Arten glich. Auch spricht die auffallende Übereinstimmung der Xenosomen mit denen von *Trigonopyxis arcula*, wie es auch BONNET & THOMAS betonen, für eine nähere Verwandtschaft mit dieser Art. Ferner fand ich *Cyclopyxis ambigua* fast ausschließlich mit *Trigonopyxis arcula* vergesellschaftet.

Bullinularia pulchella sp. n. (Tafel I, Fig. 11)

Beschreibung: Die Art gleicht *Bullinularia indica* bis auf die Größe. Die Schale ist braun, lückenlos mit Quarz belegt. Das Pseudostom ist ∞-förmig, umgeben von Poren. Maße: 70—72 μ Durchmesser und 45 μ Höhe. Es wurden nur leere Schalen gefunden.

Wir kennen außer dieser neu beschriebenen Form 3 Arten von *Bullinularia*: *B. indica* (PENARD 1907) DEFLANDRE 1953 (190—250 μ); *B. minor* HOOGENRAAD & DE GROOT 1948 (163 μ) und *B. gracilis* THOMAS (120—125 μ). Ob alle diese Arten berechtigt sind, wird der biometrischen Analyse vorbehalten sein. Als sichere Arten sind wohl *Bullinularia indica* und *Bullinularia gracilis* zu betrachten. Alle Arten unterscheiden sich im wesentlichen nur durch die Größe.

Ökologie: Im Boden eines Blaubeer-Kiefern-Moorbirkenwaldes.

Plagiopyxis labiata Penard 1910 (Tafel I, Fig. 12—16)

Beschreibung: Schale dunkelbraun, mit Quarz und Detritusteilchen belegt. Das große Pseudostom kann exzentrisch, aber auch fast zentral liegen. Die Form des Pseudostoms ist in der Regel nierenförmig; doch gibt es alle Übergänge bis zu einer ovalen Öffnung. Die Schale kann leicht zum Pseudostom hin abgeschrägt sein, ist aber auch oftmals gleichmäßig gewölbt. Trotz der Ähnlichkeit mit der Gattung *Centropyxis* gehört die Art zu *Plagiopyxis*, da die Befestigung des Pseudostoms an inneren lateralen Schalenteilen fehlt, wie wir es bei *Centropyxis* finden. Maße: 50—74 μ Durchmesser und 30—40 μ Höhe.

Geographische Verbreitung: Australien (Penard 1910), Frankreich (Bonnet & Thomas 1960b), Belgien (Chardez 1961), Tschechoslowakei (Bartoš 1947, Štěpánek 1952).

Ökologie: Moose, Sphagnen, Erdboden. Im Gebiet in Kiefern- und Birkenwäldern.

Plagiopyxis minuta Bonnet 1959 (Tafel II, Fig. 17—18)

Beschreibung: Schale hyalin, spärlich mit kleinen Detrituspartikeln belegt. Die Tendenz zur Kryptostomie ist gering. Die untere Lippe ist nur sehr wenig nach innen verlängert. Protoplasma wurde nicht beobachtet. Maße: 45 μ Durchmesser und 20 μ Höhe.

Geographische Verbreitung: Frankreich, Algerien (Bonnet & Thomas 1960b), Angola (Bonnet 1960b).

Ökologie: Im Gebiet in Kiefernwäldern, selten.

Plagiopyxis penardi Thomas 1955 (Tafel II, Fig. 19—20)

Beschreibung: Schale braun, mit vereinzelten Detrituspartikeln behaftet; oft ganz membranös und faltig. Pseudostomspalt relativ kurz, Pseudostomlippen sehr wenig nach innen verlängert. Protoplasma wurde nicht beobachtet. Maße: 74 μ Durchmesser und 40 μ Höhe.

Geographische Verbreitung: Frankreich (Bonnet & Thomas 1960b), Belgien (Chardez 1961).

Ökologie: Im Gebiet im Boden eines Blaubeer-Kiefern-Moorbirkenwaldes, selten.

Plagiopyxis declivis Thomas 1955 (Tafel II, Fig. 21—27)

Beschreibung: Schale hyalin, halbkuglig und lückenlos mit Quarz belegt. Am hinteren Schalenende befinden sich meist hufeisenförmig angeordnet größere Steinchen. Die untere Schalenlippe ist nach innen mäßig weit verlängert und ragt unmittelbar und gerade als Verlängerung der Ventralseite in den Schalenraum hinein. Die Ventralseite ist membranös, nicht mit Steinchen belegt. In diesem Merkmal und dem halbkreisförmigen Steinchenbelag am hinteren Schalenteil weichen die hier gefundenen Individuen von den aus Frankreich beschriebenen ab. Das Protoplasma ist rotbraun und sehr undurchsichtig. Es füllt den Schalenraum meist nicht völlig aus. Der Kern liegt im hinteren Plasmabereich. Er besitzt sehr kleine und viele Nukleolen. Als Ruhestadien werden Zysten und Abkapselungen durch ein inneres häutiges Diaphragma beobachtet. In beiden Fällen kann das Pseudostom durch Detritus verstopft werden. Maße: 50—70 μ Durchmesser und 30—45 μ Höhe.

Geographische Verbreitung: Frankreich (BONNET & THOMAS 1960b), Belgien (CHARDEZ 1961), Angola (BONNET 1960b), Ungarn (ERTL 1960).

Ökologie: Die Art kommt im Erdboden und in Moosen vor. Im Gebiet wurde sie sehr häufig in Kiefernwäldern gefunden, die auf Torf stocken.

Geoplagiopyxis declivus CHARDEZ 1960 (Tafel II, Fig. 28—29)

Beschreibung: Schale hyalin, lückenlos mit Quarz belegt. Die von CHARDEZ beschriebenen Exemplare waren in Vorderansicht rund, die hier gefundenen sind länglich-oval. Die untere Pseudostomlippe greift im Gegensatz zu *Plagiopyxis* über die obere. Der Mundspalt ist gerade und sehr schwer sichtbar. Das Protoplasma wurde nicht beobachtet. Maße: 87 μ Länge, 45 μ Breite und 30 μ Höhe.

Geographische Verbreitung: Belgien (CHARDEZ 1960a).

Ökologie: Es wurden zwei leere Schalen im mineralischen Boden eines Kiefernwaldes gefunden.

Proplagiopyxis nuda gen. n. sp. n. (Tafel II, Fig. 30—31)

Diagnose der Gattung: Schalenform *Centropyxis*-ähnlich, aber mit sehr geringer Abschrägung zum Pseudostom hin. Pseudostom exzentrisch, rund und ohne Invagination.

Beschreibung der einzigen Art: Schale braun, halbkuglig, zum Pseudostom hin nur leicht abgeschrägt. Xenosomen können völlig fehlen oder sind nur sehr spärlich vorhanden. Maße: 60 μ Durchmesser, 25 μ Höhe und 12 μ Pseudostomdurchmesser.

Ökologie: Im Gebiet wenige Exemplare im mineralischen Boden eines Kiefernwaldes.

Systematische Stellung: Die Art unterscheidet sich von *Centropyxis plagiostoma* BONNET & THOMAS durch das völlige Fehlen einer Invagination und eines Steinchenkranzes um das Pseudostom. *Proplagiopyxis nuda* läßt sich nicht mehr in die Gattung *Centropyxis* einreihen, da die Invagination des Pseudostoms ein entscheidendes Gattungsmerkmal ist. Es ist nicht ratsam, die Gattungsdiagnose in bezug auf dieses Merkmal zu erweitern.

Nähere Beziehungen ergeben sich auch zu *Plagiopyxis labiata*. Die neue Art unterscheidet sich von dieser durch das runde Pseudostom. *Plagiopyxis labiata* hat ein in der Querachse der Schale verlängertes, noch sehr variables Pseudostom. Die untere Pseudostomlippe hat sich erst sehr wenig nach innen vorgeschoben oder zeigt noch keinerlei Ansätze einer Kryptostomie. Da bei *Proplagiopyxis nuda* auch eine Plagiostomie fehlt, ist es nicht ratsam, sie zur Gattung *Plagiopyxis* zu stellen, da hier ebenfalls die Gattungsdiagnose zu sehr erweitert werden müßte. Ich habe daher für diese Art eine neue Gattung geschaffen mit dem Hinweis, daß es sich eventuell um eine „Ur-*Plagiopyxis*" handeln könnte.

Die Art steht den *plagiostoma*- und *laevigata*-ähnlichen Formen der Gattung *Centropyxis* nahe. Sie gleicht diesen Formen bis auf den Wegfall der Invagination des Pseudostoms. Bei *Centropyxis plagiostoma* BONNET & THOMAS kann die Invagination stark reduziert sein, ist aber immer noch deutlich vorhanden. Auf Grund dieser auffallenden Beziehungen zur Gattung *Centropyxis* und zur Gattung *Plagiopyxis* ergibt sich das folgende hypothetische Beziehungsschema der Arten (Abb. 1).

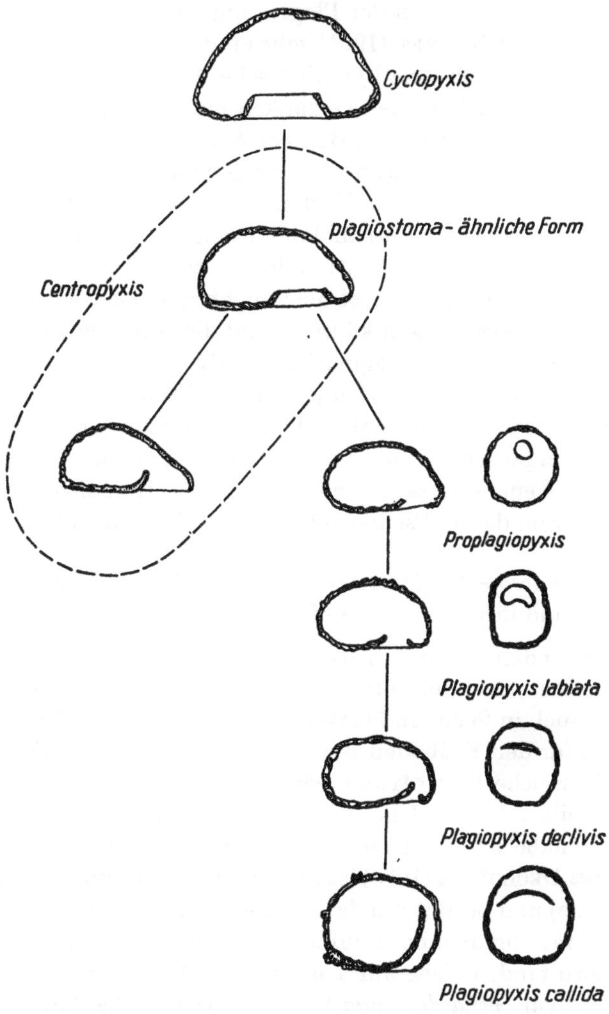

Abb. 1. Hypothetisches Beziehungsschema der Genera *Cyclopyxis*, *Centropyxis*, *Proplagiopyxis* und *Plagiopyxis*. Die orthogenetische Reihe der Pseudostomverhältnisse von der Plagiostomie bis zur extremen Kryptostomie bei *Plagiopyxis* in Anlehnung an Darstellungen von BONNET und THOMAS.

Die Gattung *Cyclopyxis*, radiär gebaut, mit zentralem rundem Pseudostom, muß als ursprünglich in diesem Verwandtschaftskreis angesehen werden. In der Weiterentwicklung nimmt das Pseudostom eine exzentrische Lage ein und führt zur Entstehung der Gattung *Centropyxis*. Als ursprüngliche Arten dieser Gattung müssen *Centropyxis minuta*, *Centropyxis laevigata* und *Centropyxis plagiostoma* angesehen werden; ihr Pseudostom ist innen noch nicht an der Schale befestigt. Bei *Centropyxis plagiostoma* ist die Invagination schon stark reduziert. Völlig reduziert ist sie bei *Proplagiopyxis*. Bei zunehmender Verlängerung des Pseudostoms in der Querachse der Schale entstehen dann Formen wie *Plagiopyxis labiata*. Innerhalb der Gattung *Plagiopyxis* lassen sich dann orthogenetische Reihen (Trends) von der Plagiostomie bis zurKryptostomie aufstellen, wie dies THOMAS (1958) und BONNET (1961) sehr eindrucksvoll dargelegt haben.

BONNET (1961) versucht auch eine hypothetische Ableitung der Plagiopyxiden von *Phryganella acropodia* und äußerte den Gedanken einer polyphyletischen Entstehung der Gattung *Plagiopyxis* (BONNET 1960a, BONNET & THOMAS 1960b). Die Pseudopodien von *Plagiopyxis*, soweit sie heute bekannt sind, zeigen allerdings neben den überwiegenden loboformen auch reticuloloboforme Merkmale, so daß BONNET & THOMAS (1960b) sie weder den Eulobosa noch den Reticulolobosa eingliedern; doch wurden sie bisher ohne Bedenken zu den Eulobosa gestellt. Wie der taxonomische Wert der reticuloloboformen Merkmale zu bemessen ist, ist noch nicht zu entscheiden. In beiden Fällen der Ableitung, die beide realisiert sein können, sind die Ausgangsformen Arten, welche keine oder nur eine sehr schwache Invagination des Pseudostoms besitzen. Die Kryptostomie in der Gattung *Centropyxis* hat sich jedoch aus Pseudostomen mit starker Invagination entwickelt. Es ist also eine analoge Erscheinung zur Kryptostomie der Plagiopyxiden, was als Konvergenzerscheinung und Anpassung an einen bestimmten Lebensraum zu verstehen ist. Genauer gesagt handelt es sich um Homoiologien, also Analogien an homologen Strukturen, da die Pseudostome beider Gattungen homolog sind.

Phryganella acropodia (HERTWIG & LESSER 1874) HOPKINSON 1909 und ihre Varietäten (Tafel III, Fig. 32—33)

Nach übereinstimmenden Ansichten ist *Phryganella acropodia* eine der häufigsten Testaceen des Erdbodens; auch im untersuchten Gebiet ist sie in allen Waldböden sehr häufig. Da sie aber auch in Seen ein Maximum hat (SCHÖNBORN 1962b), kann man sie nicht als autochthon für den Erdboden bezeichnen. Nach meinen Feststellungen ist es die Varietät *penardi*, welche DECLOÎTRE (1955) aus Guinea beschrieben und die bereits PENARD (1902) abgebildet hat, welche die Stammform an Häufigkeit weit übertrifft. Auch im Stechlinsee habe ich das gleiche Verhältnis feststellen können. *Phryganella acropodia* var. *penardi* DECLOÎTRE (1955) ist kleiner als die Stammform (20—25 μ Durchmesser, 15—16 μ Höhe) und besitzt um das Pseudostom einen Kranz kleiner Steinchen.

Neben dieser Varietät kommen noch auffallend hochgebaute Tiere vor, die ich bisher nur in Kiefernwäldern fand, welche auf Torf stehen. Diese Varietät bezeichne ich als *Phryganella acropodia* var. *penardi* f. *alta* f. n. Sie besitzt ebenfalls wie *penardi* einen Steinchenkranz um das Pseudostom. Maße: 28—31 μ Durchmesser, 50—72 μ Höhe.

Difflugiella und *Cryptodifflugia* (Tafel III, Fig. 34—39)

Die häufigste Art im Boden ist *Difflugiella oviformis* (PENARD 1890) BONNET & THOMAS 1955 (früher *Cryptodifflugia oviformis* PENARD 1890). Die Systematik dieser Art ist heute etwas verworren. Nach meinen Untersuchungen ergibt sich folgende Situation: Es gibt dünnschalige und dickschalige Individuen sowie farblose und braune. Alle Individuen besitzen einen kreisförmigen Querschnitt. Das Pseudostom ist rund, liegt zentral, selten etwas exzentrisch. Im Wasser habe ich bisher nur dünnschalige Individuen beobachtet, im Boden dünnschalige und dickschalige. Die dickschaligen Tiere können ebenfalls farblos oder braun sein. Es ist anzunehmen, daß die dickschalige Varietät autochthon für den Erdboden ist. FRANCÉ (1921) beschrieb eine Art als *Geococcus vulgaris*, die VOLZ (1929) in *Cryptodifflugia vulgaris* umbenannte. Die Diagnose der beiden

Autoren trifft auf die dickschalige Varietät zu. Ich komme daher zur folgenden systematischen Aufgliederung der Art:

Difflugiella oviformis (PENARD 1890) BONNET & THOMAS 1955
Dünnschalig und farblos. Eurytop. Im Gebiet häufig in Kiefernwaldböden (Tafel III, Fig. 34)

Difflugiella oviformis var. *fusca* (PENARD 1890)
Dünnschalig und braun. Eurytop. Im Gebiet in allen Böden.

Difflugiella oviformis var. *vulgaris* (FRANCÉ 1921) comb. nov.
Dickschalig, farblos oder braun. Bisher als terribiont zu betrachten. Sehr häufig in Waldböden (Tafel III, Fig. 35). Synonyme: *Geococcus vulgaris* FRANCÉ 1921, *Cryptodifflugia vulgaris* (FRANCÉ 1921) VOLZ 1929.

Genaue Beschreibungen des Protoplasmas finden sich bei PENARD (1890) und VOLZ (1929). Maße für die Stammform und die Varietäten: 10—25 μ Länge und 10—25 μ Durchmesser.

Neben diesen Formen fand ich im untersuchten Gebiet noch zwei andere Arten relativ häufig: *Difflugiella sacculus* var. *sakotschawi* TARNOGRADSKIJ (früher *Cryptodifflugia*) und *Cryptodifflugia compressa* f. *angustioris* TARNOGRADSKIJ 1959. Beide kommen in allen Waldböden vor. TARNOGRADSKIJ (1959) beschrieb diese Varietäten aus Sphagneten des Kaukasus.

Difflugiella sacculus var. *sakotschawi* (Tafel III, Fig. 36):
Schale gelblich, nicht komprimiert, mit vereinzelten Xenosomen. Halsbildung schwach. Plasma hyalin mit sehr großem Kern und zentralem Nukleolus. Maße: 21 μ Länge, 16 μ Breite; 8 μ Pseudostomdurchmesser.

Cryptodifflugia compressa f. *angustioris* (Tafel III, Fig. 37—39):
Schale hyalin, schmal und komprimiert. Das Pseudostom ist oval; keine Xenosomen. Das Plasma füllt im Gegensatz zu TARNOGRADSKIJS Tieren die Schale voll aus. Keine Epipodien.

Pseudonebela humicola gen. n. sp. n. (Tafel III, Fig. 40—43)

Diagnose der Gattung: Schale klein, nicht komprimiert, mit Siliziumplättchen als Idiosomen.

Beschreibung der einzigen Art: Schale hyalin, durchsichtig, bedeckt mit *Nebela*-artigen unregelmäßigen Siliziumplättchen. Schale nicht komprimiert und nur wenig zum Pseudostom hin verengt. Keine Lippenbildung. Das Pseudostom ist einfach und rund. Vereinzelt können Quarzstückchen als Xenosomen vorhanden sein. Das Protoplasma besitzt eine ähnliche Schichtung wie bei *Euglypha*. Der Kern ist groß und ist von hyalinem Plasma umgeben. Der Nukleolus liegt zentral. Unter dem Kern kommt es zu einer Konzentration verschiedener Partikel (wahrscheinlich Verdauungszone). Pulsierende Vakuolen wurden nicht beobachtet. Inaktive Stadien treten häufig auf, doch stets im Kapselstadium (mit innerem Diaphragma). Zysten wurden nie gefunden. Im Plasma der inaktiven Stadien beobachtete ich mehrmals vorgebildete Idiosomen ähnlich wie bei *Euglypha*. Maße: 27—30 μ Länge, 18 μ Breite und 7,5 μ Pseudostomdurchmesser.

Ökologie: Häufig im Boden von Birkenwäldern, die auf Torf stocken.

Systematische Stellung: Es wurden einmal Pseudopodien beobachtet. Diese waren schmal (reticulolobos) und basal verschmolzen. Anastomosen wurden nicht beobachtet. Danach muß die neue Gattung zunächst in die Unterordnung Reticulolobosa eingeordnet werden. Es ist dies die erste Gattung dieser Unterordnung, welche Idiosomen besitzt.

Euglypha compressa f. *glabra* WAILES 1915

Diese Form ist sehr gut bekannt, aber für Deutschland noch nicht erwähnt. Sie unterscheidet sich von der Stammform durch das Fehlen der Stacheln. Es sollen hier einige Bemerkungen zu ihrer Ökologie gemacht werden. Im untersuchten Gebiet tritt sie sehr häufig in Kiefernwaldböden auf. SCHÖNBORN (1962a) konnte feststellen, daß mit Abnahme des Wassergehaltes des Substrates auch die Länge der Stacheln von *Euglypha compressa* abnimmt. Danach ist also f. *glabra* der Endpunkt dieser Variationsreihe. Nach BONNET & THOMAS (1960b) soll diese Varietät in humushaltigen Böden vorkommen. Allerdings tritt sie auch in Sphagnen auf (WAILES 1915), wie ebenso Formen mit kleinen Stacheln auch im Erdboden vorkommen können. Doch ist die allgemeine Variationsrichtung sehr eindeutig.

Tracheleuglypha acolla BONNET & THOMAS 1955 (Tafel III, Fig. 44)

Beschreibung: Schale hyalin, nicht komprimiert. Das Pseudostom ist rund. Die Pseudostomschuppen sind abgerundet, nicht zugespitzt wie bei *Euglypha.* Keine Dentikulation der Schuppen. Ein schuppenloser Hals fehlt. Die Zahl der Schuppen beträgt in der Längsachse 4 bis 5, in der größten Breite 3 bis 4. Die Schuppen sind oval und auffallend groß, die Pseudostomschuppen jedoch klein und kreisförmig. Sie sind nach außen etwas gebogen. Die große Variabilität in der Beschuppung dieser Art hat CHARDEZ (1960b) gezeigt. Maße: 30 μ Länge, 21 μ Breite und 12 μ Pseudostomdurchmesser. Das Protoplasma hat den gleichen Aufbau wie bei *Tracheleuglypha dentata.*

Geographische Verbreitung: Frankreich, Algerien (BONNET & THOMAS 1960b); Belgien (CHARDEZ 1961); Angola (BONNET 1960b).

Ökologie: Vorwiegend terrikol, seltener in Moosen lebend. Im untersuchten Gebiet häufig in allen Waldböden, aber auch in Erlenbrüchen.

Assulina muscorum var. *stenostoma* v. n. (Tafel III, Fig. 45—47)

Beschreibung: Schale hyalin, durchsichtig. Idiosomen wie bei der Stammart. Schalenform sehr veränderlich, doch immer extrem kleines Pseudostom, welches noch oval sein kann, doch in der Regel rund ist. Keine überstehenden Mundschuppen. Schale in Seitenansicht längsoval oder nach einer Seite gekrümmt. Protoplasma wie bei der Stammart. Maße: 30—40 μ Länge, 20—30 μ Breite und 0,5—3 μ Pseudostomdurchmesser.

Ökologie: Häufig in Kiefern- und Birkenwaldböden.

Gattung *Trinema* (Tafel III, Fig. 48—51)

Die dominierende Form im untersuchten Gebiet ist *Trinema complanatum* var. *globulosa* CHARDEZ 1959. CHARDEZ beschrieb sie aus Belgien; Neufunde liegen nicht vor. Vereinzelt tritt auch die Stammform auf, die jedoch im Gebiet häufiger in Sphagnen verbreitet ist. Relativ häufig im Boden tritt auch *Trinema penardi* THOMAS & CHARDEZ 1958 auf, die bisher erst einmal in Deutschland gefunden wurde (PENARD 1890). Sehr vereinzelt findet man *Trinema lineare, Trinema enchelys* und *Trinema galeata* (PENARD 1890) JUNG 1942. Die letzte Art ist meines Wissens bisher noch nicht für Deutschland gemeldet.

Corythion dubium var. *terricola* v. n. (Tafel III, Fig. 52–55)

Beschreibung: Schale hyalin, durchsichtig. Idiosomen wie bei der Stammart (ovale Plättchen). Form der Schale meist breit oval, seltener nach vorn konvergierend. Pseudostom breit und lang, oftmals nur ein schmaler Spalt. Extreme Plagiostomie. Schale sehr flach und im Längsschnitt dorsal gekrümmt. Protoplasma wie bei der Stammart. Maße: 21–27 μ Länge, 12–15 μ Breite und 2–3 μ Höhe.

Ökologie: In Kiefern- und Birkenwaldböden.

Corythion delamarei BONNET & THOMAS 1960 (Tafel III, Fig. 56–57)

Beschreibung: Die Schale ist hyalin, durchsichtig. Die Idiosomen (ovale Plättchen) bedecken sich nicht lückenlos. Das Pseudostom ist eng und relativ weit ventral verlagert. Dieses Merkmal stimmt nicht für die von BONNET & THOMAS (1960a) beschriebenen Formen. Das Pseudostom ist von schwer sichtbaren runden Plättchen umgeben; BONNET & THOMAS sprechen von einem Kranz chitinisierter Zähnchen. Das Pseudostom zeigt keine Invagination. Das Protoplasma wurde nicht beobachtet. Trotz der abweichenden Merkmale rechne ich die Form zu *Corythion delamarei*. Auch ist nach den Zeichnungen der genannten Autoren das Pseudostom der hier gefundenen Formen viel enger als das der Typen. Maße: 24 μ Länge, 10 μ Breite und 5 μ Höhe, BONNET & THOMAS geben 12 μ Höhe an.

Geographische Verbreitung: Frankreich (BONNET & THOMAS 1960b).

Ökologie: Es wurden zwei leere Schalen in einem Kiefernwaldboden gefunden.

Geopyxella sylvicola BONNET & THOMAS 1955 (Tafel III, Fig. 58–59)

Beschreibung: Schale hyalin, mit Quarzstückchen belegt. Halbkuglig, ohne Invagination des Pseudostoms. Das Pseudostom liegt zentral, nur selten etwas exzentrisch. Es ist in der Regel kreisförmig, kann auch etwas unregelmäßig sein. Alle gefundenen Schalen waren leer, so daß die hinsichtlich der noch unbekannten Einordnung des Genus wichtigen plasmatischen Verhältnisse nicht untersucht werden konnten. Maße: 61 μ Durchmesser, 48 μ Höhe und 9 μ Pseudostomdurchmesser.

Geographische Verbreitung: Frankreich, Algerien (BONNET & THOMAS 1960b), Belgien (CHARDEZ 1961).

Ökologie: Terrikol, im Gebiet in Kiefernwaldböden, selten.

6. Zusammenfassung

Im Naturschutzgebiet Serrahn (Mecklenburg) wurden verschiedene Waldböden auf ihre Testaceenfauna untersucht. In die zusammenfassende Liste wurden auch die bisher in der Umgebung des Großen Stechlinsees (Brandenburg) gefundenen terrikolen Testaceen aufgenommen. Insgesamt konnten 52 Arten mit 9 Varietäten festgestellt werden. Davon sind 4 Arten, von denen 2 den Rang einer neuen Gattung erhielten, und 3 Varietäten neu für die Wissenschaft; 2 Gattungen, 9 Arten und 4 Varietäten sind Erstfunde für Deutschland.

Es wurde versucht, morphologische Kriterien für die Autochthonie terrikoler Testaceen aufzustellen.

Tafel 1

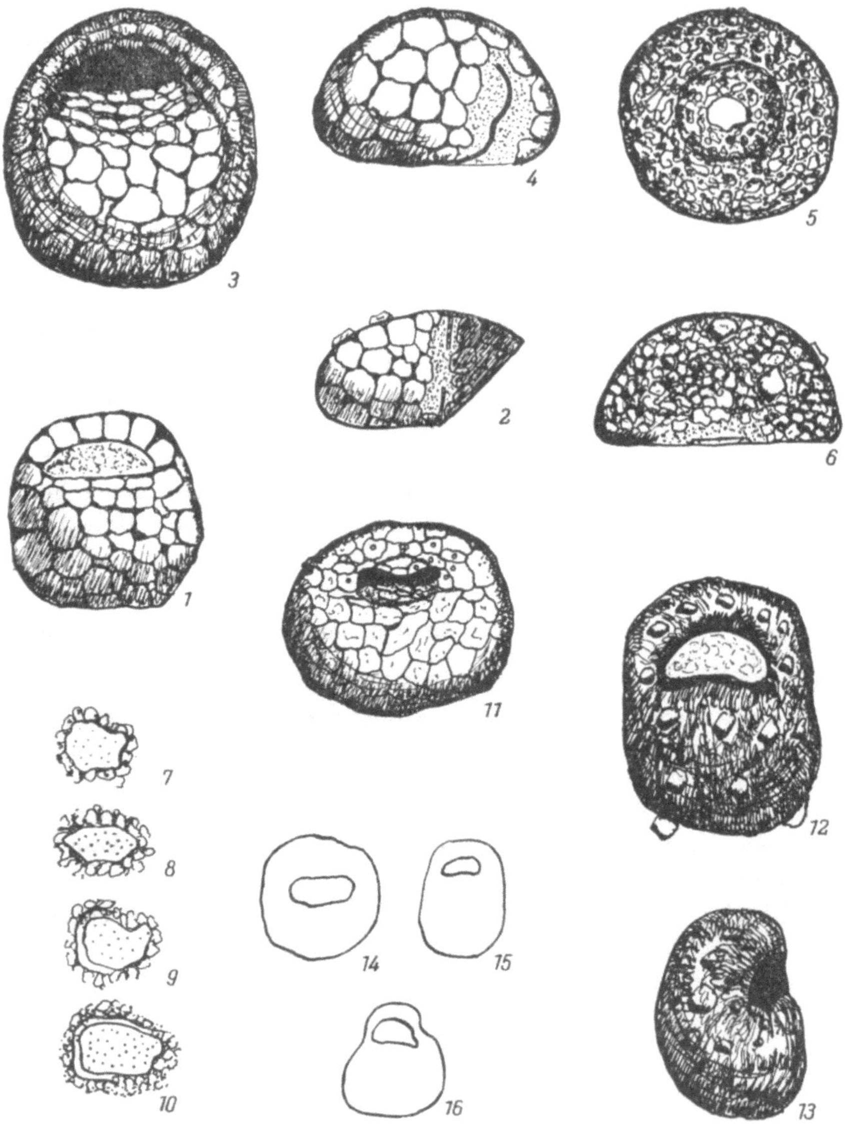

Fig. 1. *Centropyxis deflandriana*, Vorderansicht.
Fig. 2. *Centropyxis deflandriana*, Seitenansicht.
Fig. 3. *Centropyxis serrahni*, Vorderansicht.
Fig. 4. *Centropyxis serrahni*, Seitenansicht.
Fig. 5. *Cyclopyxis ambigua*, Vorderansicht.
Fig. 6. *Cyclopyxis ambigua*, Seitenansicht.
Fig. 7. *Cyclopyxis ambigua*, Pseudostom.
Fig. 8. *Cyclopyxis ambigua*, Pseudostom.
Fig. 9. *Cyclopyxis ambigua*, Pseudostom.
Fig. 10. *Cyclopyxis ambigua*, Pseudostom.
Fig. 11. *Bullinularia pulchella*.
Fig. 12. *Plagiopyxis labiata*, Vorderansicht.
Fig. 13. *Plagiopyxis labiata*, Seitenansicht.
Fig. 14. *Plagiopyxis labiata*, Variabilität der Pseudostome.
Fig. 15. *Plagiopyxis labiata*, Variabilität der Pseudostome.
Fig. 16. *Plagiopyxis labiata*, Variabilität der Pseudostome.

Tafel II

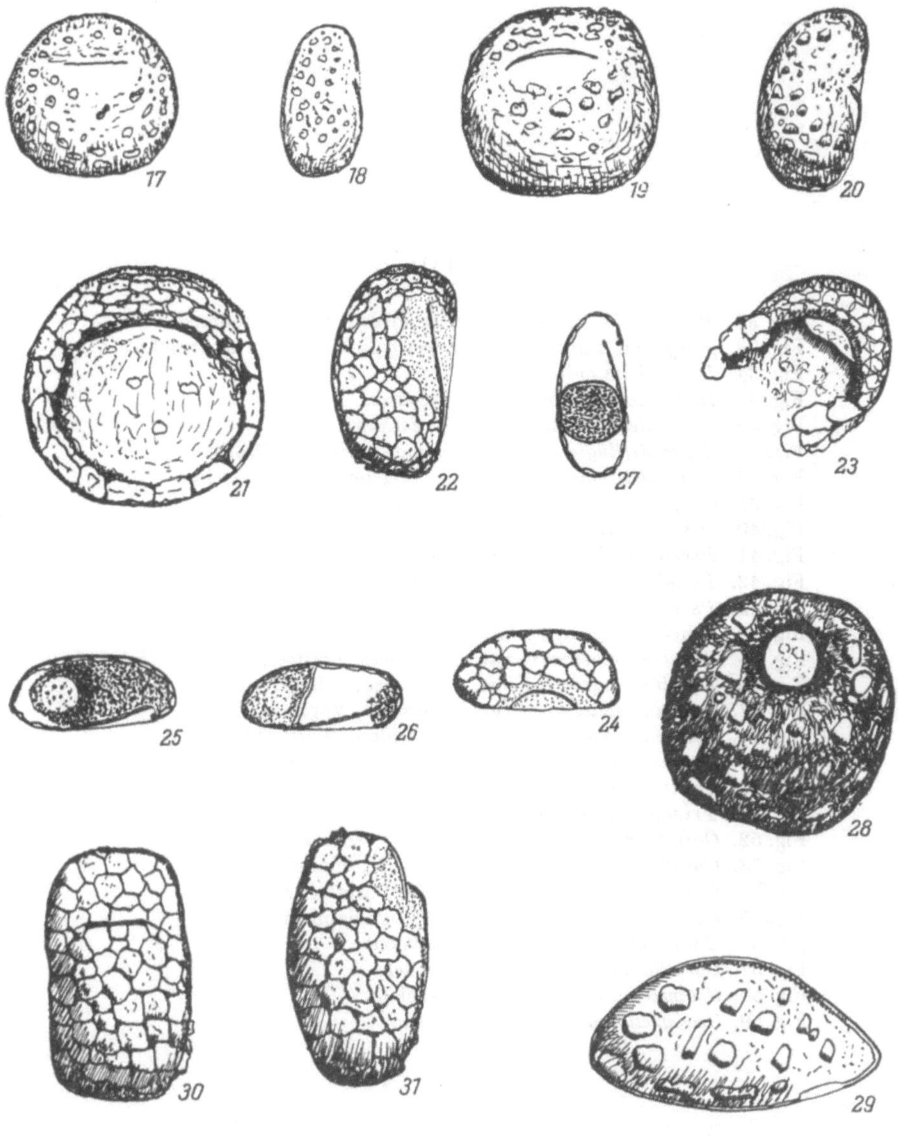

Fig. 17. *Plagiopyxis minuta*, Vorderansicht.
Fig. 18. *Plagiopyxis minuta*, Seitenansicht.
Fig. 19. *Plagiopyxis penardi*, Vorderansicht.
Fig. 20. *Plagiopyxis penardi*, Seitenansicht.
Fig. 21. *Plagiopyxis declivis*, Vorderansicht.
Fig. 22. *Plagiopyxis declivis*, Seitenansicht.
Fig. 23. *Plagiopyxis declivis*, Pseudostomansicht.
Fig. 24. *Plagiopyxis declivis*, Frontalansicht.
Fig. 25. *Plagiopyxis declivis*, Protoplasma.
Fig. 26. *Plagiopyxis declivis*, Kapselstadium.
Fig. 27. *Plagiopyxis declivis*, Zystenphase.
Fig. 28. *Proplagiopyxis nuda*, Vorderansicht.
Fig. 29. *Proplagiopyxis nuda*, Seitenansicht.
Fig. 30. *Geoplagiopyxis declivus*, Vorderansicht.
Fig. 31. *Geoplagiopyxis declivus*, Seitenansicht.

Tafel III

Fig. 32. *Phryganella acropodia* var. *penardi* f. *alta*, Seitenansicht.
Fig. 33. *Phryganella acropodia* var. *penardi* f. *alta*, Vorderansicht.
Fig. 34. *Difflugiella oviformis.*
Fig. 35. *Difflugiella oviformis* var. *vulgaris.*
Fig. 36. *Difflugiella sacculus* var. *sakotschawi.*
Fig. 37. *Cryptodifflugia compressa* f. *angustioris*, Breitseite.
Fig. 38. *Cryptodifflugia compressa* f. *angustioris*, Schmalseite.
Fig. 39. *Cryptodifflugia compressa* f. *angustioris*, Vorderansicht.
Fig. 40. *Pseudonebela humicola.*
Fig. 41. *Pseudonebela humicola*, Kapselstadium.
Fig. 42. *Pseudonebela humicola*, Protoplasma und Pseudopodien.
Fig. 43. *Pseudonebela humicola*, Pseudostomansicht.
Fig. 44. *Tracheleuglypha acolla.*
Fig. 45. *Assulina muscorum* var. *stenostoma*, Breitseite.
Fig. 46. *Assulina muscorum* var. *stenostoma*, Schmalseite.
Fig. 47. *Assulina muscorum* var. *stenostoma*, Vorderansicht.
Fig. 48. *Trinema complanatum* var. *globulosa*, Vorderansicht.
Fig. 49. *Trinema complanatum* var. *globulosa*, Seitenansicht.
Fig. 50. *Trinema penardi.*
Fig. 51. *Trinema galeata.*
Fig. 52. *Corythion dubium* var. *terricola*, Vorderansicht.
Fig. 53. *Corythion dubium* var. *terricola*, Seitenansicht.
Fig. 54. *Corythion dubium* var. *terricola*, Variabilität.
Fig. 55. *Corythion dubium* var. *terricola*, Variabilität.
Fig. 56. *Corythion delamarei*, Vorderansicht.
Fig. 57. *Corythion delamarei*, Seitenansicht.
Fig. 58. *Geopyxella sylvicola*, Vorderansicht.
Fig. 59. *Geopyxella sylvicola*, Seitenansicht.

Tafel III

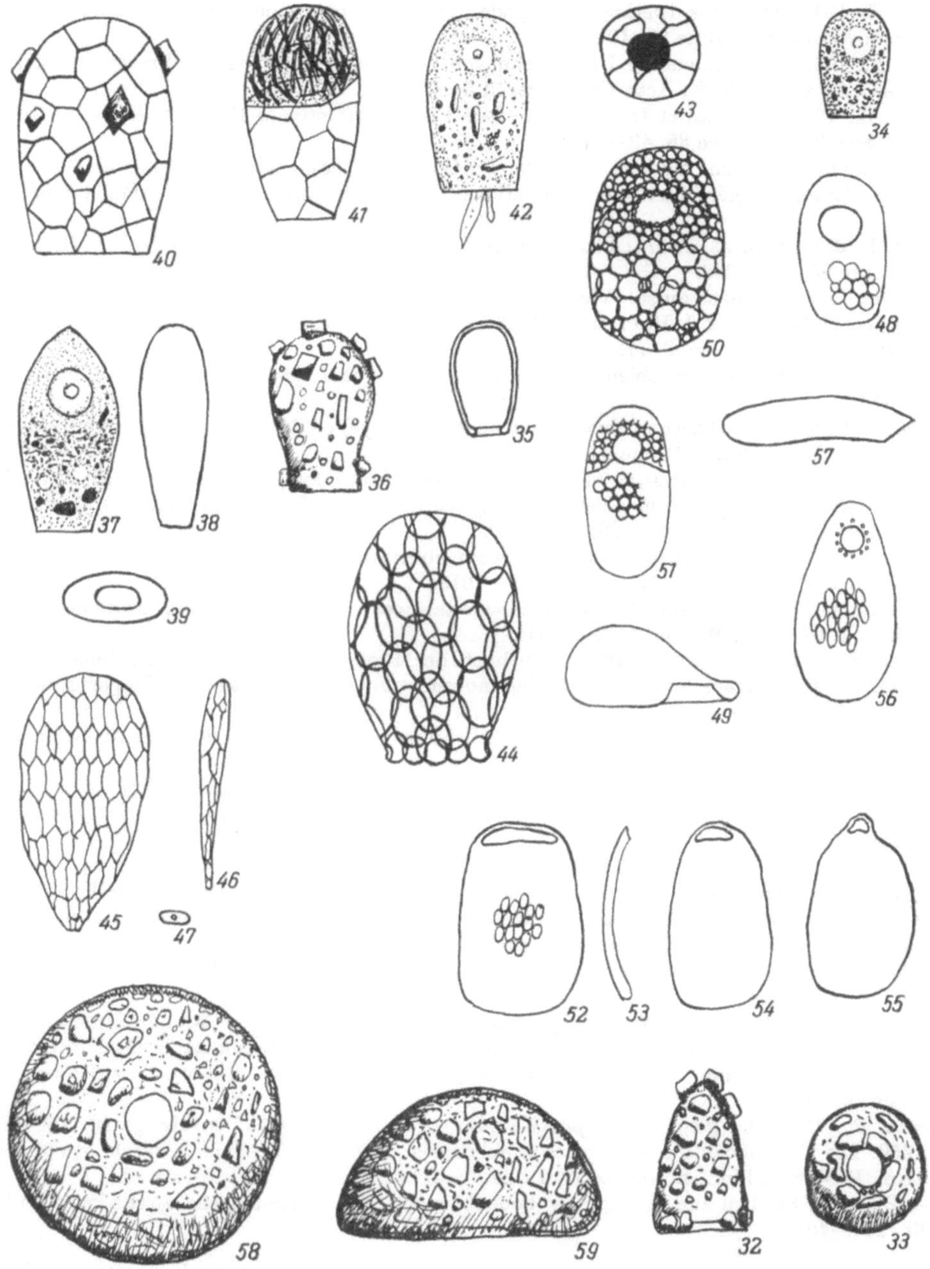
40
41
42
43
34
50
48
37
38
36
35
57
51
39
44
49
56
45
46
47
52
53
54
55
58
59
32
33

7. Literatur

BARTOŠ, E., 1947: The moss dwelling Rhizopoda of the neighbourhood of Prague. Sbornik klúby přirodovedeckeho v Brne **28**, 10 S.

BIZCOK, F., 1959: Experimentelle Untersuchungen über die Wanderung der Protozoen im Erdboden. Acta Biol. N. S., Acta Univ. Szeged **5**, 97—108.

BONNET, L., 1960a: Kystes et trophophase chez *Plagiopyxis minuta* BONNET (Thécamoebiens). Bull. Soc. Zool. France **85**, 43—52.

—, 1960b: Thécamoebiens des sols d'Angola (I). Comp. de Diamantes de Angola, 79—86.

—, 1961: Caractères généraux des populations thécamoebiennes endogées. Pedobiologia **1**, 6—24.

BONNET, L. & R. THOMAS, 1960a: Étude sur les Thécamoebiens du sol (II). Bull. Soc. Hist. Nat. Toulouse **95**, 339—349.

—, 1960b: Thécamoebiens du sol. Vie et Milieu, Suppl. **11**, 103 S.

CASH, J., G. H. WAILES & J. HOPKINSON, 1915: The British Freshwater Rhizopoda and Heliozoa. **3**, Ray Society, London, S. 41.

CHARDEZ, D., 1959: Thécamoebiens des terres de Belgique I. Hydrobiologia (Den Haag) **14**, 72—78.

—, 1960a: Note sur les Thécamoebiens d'Otrange (Hesbaye) et découverte d'un genre nouveau. Ann. Soc. Roy. Zool. Belgique **91**, 39—43.

—, 1960b: Thécamoebiens des terres de Belgique II. Hydrobiologia (Den Haag) **16**, 197—202.

—, 1961: Catalogue des Thécamoebiens de Belgique (Protozoa, Rhizopoda testacea). Bull. Inst. Agron. Sta. Rech., Gembloux **29**, 269—300.

DECLOÎTRE, L., 1955: Speologica africana. Thécamoebiens de la grotte des Singes à Ségéa (Guinée). Bull. Inst. Fr. Afr. Noire, **17**, Ser. A, 989—1019.

DEFLANDRE, G., 1953: Thécamoebiens (Rhizopoda testacea). In: P.-P. GRASSÉ, Traité de Zoologie **1**, fasc. 2, 97—148; Masson & Cie, Paris.

DOFLEIN, F. & E. REICHENOW, 1953: Lehrbuch der Protozoenkunde. Fischer, Jena. 1213 S.

ERTL, M., 1960: Beiträge zur Kenntnis der moosbewohnenden Thekamöben Ungarns. Opusc. Zool. **4**, 31—37.

FRANCÉ, R. H., 1921: Das Edaphon. Untersuchungen zur Ökologie der bodenbewohnenden Mikroorganismen. Stuttgart.

GROSPIETSCH, TH., 1958: Wechseltierchen (Rhizopoden). Franckh, Stuttgart. 80 S.

PENARD, E., 1890: Étude sur les Rhizopodes d'eau douce. Mem. Soc. Phys. Hist. Nat. Genève **31**, 2, 229 S.

—, 1902: Faune Rhizopodique du bassin de Léman. Kündig, Genève. 714 S.

—, 1910: Rhizopodes d'eau douce. In: British Antarctic Expedition 1907—1909 I, 203—260.

SCHÖNBORN, W., 1962a: Die Ökologie der Testaceen im oligotrophen See, dargestellt am Beispiel des Großen Stechlinsees. Limnologica (Berlin) **1** (2), 111—182.

—, 1962b: Zur Ökologie der sphagnikolen, bryokolen und terrikolen Testaceen. Limnologica (Berlin) **1** (3), 231—254.

ŠTĚPÁNEK, M., 1952: Měňavky a slunivky tunky na Hrádku u Kunratic. Čas. nar. Musea **121** c. 1.

TARNOGRADSKIJ, D. A., 1959: Mikroflora i mikrofauna torfjanikow Kawkaza. 8. Osokowo-sfagnowye ozera w werchow' jach reki Balkarskij Cerek (Russisch). Raboty Sew.-Kawk. gidr. stancii **6**, 91 S.

THOMAS, R., 1958: Le genre *Plagiopyxis* PENARD. Hydrobiologia (Den Haag) **10**, 198—214.

—, 1959: Les Thécamoebiens muscicoles et terricoles: Notions d'Écologie générale et comparative. P.-V. Soc. Linn. Bordeaux **97**, 1—27.

VOLZ, P., 1929: Studien zur Biologie der bodenbewohnenden Thekamöben. Arch. Protistenkde. **68**, 349—408.

Anschrift des Verfassers:
Dr. rer. nat. WILFRIED SCHÖNBORN
Jena-Lobeda, Alte Landstraße 3

Limnologica (Berlin)	2	1	1964	123–137

Aus dem Institut für Biologie
der Lettischen Akademie der Wissenschaften zu Riga

ZANDIS SPURIS

Die lettländische limnologische Literatur 1949—1962

(Eingegangen am 20. März 1963)

In der Lettischen SSR ist während der letzten Jahre recht eifrig auf dem Gebiete der Limnologie gearbeitet worden. Dementsprechend ist auch der Umfang der lettländischen limnologischen Literatur schnell angewachsen. Da die Arbeiten jedoch in Mitteleuropa und im westlichen Ausland nur ungenügend bekannt geworden sein dürften, soll an dieser Stelle eine Übersicht über die lettländische limnologische Literatur der Jahre 1949–1962 gegeben werden, der ein kurzer Überblick über die hauptsächlichen Untersuchungsrichtungen vorausgeschickt sei.

In den allerersten Jahren nach dem Zweiten Weltkrieg wurde in der Lettischen SSR nur wenig limnologisch gearbeitet. Das Jahr 1949 kann als Wendepunkt betrachtet werden, denn etwa von diesem Jahre ab ist ein ständiger Fortschritt in der limnologischen Erforschung der Binnengewässer der Lettischen SSR festzustellen. Es wurden nicht nur die wenigen Arbeiten der ersten Nachkriegsjahre beendet (Erforschung des Phytoplanktons des Flusses Daugava; faunistisch-ökologische Untersuchungen über verschiedene Wasserinsekten), sondern von jetzt an wurde auch über die Ergebnisse regelmäßig im Schrifttum berichtet (KUMSĀRE 1949, SPURIS 1950ff., KAČALOVA 1953 usw.). Vor allem aber wurde jetzt die Unentbehrlichkeit der limnologischen Forschung zugunsten der Entwicklung von Fischwirtschaft und Wasserhygiene allgemein anerkannt. Die weiteren Untersuchungen wurden daher jetzt entweder sofort eingeleitet (Erforschung des Sees Lielauce und kleiner Seen in der Umgebung von Riga u. a., vergl. KUMSĀRE 1951, SPURIS 1952, DAMBE 1958, N. SLOKA 1956) oder für nähere oder weitere Zukunft geplant.

Die Erweiterung der limnologischen Forschung wurde gesichert durch die Gründung des Instituts für Biologie im Rahmen der Lettischen Akademie der Wissenschaften zu Riga im Jahre 1951. Dieses Institut hat die Erforschung der Binnengewässer in zwei Hauptrichtungen entwickelt: 1. Allseitige Erforschung der Seen der Lettischen SSR zum Nutzen der Fischwirtschaft, 2. Erforschung größerer Flüsse im Zusammenhang mit der Abwasserfrage. Die Forschungsresultate gaben die Möglichkeit, eine Reihe von Maßnahmen für die Praxis vorzuschlagen, die jetzt verwirklicht werden. Für die limnologische Forschung unseres Landes ist es also bezeichnend, daß sie aufs engste mit den Problemen des täglichen Lebens verknüpft ist.

Das Institut für Biologie der Akademie hat auch auf dem Gebiet der Teichwirtschaft gearbeitet und sich hauptsächlich mit den Teichen beschäftigt, die mit mehr oder weniger moorigem Wasser gespeist werden. Für solche Teiche sind gewöhnlich schwach saures

Wasser sowie erhöhter Gehalt an Eisen und Humusstoffen bezeichnend. Seit einigen Jahren sind jedoch fast alle Untersuchungen an Fischteichen im Institut für Fischwirtschaft Lettlands konzentriert. Dieses Institut (früher: Lettische Abteilung des Staatsinstituts für Meeresfischerei, VNIRO) untersteht dem Volkswirtschaftsrat der Lettischen SSR und arbeitet hauptsächlich über Meeresbiologie und Meeresfischerei. Außerdem beschäftigt es sich seit längerer Zeit mit den Wanderfischen, insbesondere mit der Lachsfrage.

Es ist noch zu erwähnen, daß in den Jahren 1955/56 das Institut für Zoologie der Akademie der Wissenschaften der UdSSR (Leningrad) eine Expedition zur Untersuchung der Teichwirtschaften West-Lettlands durchgeführt hat; diese Untersuchungen erstreckten sich auf Teiche mit mehr oder weniger „normalem" (klarem, leicht alkalischem) Wasser.

An der Erforschung der Binnengewässer beteiligte sich auch der Lehrstuhl für Zoologie der Staatsuniversität Lettlands; diese Arbeiten beschäftigten sich mit einigen großen Seen, in den letzten Jahren jedoch insbesondere mit Potamobiologie.

Die Ergebnisse der Untersuchung unserer Binnengewässer erscheinen vor allem in der Schriftenreihe „Latvijas PSR iekšējo ūdeņu zivsaimniecība" bzw. „Rybnoe chozjajstvo vnutrennich vodoemov Latvijskoj SSR" („Fischwirtschaft der Binnengewässer der Lettischen SSR"). Die Reihe wird vom Institut für Biologie der Akademie herausgegeben; es erschienen bisher 7 Bände (1955, 1958, 1959, 1960, 1960, 1961, 1963). Über die Forschungsergebnisse wird auch regelmäßig in „Latvijas PSR Zinātņu akadēmijas Vēstis" („Mitteilungen der Akademie der Wissenschaften der Lettischen SSR") berichtet. Arbeiten zur Hydro-Entomologie erscheinen auch in „Latvijas Entomologs". Von dieser Schriftenreihe, die von der Lettischen Abteilung der Entomologischen Gesellschaft der UdSSR zu Riga herausgegeben wird, erschienen in den Jahren 1960 bis 1962 die ersten 6 Lieferungen. Auch das Institut für die Fischwirtschaft Lettlands veröffentlicht eine besondere Schriftenreihe, von der bisher 3 Bände erschienen sind (1953, 1957, 1961).

Die limnologische Forschung wird stark gefördert durch die schon seit einer Reihe von Jahren durchgeführten gemeinsamen hydrobiologischen Konferenzen der baltischen Sowjetrepubliken Estland, Lettland und Litauen, denen sich in den letzten Jahren auch Weißrußland und Karelien angeschlossen haben. Die erste Konferenz über die Binnengewässerforschung des Sowjetbaltikums fand 1953 in Tartu statt, die folgenden in Vilnius (1954), Riga (1955), Tartu (1956), Minsk (1957), Vilnius (1958), Petrozavodsk (1959), Tartu (1960), Riga (1961) und Minsk (1963). Sammelbände mit Vorträgen („Verhandlungen") dieser Konferenzen erschienen für die 5. Konferenz in Minsk (1959), die 7. Konferenz in Leningrad (1962), die 8. Konferenz in Tartu (1962) und für die 9. Konferenz in Riga (1963).

Die folgende Bibliographie enthält alle wichtigen Arbeiten über Limnologie im weitesten Sinne, die sich auf die Lettische SSR beziehen. Infolge der engen Bindungen zwischen Limnologie und Fischwirtschaft in der Lettischen SSR erschien es uns unzweckmäßig und auch fast unmöglich, diese beiden Zweige der Forschung künstlich zu trennen. Fortgelassen sind in der Regel die Kurzreferate von Vorträgen, sofern sie später in ausführlicher Form erschienen sind. Der Erscheinungsort ist für Arbeiten, die außerhalb Lettlands gedruckt worden, in solchen Fällen angegeben, in denen das Fehlen dieser Angabe zu Mißverständnissen führen könnte. Die Titel der Arbeiten, die nicht in einer der westeuropäischen Sprachen erschienen sind, wurden vom Referenten in die deutsche Sprache übersetzt, unter Hinzufügung des Hinweises, in welcher Sprache die Arbeit verfaßt ist und gegebenenfalls in welchen anderen Sprachen Zusammenfassungen angefügt sind.

ABAKUMOV, V., 1954: Einfluß hydrometeorologischer Faktoren auf die Intensität der Laichwanderung des Flußneunauges in den Flüssen Lettlands. Rybnoe choz. (Moskva) **30** (3), 60 (russ.).

—, 1956: Zur Frage des Fanges des Flußneunauges mittels elektrischer Unterwasserbeleuchtung. Rybnoe choz. (Moskva) **32** (1), 53–54 (russ.).

—, 1956: Über die Lebensweise des ostbaltischen Flußneunauges. Voprosy ichtiol. (Moskva) **6**, 122–128 (russ.).

ACHMEROV, A. & L. GRAPMANE, 1954: Parasitenfauna der Karpfenfische in den Teichwirtschaften der Lettischen SSR. Latvijas Lauks. akad. Raksti **3**, 271–281 (russ.).

AKATOVA, N., 1958: Entwicklung des Zooplanktons in einigen Teichen in der Lettischen SSR nach Düngung. Rybnoe choz. vnutr. vod. LSSR **2**, 109–125 (russ.).

—, 1959: Zur Fauna von Ostracoden in einigen Gewässern Lettlands. Trudy Inst. biol. Akad. nauk LSSR **12**, 207–210 (russ. mit deutsch. Zus.fass.).

ANDRUŠAITIS, G., 1960: Vermehrung und Akklimatisation der Fische in Lettland. Latv. PSR iekš. ūdeņu zivsaimn. **4**, 41–70 (lett.).

—, 1960: Akklimatisation der Peledmaräne in der lettischen SSR. Sammelband „Biol. zin. lauks. un mežsaimn." **4**, 145–146 (lett.).

—, 1961: Züchtung der Peledmaräne in Fischteichen der Lettischen SSR. Latv. PSR Zin. akad. Vēstis **1** (162), 87–92 (russ.).

—, 1961: Akklimatisation der Coregonen in den Gewässern der Lettischen SSR. Tezisy dokl. IX Konf. izuč. vod. Pribaltiki, 30–31 (russ.).

—, 1961: Physisch-geographische Charakteristik der Seen Alauksts und Inesis. Latv. Valsts univ. Zin. raksti **39** (Biol. zin.), 201–207 (lett.).

ANDRUŠAITIS, G., R. GAILE, O. KAČALOVA, A. KUMSĀRE & F. PERA, 1961: Hydrobiologische und fischereiwirtschaftliche Charakteristik von 14 Seen Südostlettlands. Rybnoe choz. vnutr. vod. LSSR **6**, 291–363 (russ.).

ANDRUŠAITIS, G. & R. LAGANOVSKA, 1959: Vermehrung und Akklimatisation der Salmoniden in der Lettischen SSR. Riga. 72 S. (lett.).

ANDRUŠAITIS, G. & F. PERA, 1960: Aussichten der fischereiwirtschaftlichen Nutzung kleiner Seen der Hügellandschaft von Latgale. Sammelband „Biol. zin. lauks. un mežsaimn." **4**, 135–136 (lett.).

ANOSOVA, L., 1956: Die thermischen Verhältnisse des Flusses Daugava. Latv. PSR Zin. akad. Vēstis **8** (109), 87–98 (russ.).

AUNIŅŠ, E., 1961: Hydrochemische Charakteristik des Einzugsgebietes des Flusses Salaca. Rybnoe choz. vnutr. vod. LSSR **6**, 379–414 (russ.).

—, 1961: Berechnung des Ionenabflusses und der Aggressivität des Wassers des Flusses Daugava. Tezisy dokl. IX Konf. izuč. vod. Pribaltiki, 89–91 (russ.).

BAUER, O. & J. STRELKOV, 1957: Erkrankungen des baltischen Junglachses bei künstlicher Züchtung. Tezisy dokl. V Konf. isuč. vod. Pribaltiki, 58–59 (russ.).

BAUER, O., L. GRAPMANE, A. USPENSKAJA & A. ČEČINA, 1956: Neue Angaben zur Epizootologie der Sanguinicolosis. Latvijas Lauks. akad. Raksti **5**, 247–249 (russ.).

BERMANE, Š., 1956: Zur Frage der physiologischen Vorbereitung einjähriger Karpfen zur Überwinterung. Latv. PSR Zin. akad. Vēstis **5** (106), 75–82 (russ. mit lett. Zus.fass.).

—, 1956: Physiologische Vorbereitung einjähriger Karpfen zur Überwinterung. Riga. 17 S. (russ.).

BERMANE, Š. & J. ŠMITS, 1961: Züchtung von Karpfen und Enten. Riga. 64 S. (lett.).

BĒRZIŅŠ, B., 1949: Zur Limnologie der Seen Südostlettlands. Schweiz. Z. Hydrologie **11** (3/4), 583–607.

BĒRZIŅŠ, B., 1949: On the biology of the Latvian Perch (*Perca fluviatilis* L.). Hydrobiologia (Den Haag) 2 (1), 64–71.

BODNIECE, V., 1961: Veränderungen im täglichen und jahreszeitlichen Ablauf der Nahrungsaufnahme und in der Zusammensetzung der Nahrung der Nutzfische im Staubecken Ķegums. Tezisy dokl. IX Konf. izuč. vod. Pribaltiki, 96–99 (russ.).

BOGDANOV, F., 1961: Zustand und Entwicklungsperspektiven der Fischwirtschaft in den Binnengewässern, die dem Rate der Volkswirtschaft der Lettischen SSR unterstellt sind. Tezisy dokl. IX Konf. isuč. vod. Pribaltiki, 167–169 (russ.).

CUKURS, T., 1960: Die Vegetation des Sees Rezna. Rybnoe choz. vnutr. vod. LSSR **5**, 151–166 (russ.).

ČEKANOVSKAJA, O., 1955: Beiträge zur Fauna der Oligochaeten des Einzugsgebietes des Flusses Daugava. Latv. PSR Zin. akad. Vēstis **6** (95), 41–45 (russ.).

ČUDOVA (POKROVSKAJA), Z., 1961: Die Rolle der Vitamine A und B_1 für die Züchtung der Junglachse. Trudy Inst. rybn. choz. Soveta nar. choz. LSSR **3**, 421–429 (russ.).

DAMBE, V., 1958: Limnologische Charakteristik kleiner Seen der Umgebung von Riga. Rybnoe choz. vnutr. vod. LSSR **2**, 293–312 (russ.).

DMITRIEV, J., 1958: Gehalt an *Azotobacter* auf Wasserpflanzen. Rybnoe choz. vnutr. vod. LSSR **2**, 79–82 (russ.).

EGLĪTE, R., 1961: The migration and spawning of Lamprey (*Lampetra fluviatilis* L.) in rivers of Latvian SSR. Latv. Valsts univ. Zin. raksti **39** (Biol. zin.), 9–28 (lett. mit russ. und engl. Zus.fass.).

—, 1962: Biologie und Fang des Flußneunauges *Lampetra fluviatilis* (L.) in den Flüssen der Lettischen SSR. Riga. 23 S. (russ.).

ERIŅŠ, A., 1961: Über die Behütung der Seen der Lettischen SSR. Latv. Lauks. akad. XVI zin. Konf., Referatu tezes **3**, 107–109 (lett. mit russ. Zus.fass.).

GAILE, R., 1961: Zooplankton der Seen der Hügellandschaft von Latgale. Tezisy dokl. IX Konf. izuč. vod. Pribaltiki, 121–122 (russ.).

GAILE, R. & I. KALININA, 1961: The growth and feeding of the young of Salmon and Brown Trout in the basin of the rivers Gauja and Salaca. Latv. Valsts univ. Zin. raksti **39** (Biol. zin.), 29–46 (lett. mit russ. und engl. Zus.fass.).

GAK, D., 1958: Einfluß der Düngung auf die Vorgänge der Erschließung des Phosphors in den Fischzuchtteichen. Rybnoe choz. vnutr. vod. LSSR **2**, 83–96 (russ.).

GALKIN, G., 1961: Survival rate and growth of young hatchery salmon (*Salmo salar* L.) from the Baltic sea during its river life. Bull. of the States Inst. of Lake and River Fisheries (Leningrad) **51**, 15–27 (russ.) und 266–267 (engl. Zus.fass.).

GAUMĪGA-ŠNEIDERE, R., 1961: Biology and morphological peculiarities of Bream (*Abramis brama* L.) in lakes Dridza and Sivers. Latv. Valsts univ. Zin. raksti **39** (Biol. zin.), 129–147 (lett. mit russ. und engl. Zus.fass.).

GOLOVKOV, G. & N. JEKATERINOSLAVSKAJA, 1955: Versuch industrieller Züchtung winterbeständiger einsömmriger Hybriden (Karpfen × Amurkarpfen) in den Teichen der Lettischen SSR. Rybnoe choz. vnutr. vod. LSSR **1**, 293–310 (russ.).

GRAPMANE, L., 1957: Untersuchung des sanitären Zustandes in den Teichwirtschaften der Lettischen SSR. Latvijas Lauks. akad. Raksti **6**, 287–293 (russ.).

—, 1962: Fischkrankheiten, ihre Vorbeugung und Behandlung in den Teichwirtschaften der Lettischen SSR. Riga. 18 S. (russ.).

GRIGORJEV, S., 1958: Versuch einer hydrobiologischen Typologie der Seen der Lettischen SSR. Rybnoe choz. vnutr. vod. LSSR **2**, 245–258 (russ.).

GUSEV, A., 1958: Einfluß der Verunreinigung mit industriellen Abwässern auf einige Gewässer des Baltischen Einzugsgebietes. Tezisy dokl. VI Konf. izuč. vod. Pribaltiki, 107–110 (russ.).

HLEBOVIČ, V., 1954: Entwicklung des Aalfanges im Einzugsgebiet des Baltischen Meeres. Latv. PSR Zin. akad. Vēstis **11** (88), 85–94 (russ.).

HMELEVA, N., 1958: Einfluß organisch-mineralischer Düngung auf die Zusammensetzung und Entwicklungsdynamik des Phytoplanktons in den Teichen der Lettischen SSR. Rybnoe choz. vnutr. vod. LSSR **2**, 97–108 (russ.).

—, 1959: Ergebnisse der Anwendung der Radiocarbon-Methode in den Teichen des Ostbaltikums. Tezisy dokl. VII Konf. izuč. vod. Pribaltiki, 56–57 (russ.).

HMELEVA, N., 1959: Einfluß von Düngemitteln auf die Zusammensetzung und Entwicklungsdynamik des Phytoplanktons in den Teichen der Lettischen SSR. Rybnoe choz. vnutr. vod. LSSR **3**, 369–376 (russ.).

—, 1961: Comparative estimations of plankton primary production in Latvian fish ponds by the oxygen- and carbon[14]-methods. Pervičnaja prod. morej i vnutr. vod. (Minsk) 209–213 (russ.).

IVANOVA, M., 1958: Die Wasserkäfer in den Fischzuchtteichen Lettlands. Rybnoe choz. vnutr. vod. LSSR **2**, 179–191 (russ.).

IVIŅA, E., 1950: Mitteilung über eine neue Schwefelbakterie aus den Schwefelgewässern von Ķemeri. Latv. PSR Zin. akad. Vēstis **10** (39), 69–70 (lett. und russ.).

—, 1953: Zusammensetzung, Morphologie und biologische Eigenschaften der Schwefelbakterien aus den Schwefelgewässern der Badeanstalten Ķemeri und Baldone. Riga. 18 S. (russ.).

IVLEV, V., 1960: Aufzucht der Jungen des Baltischen Lachses. Rybnoe choz. (Moskva) **36** (2), 12–16 (russ.).

—, 1962: Biologische Grundlagen für die Organisation der Teichwirtschaften für Mischbesatz aus Karpfen und Lachsen. Trudy sov. Ichtiol. kom. Akad. nauk SSSR (Moskva) **14**, 64–67 (russ.).

IVLEV, V. & G. GALKIN, 1959: Survival and growth of Baltic Salmon of different ages in natural conditions. Cons. Intern. Explor. Mer, Rapp. et Proc. Verb. **148**.

IVLEV, V. & I. IVLEVA, 1953: Kombinierte Züchtung der Jungen des Baltischen Lachses. Trudy Latv. otd. VNIRO **1**, 173–196 (russ.).

IVLEVA, I., 1954: Biologie der Enchytraeideen und ihre Anwendung bei der Aufzucht der Jungen des Baltischen Lachses. Moskva. 17 S. (russ.).

—, 1956: Experimentelle Festlegung täglicher Rationen und Futterquotienten für die Jungen des Baltischen Lachses. Naučno-techn. bjull. VNIORCH (Leningrad) **3/4**, 62–67 (russ.).

—, 1957: Biologische Grundlagen für die industrielle Züchtung von *Enchytraeus albidus*. Probl. gidrobiol. vnutr. vod. (Leningrad) **3**, 84–88 (russ.).

JANKOVSKAJA, A., 1959: Wassermilbenfauna der Fischzuchtteiche und einiger anderer Süßwässer Lettlands. Rybnoe choz. vnutr. vod. LSSR **3**, 199–224 (russ.).

—, 1962: Wassermilbenfauna des Leningrader Gebietes und der Lettischen SSR. Trudy VII Konf. izuč. vnutr. vod. Pribaltiki, 206–212 (russ.).

JEFIMOVA, A., 1959: Fischwirtschaftliche Schätzung einiger Seen der Lettischen SSR. Rybnoe choz. vnutr. vod. LSSR **3**, 263–303 (russ.).

JEVROPEJCEVA, N. & G. BELJAEVA, 1961: Eine experimentell-ökologische Analyse der in Teichen aufgezogenen Jungen des Hybriden Baltischer Lachs (*Salmo salar* L.) × Meerforelle (*S. trutta* L.). Tezisy dokl. IX Konf. izuč. vod. Pribaltiki 73–74 (russ.).

JEVROPEJCEVA, N. & A. ZACEPILOVA, 1957: Aufzucht der Wanderfische des Baltischen Lachses und der Meerforelle unter Teichbedingungen. Rybnoe choz. (Moskva) **33** (3), 56–61 (russ.).

JOFFE, C., 1957: Einfluß der Düngung auf die Steigerung der Futterbasis der Teiche. Probl. gidrobiol. vnutr. vod. (Leningrad) **3**, 68–72 (russ.).

JOFFE, C., N. JANDOVSKAJA, G. GALKIN, N. MOSEVIČ, N. GUSEVA, V. PROTASOVA, N. LIVŠIC & CH. LEJZERSON, 1955: Intensivierung der Aufzucht des Junglachses in Teichen mittels Steigerung der Futterbasis. Izv. VNIORCH (Leningrad) **36**, 3–93 (russ.).

JURĀNE, A. &. M. MATISONE, 1961: Steigerung des Teichertrages in den Kolchosen und Sovchosen der Lettischen SSR. Riga. 84 S. (lett.).

KAČALOVA, O., 1953: Köcherfliegen der Umgebung von Riga. Latv. PSR Zin. akad. Vēstis **7** (72), 47–73 (russ. mit lett. Zus.fass.).

—, 1955: Köcherfliegen der Seen Südostlettlands. Latv. PSR Zin, akad. Vēstis **11** (100), 75–84 (russ.).

—, 1955: Bodenfauna einiger Seen der Lettischen SSR. Rybnoe choz. vnutr. vod. LSSR **1**, 137 bis 158 (russ.).

—, 1957: Über die Larve der Köcherfliege *Rhyacophila obliterata* McL. Entomol. Obozr. **36** (1), 175–178 (russ. mit deutsch. Zus.fass.).

—, 1957: Futterbasis für die benthosfressenden Fische in den Seen Rezna, Usma, Sivers und Dridza. Sammelband „Biol. zinātne lauks. un mežs.“ **3**, 119–120 (lett.).

—, 1958: Bedeutung der Köcherfliegen für die Ernährung der Fische. Latv. PSR Zin. akad. Vēstis **2** (127), 83–96 (russ. mit lett. Zus.fass.).

KAČALOVA, O., 1958: Köcherfliegen des Systems des Flusses Venta. Rybnoe choz. vnutr. vod. LSSR **2**, 323–333 (russ.).

—, 1958: Köcherfliegen der Gewässer der Lettischen SSR und ihre Bedeutung für die Ernährung der Fische. Tezisy dokl. VI Konf. izuč. vod. Pribaltiki, 89–90 (russ.).

—, 1958: Köcherfliegen in der Bodenfauna der Seen und Fließgewässer der Lettischen SSR. Riga. 19 S. (russ.).

—, 1959: Zur Kenntnis der Köcherfliege *Apatania auricula* FORSSL. Trudy Inst. biol. Akad. nauk LSSR **20**, 199–203 (russ. mit deutsch. Zus.fass.).

—, 1959: Bodenfauna der Seen Sivers und Dridza. Rybnoe choz. vnutr. vod. LSSR **3**, 45–80 (russ.).

—, 1960: Bodenfauna des Sees Rezna und ihre Verteilung auf Biotope. Rybnoe choz. vnutr. vod. LSSR **5**, 103–122 (russ.).

—, 1960: Köcherfliegen des Sees Usma. Latv.Ent. **1**,43–52 (lett. mit russ. und deutsch. Zus.fass.).

—, 1960: Die Ernährung der Larven einiger Wasserinsekten, die als Futter für Fische dienen. Latv. PSR Zin. akad. Vēstis **6** (155), 147–152 (russ. mit lett. Zus.fass.).

—, 1961: Köcherfliegen im Unterlaufe des Flusses Daugava. Latv. Ent. **3**, 69–74 (russ. mit lett. und deutsch. Zus.fass.).

—, 1962: Benthos des Unterlaufes der Daugava. Hüdrobiol. uurimused (Tartu) **3**, 174–180 (russ. mit estn. und deutsch. Zus.fass.).

—, 1962: Entdeckung der Eintagsfliege *Prosopistoma foliaceum* FOURC, im Flusse Daugava. Latv. Ent. **6**, 44–46 (russ.).

KAČALOVA, O. & R. GAILE, 1960: Futterbasis für die Fische in den Seen der Hügellandschaft von Latgale. Sammelband „Biol. zin. lauks. un mežs." **4**, 137–138 (lett.).

KAČALOVA, O., A. KUMSĀRE & M. KUNDZIŅŠ, 1962: Die großen Seen in der Umgebung von Riga. Riga. 68 S. (lett.).

KAČALOVA, O. & R. LAGANOVSKA, 1961: Futterbasis für die Fische in den Seen der Lettischen SSR. Riga. 104 S. (lett.).

KAČALOVA, O., N. SLOKA & N. OSTROUMOV, 1955: Ernährung und trophische Beziehungen einiger Fische in den Seen der Lettischen SSR. Rybnoe choz. vnutr. vod. LSSR **1**, 27–106 (russ.).

KAČALOVA, O. & D. VADZE, 1961: Hauptkomponente des Benthos der Seen der Lettischen SSR und ihre Verteilung auf Biotope. Tezisy dokl. IX Konf. izuč. vod. Pribaltiki, 131–133 (russ.)

KAIROV, E. & Z. ČUDOVA, 1961: Der Durchgang wandernder geschlechtsreifer Lachse und Zährten durch die Fischschleuse des Wasserkraftwerkes von Kegums. Trudy Inst. rybn. choz. Soveta nar. choz. LSSR **3**, 479–493 (russ.).

KALĒJA, E., 1959: Gehalt an Vitamin B_{12} im Sapropelschlamm einiger Seen der Lettischen SSR. Latv. PSR Zin. akad. Vēstis **10** (147), 153–158 (lett. mit russ. Zus.fass.).

KASPARSONS, Ģ., 1962: Wildlebende Wasservögel auf Fischteichen. Mednieks un Makšķernieks **3** (17), 17 (lett.).

KAZLAUSKAS, R. & R. SANVAITYTE, 1962: Ephemeropterenlarven aus dem Flusse Gauja. Latv. Ent. **6**, 35–43 (russ. mit deutsch. Zus.fass.).

KĪNE, E., 1950: Schwefelquellem „Zuši" und Staiņi" bei Sigulda. Latv. PSR Zin. akad. Vēstis **9** (38), 83–96 (lett. mit russ. Zus.fass.).

KISELEV, I., 1959: Übersicht über das Phytoplankton der Fischzuchtteiche der Lettischen SSR und einige Angaben über das Phytoplankton der Teiche der Litauischen SSR. Rybnoe choz. vnutr. vod. LSSR **3**, 359–367 (russ.).

KOČIŠ, F., 1959: Verunreinigung des Flusses Lielupe durch häusliche und industrielle Abwässer. Rybnoe choz. vnutr. vod. LSSR **3**, 247–261 (russ.).

KOTOV, N., 1961: Über die Arbeit des Fischschutzdienstes der Lettischen SSR. Tezisy dokl. IX Konf. izuč. vod. Pribaltiki, 164–165 (russ.).

KOTOV, N., E. NIKANOROVA & J. NIKANOROV, 1958: Fischwirtschaftliche Untersuchung der Seen der Lettischen SSR. Rybnoe choz. vnutr. vod. LSSR **2**, 259–292 (russ.).

KOTOVA, N. 1957: Aufzucht der Junglachse mit künstlichem Futter. Trudy Latv. otd. VNIRO **2**, 283–290 (russ.).

KRISTKALNE, S., 1959: On the cultivation of *Zizania aquatica* L. in the Latvian SSR. Bot. Ž. **44** (2), 209–211 (russ.).

KUMSĀRE, A., 1949: Beitrag zur Kenntnis des Phytoplanktons im Flusse Daugava bei Riga. Latv. PSR Zin. akad. Vēstis, **9** (26), 107—125 (lett. mit russ. Zus.fass.).

—, 1951: Jahresablauf der Entwicklung des Phytoplanktons des Sees Lielauce. Latv. PSR Zin. akad. Vēstis **10** (51), 1611—1622 (lett.).

—, 1953: Phytoplankton des Unterlaufes des Flusses Daugava. Riga. 20 S. (russ.).

—, 1955: Sommerphytoplankton industrieller Seen der Lettischen SSR und dessen Entwicklungsverlauf. Rybnoe choz. vnutr. vod. LSSR **1**, 207—245 (russ.).

—, 1957: Futterbasis für die planktonfressenden Fische in industriellen Seen der Lettischen SSR. Sammelband „Biol. zin. lauks. un mežsaimn.“ **3**, 117—118 (lett.).

—, 1958: Wasserpflanzen und ihre Bedeutung. Riga. 59 S. (lett.).

—, 1958: Ergebnisse von Untersuchungen über die Verunreinigung des Unterlaufes der Flüsse Daugava und Lielupe. Tezisy dokl. VI Konf. izuč. vod. Pribaltiki, 110—111 (russ.).

—, 1959: Phytoplankton der Seen Dridza und Sivers. Rybnoe choz. vnutr. vod. LSSR **3**, 107 bis 135 (russ.).

—, 1960: Verlauf und Ergebnisse limnologischer Binnengewässerforschung in der Lettischen SSR. Latv. PSR iekš. ūdeņu zivsaimn. **4**, 5—25 (lett.).

—, 1960: Phytoplankton des Flusses Daugava im Abschnitt mit regulierter Strömung. Rybnoe choz. vnutr. vod. LSSR **5**, 225—238 (russ.).

—, 1960: Selbstreinigung der Gewässer in der Umgebung von Riga. Sammelband „Biol. zin. lauks. un mežsaimn.“ **4**, 147—148 (lett.).

—, 1961: Berechnung der Biomasse des Phytoplanktons nach dem totalen Umfang der Zellen. Tezisy dokl. IX Konf. izuč. vod. Pribaltiki, 141—142 (russ.).

—, 1961: Übersicht über die 1959—1960 durchgeführten wissenschaftlichen Untersuchungen der Binnengewässer des Sovjetbaltikums. Tezisy dokl. IX Konf. izuč. vod. Pribaltiki, 3—6 (russ.).

—, 1961: Standing crop of phytoplankton in the controlled portion of the river Daugava. Pervičnaja prod. morej i vnutr. vod. (Minsk) 122—126 (russ.).

KUMSĀRE, A. & R. GAILE, 1960: Artenzusammensetzung, Massenentfaltung und Verteilung des Zooplanktons des Sees Rezna. Rybnoe choz. vnutr. vod. LSSR **5**, 123—150 (russ.).

KUMSĀRE, A., O. KAČALOVA, F. KOČIŠ & A. STŪRIS, 1961: Ergebnisse der Untersuchung der Verunreinigung des Sees Ķīšezers durch Abwässer und Vorschläge zu dessen Reinigung. Rybnoe choz. vnutr. vod. LSSR **6**, 239—258 (russ.).

KUMSĀRE, A. & R. LAGANOVSKA, 1959: Zooplankton der Seen Sivers und Dridza. Rybnoe choz. vnutr. vod. LSSR **3**, 81—106 (russ.).

KUMSĀRE, A. & M. MATISONE, 1962: Biogener und biologischer Abfluß des Flusses Daugava. Trudy VII Konf. izuč. vnutr. vod. Pribaltiki, 156—162 (russ.).

KUMSĀRE, A. & R. SELKERE, 1955: Sommerplankton der Seen Usma und Puze. Latv. PSR Zin. akad. Vēstis **12** (101), 75—90 (lett. mit russ. Zus.fass.).

KUMSĀRE, A. & J. SLOKA, 1958: Gewässer- und Fischschutz in der Lettischen SSR. Sammelband „Schont und schützt die Natur“ (Riga), 109—118 (lett.).

KUNDZIŅŠ, M., 1958: Zur Frage der Wanderungen des Aales in den Flußmündungen. Rybnoe choz. (Moskva) **34** (3), 17—18 (russ.).

—, 1961: Bestimmung der Geschwindigkeit des Fischwachstums mit der Projektions-Methode. Latv. Valsts univ. Zin. raksti **39** (Biol. zin.), 149—151 (lett. und russ.).

—, 1961: Wachstum der Fische als eines der Kriterien bei der Aufstellung einer fischwirtschaftlichen Typologie der Seen. Tezisy dokl. IX Konf. izuč. vod. Pribaltiki, 50 (russ.).

KURSĪTIS, A., 1959: Das Problem des Sees Lubāna. Riga. 155 S. (russ.).

KUTIKOVA, L., 1958: Zooplankton der Teiche der Kolchose „Pirmrindnieks“ in der Lettischen SSR. Rybnoe choz. vnutr. vod. LSSR **2**, 127—138 (russ.).

—, 1959: Beitrag zur Kenntnis der Rädertierfauna Lettlands. Trudy Inst. biol. Akad. nauk LSSR **12**, 211—231 (russ. mit deutsch. Zus. fass.).

LABLAIKA, I., 1959: Ichthyofauna des Sees Burtnieki und ihre Rekonstruktion. Trudy V Konf. izuč. vod. Pribaltiki, 117—123 (russ.).

—, 1961: The ichthyofauna and its reconstruction in the lake Burtnieki. Latv. Valsts univ. Zin. raksti **39** (Biol. zin.), 47—111 (lett. mit russ. und engl. Zus. fass.).

—, 1962: Fische des Sees Burtnieki, ihre Biologie und ihr Fang. Riga. 16 S. (russ.).

LAGANOVSKA, R., 1957: Die Kleine Maräne [*Coregonus albula* (L.)] der Seen der Lettischen SSR und ihre Biologie. Latv. PSR Zin. akad. Vēstis **3** (116), 83–96 (lett. mit russ. Zus. fass.).

—, 1957: Akklimatisation der Coregonen in den Seen der Lettischen SSR. Sammelband „Biol. zin. lauks. un mežsaimn." **3**, 121–122 (lett.).

—, 1960: Ernährung der Kleinen Maräne in den Seen der Lettischen SSR. Rybnoe choz. vnutr. vod. LSSR **5**, 51–67 (russ.).

—, 1961: Ernährung und Nahrungsbeziehungen minderwertiger Wirtschaftsfische im See Usma. Rybnoe choz. vnutr. vod. LSSR **6**, 275–290 (russ.).

LAGANOVSKA, R. & O. KAČALOVA, 1961: Fischwirtschaftlicher Zustand der Seen an der Mündung des Flusses Gauja und die Aussichten seiner Verbesserung. Rybnoe choz. vnutr. vod. LSSR **6**, 259–274 (russ.).

LAGANOVSKA, R. & J. SLOKA, 1961: Ernährung und Wachstum der Jungen der Wirtschaftsfische in den Seen der Lettischen SSR. Tezisy dokl. IX Konf. izuč. vod. Pribaltiki, 40–41 (russ.).

LANGE, E., 1958: Untersuchungen über die Cercarien aus Süßwassermollusken im zentralen Teil der Lettischen SSR. Rīgas Pedag. inst. Raksti **10**, 137–187 (lett.).

LAPINSKAITE, J., 1958: Zur Erforschung der Bodenfauna der Teiche der Teichwirtschaft „Rīta ausma". Rybnoe choz. vnutr. vod. LSSR **2**, 139–151 (russ.).

—, 1961: Bodenfauna der Teiche von „Rīta ausma" (Lettische SSR), ihre Dynamik und Rolle in der Ernährung der Karpfen. Vilnius. 19 S. (russ.).

LINDE, E., 1958: Untersuchungen über die Mikroflora des Grundwassers von Ķemeri. Vopr. obščej i med. mikrobiol. **2**, 3–21 (russ.).

—, 1958: Untersuchungen über die Zusammensetzung sulfatreduzierender Bakterien in der Mikroflora des Grundwassers der Badeanstalt Ķemeri und ihrer Umgebung. Riga. 25 S. (russ.).

LINDE, E. & E. KALĒJA, 1960: Mikroflora der Schwefelwässer von Ķemeri und Baldone und ihre biologischen Eigenschaften. Riga. 84 S. (lett.).

LINDE, E., T. VEINBERGA & G. RUDZĪTIS, 1959: Chemische und mikrobiologische Zusammensetzung des Sapropelschlammes des Sees Kaņieris I. Latv. PSR Zin. akad. Vēstis **7** (144), 91–98 (lett. mit russ. Zus. fass.).

—, 1960: Chemische und mikrobiologische Charakteristik des Sapropelschlammes des Sees Babīte. Latv. PSR Zin. akad. Vēstis **11** (160), 121–126 (lett. mit russ. Zus. fass.).

LINDE, E. & T. VEINBERGA, 1961: Dynamik der Mikroflora im Sapropelschlamm des Sees Kaņieris II. Latv. PSR Zin. akad. Vēstis **8** (169), 91–96 (lett. mit russ. Zus. fass.).

LIŠEV, M., 1959: Über die Abweichungen im Schuppenbau bei Populationen des Baltischen Lachses verschiedener Flüsse. Tezisy dokl. VII Konf. izuč. vnutr. vod. Pribaltiki, 64–65 (russ.).

LIŠEV, M. & E. RIMŠS, 1961: Einige Gesetzmäßigkeiten in der Bestandsdynamik des Baltischen Lachses. Trudy Inst. rybn. choz. Soveta nar. choz. LSSR **3**, 5–103 (russ.).

LUKIN, E., 1958: Zur Kenntnis der Hirudineenfauna Lettlands. Trudy Inst. biol. Akad. nauk LSSR **5**, 219–223 (russ.).

LŪSIS, J. & A. REINSONE, 1960: Zustand der Teichwirtschaft der Lettischen SSR. Latv. PSR iekšējo ūdeņu zivsaimn. **4**, 71–88 (lett.).

MALIKOVA, E., 1956: Nahrungswert einiger Fischfutter-Invertebraten. Biochimija (Moskva) **21** (2), 173–181 (russ.).

—, 1957: Biochemische Zusammensetzung einiger Fischfutter-Invertebraten. Probl. gidrobiol. vnutr. vod. (Leningrad) **3**, 89–94 (russ.).

—, 1957: Biochemische Charakteristik des Junglachses. Trudy Latv. otd. VNIRO **2**, 241–255 (russ.).

—, 1957: Biochemische Zusammensetzung künstlich mit vollwertigem und avitaminösem Futter gezüchteter Junglachse. Trudy Latv. otd. VNIRO **2**, 257–281 (russ.).

—, 1961: Aufzucht der Junglachse mit künstlichem Futter KRT-3. Tezisy dokl. IX Konf. izuč. vod. Pribaltiki, 71–72 (russ.).

—, 1961: Biochemische Veränderungen im Körper wandernder geschlechtsreifer Zährten während ihres Aufstiegs durch die Fischschleuse von Ķegums. Trudy Inst. rybn. choz. Soveta nar. choz. LSSR **3**, 473–477 (russ.).

—, 1962: Biochemische Veränderungen im Körper der Junglachse während ihres Übergangs in den Zustand des Wanderfisches. Trudy VII Konf. izuč. vnutr. vod. Pribaltiki, 100–104 (russ.).

MALIKOVA, E., 1962: Über die Aufzucht der Junglachse mit künstlichem Futter KRT-3. Hüdrobiol. uurimused (Tartu) **3**, 341–343 (russ. mit estn. und deutsch. Zus. fass.).

MALIKOVA, E., S. APĪNE & R. ŠALDAJEVA, 1961: Anwendung der Vitamine als Vorbeugungs- und Arzneimittel bei Erkrankungen der Junglachse in Fischzuchtbetrieben. Trudy Inst. rybn. choz. Soveta nar. choz. LSSR **3**, 445–452 (russ.).

MALIKOVA, E., V. BEĶERIS & R. ŠALDAJEVA, 1961: Biochemische Veränderungen im Körper der Goldkarauschen während der Überwinterung. Trudy Inst. rybn. choz. Soveta nar. choz. LSSR **3**, 453–460 (russ.).

MALIKOVA, E. & N. KOTOVA, 1961: Bedeutung der Antibiotika bei der künstlichen Züchtung der Junglachse. Trudy Inst. rybn. choz. Soveta nar. choz. LSSR **3**, 431–443 (russ.).

MALIKOVA, E. & J. NIKANOROV, 1961: Über die gewichtsmäßige und chemische Zusammensetzung der Kleinen Maräne der Seen der Lettischen SSR. Trudy Inst. rybn. choz. Soveta nar. choz. LSSR **3**, 461–471 (russ.).

MATISONE, M., 1958: Über die gegenseitige Abhängigkeit der Ionenzusammensetzung im Wasser in der Mündung des Flusses Lielupe und in den küstennahen Abschnitten des Rigaer Meerbusens. Tezisy dokl. VI Konf. izuč. vod. Pribaltiki, 42 (russ.).

—, 1958: Veränderungen der hydrochemischen Verhältnisse in den Moorwasserteichen der Teichwirtschaft Jēkabpils der Lettischen SSR unter dem Einfluß komplexer Düngung. Rybnoe choz. vnutr. vod. LSSR **2**, 197–220 (russ.).

—, 1959: Hydrochemische Verhältnisse im Flusse Lielupe oberhalb der Mündung und in den küstennahen Abschnitten des Rigaer Meerbusens. Gidrochim. mat. (Moskva) **29**, 81–101 (russ.).

—, 1959: Fischteiche der Lettischen SSR und ihre Ertragssteigerung. Riga. 72 S. (lett.).

—, 1959: Einige Angaben über den Einfluß komplexer Düngung auf die chemische Zusammensetzung des Wassers der Moorwasserteiche. Trudy V Konf. izuč. vod. Pribaltiki, 220–223 (russ.).

—, 1960: Ratgeber für die Fischzüchter bei der Bestimmung der chemischen Eigenschaften des Wassers. Riga. 112 S. (lett.).

—, 1960: Ertragssteigerung der Moorwasserteiche der Lettischen SSR durch komplexe Düngung. Latv. PSR iekš. ūdeņu zivsaimn. **4**, 89–113 (lett.).

—, 1961: Biogener Abfluß des Flusses Daugava. Rybnoe choz. vnutr. vod. LSSR **6**, 365–378 (russ.).

—, 1961: Eigenschaften des Milieus während der Überwinterung einsömmriger Karpfen in Winterteichen und Überwinterungshäuschen. Rybnoe choz. vnutr. vod. LSSR **6**, 181–208 (russ.).

—, 1961: Ertragssteigerung der Moorwasserteiche der Teichwirtschaft Jēkabpils durch komplexe Düngung. Rybnoe choz. vnutr. vod. LSSR **6**, 5–34 (russ.).

—, 1961: Verbesserung der chemischen Eigenschaften des Wassers der Moorwasserteiche durch komplexe Düngung. Latv. PSR Zin. akad. Vēstis **9** (170), 81–90 (lett. mit russ. Zus. fass.).

—, 1961: Mengenmäßige Veränderungen der wichtigsten Ionen im Wasser des Unterlaufes des Flusses Lielupe in Abhängigkeit von den hydrologischen Bedingungen. Latv. PSR Zin. akad. Vēstis **12** (173), 99–104 (lett. mit russ. Zus. fass.).

—, 1961: The fish ponds primary production in the Latvian SSR. Pervičnaja prod. morej i vnutr. vod. (Minsk) 159–164 (russ.).

—, 1962: Ertragssteigerung der Moorwasserteiche der Teichwirtschaften der Lettischen SSR durch komplexe Düngung. Trudy sov. Ichthyol. kom. Akad. nauk SSSR (Moskva) **14**, 37–40 (russ.).

—, 1962: Gehalt an biogenen Stoffen im Wasser des Flusses Daugava. Hüdrobiol. uurimused (Tartu) **3**, 27–34 (russ. mit estn. und deutsch. Zus. fass.).

MATISONE, M. & I. MEŽULE, 1959: Hydrochemische Verhältnisse im Unterlauf des Flusses Daugava zwischen Koknese und Salaspils. Rybnoe choz. vnutr. vod. LSSR **3**, 225–245 (russ.).

—, 1961: Veränderung der chemischen Zusammensetzung des Wassers in den Moorwasserteichen des Fischzuchtbetriebes „Mušas" durch Düngung zwecks Ertragssteigerung. Rybnoe choz. vnutr. vod. LSSR **6**, 71–108 (russ.).

MIHELSONE, V., 1960: Saugwürmer der Wasser- und Ufervögel Lettlands. Sammelband „Latvijas putnu dzīve", 53–87 (lett. mit russ. und deutsch. Zus. fass.).

MIHELSONS, H., 1960: Vogelfauna des Sees Engure. Sammelband „Latvijas putnu dzīve", 5—44 (lett. mit russ. und deutsch. Zus. fass.).

MITĀNS, A., 1961: Verteilung, Wachstum und Ernährung der Junglachse in den Flüssen der Lettischen SSR. Tezisy dokl. IX Konf. izuč. vod. Pribaltiki, 69—70 (russ.).

MOSEVIČ, N. & A. KUMSĀRE, 1955: Gegenwärtige fischwirtschaftliche Bedeutung der Seen der Lettischen SSR und Aussichten ihrer zukünftigen fischwirtschaftlichen Ausnutzung. Rybnoe choz. vnutr. vod. LSSR **1**, 5—16 (russ.).

MOSEVIČ, N. & F. PERA, 1955: Zur Frage der Bedingungen der Überwinterung einsömmriger Karpfen in den Teichwirtschaften der Lettischen SSR. Rybnoe choz. vnutr. vod. LSSR **1**, 311—320 (russ.).

MOSKOVKINA, E., 1952: Minimaler Abfluß der Flüsse der Lettischen SSR. Latv. PSR Zin. akad. Vēstis **7** (60), 95—98 (russ.).

—, 1952: Maximaler Abfluß der Flüsse der Lettischen SSR. Latv. PSR Zin. akad. Vēstis **8** (61), 117—126 (russ.).

—, 1955: Verteilung des Abflusses in den Flüssen der Lettischen SSR innerhalb des Jahres. Latv. PSR Zin. akad. Vēstis **8** (97), 81—91 (russ.).

—, 1956: Hydrometeorologische Verhältnisse im Einzugsgebiet des Flusses Daugava während geschichtlicher Zeit. Latv. PSR Zin. akad. Vēstis **3** (104), 95—102 (russ.).

NIKANOROV, J., 1958: Einige Abweichungen in der Vermehrungsbiologie verschiedener Populationen der Kleinen Maräne in den Seen der Lettischen SSR. Tezisy dokl. VI Konf. izuč. vod. Pribaltiki, 101 (russ.).

—, 1959: Differences in size, coloration and stickiness of eggs of *Coregonus albula* (L.) of different shoals in the Latvian SSR. Zool. Ž. (Moskva) **38** (6), 887—897 (russ. mit engl. Zus. fass.).

—, 1960: Über die jahreszeitliche Verteilung der Kleinen Maräne in den Seen der Lettischen SSR. Rybnoe choz. vnutr. vod. LSSR **5**, 69—84 (russ.).

—, 1960: Intraspezifische biologische Ungleichmäßigkeit örtlicher Populationen der Kleinen Maräne in den Seen der Lettischen SSR. Leningrad. 25 S. (russ.).

—, 1962: Hauptsächliche fischwirtschaftliche Kriterien der intraspezifischen biologischen Ungleichmäßigkeit der Kleinen Maräne in den Seen der Lettischen SSR. Trudy VII Konf. izuč. vnutr. vod. Pribaltiki, 120—127 (russ.).

NIKANOROV, J. & E. NIKANOROVA, 1956: Künstliche Züchtung der Kleinen Maräne in der Lettischen SSR. Naučno-techn. bjull. VNIORCH 3/4, 58—61 (russ.).

—, 1961: Experimentelle Aufzucht einsömmriger Kleiner Maränen bei frühzeitiger Teichbesetzung Tezisy dokl. IX Konf. izuč. vod. Pribaltiki, 80—82 (russ.).

NIKITIN, P., 1958: Entwicklung der Karpfenwirtschaft in der Lettischen SSR. Rybnoe choz. vnutr. vod. LSSR **2**, 221—242 (russ.).

—, 1961: Überwinterung einsömmriger Karpfen in den Bassins der Überwinterungshäuschen. Rybnoe choz. vnutr. vod. LSSR **6**, 209—224 (russ.).

—, 1961: Zur Frage der fischwirtschaftlichen Erschließung der Stauseen der Wasserkraftwerke im Fluß Daugava. Tezisy dokl. IX Konf. izuč. vod. Pribaltiki, 100—102 (russ.).

NIKITIN, P. & K. FOLKMANIS, 1958: Versuch mit portionsartiger Düngung in durchflossenen Teichen. Rybnoe choz. vnutr. vod. LSSR **2**, 193—196 (russ.).

NIKITIN, P. & J. SLOKA, 1960: Hauptarbeiten im Zusammenhang mit der Erneuerung der Fischbestände und der Ertragssteigerung in den Binnengewässern der Lettischen SSR für die Jahre 1960—1965. Rybnoe choz. vnutr. vod. LSSR **5**, 199—223 (russ.).

NIKITIN, P. & A. VOLKOVA, 1961: Über die Laichzeit der Karpfen in den Teichwirtschaften der Lettischen SSR. Rybnoe choz. vnutr. vod. LSSR **6**, 225—238 (russ.).

NIKOLAJEV, I., 1952: Hauptsächliche Eigentümlichkeiten der hydrometeorologischen Verhältnisse in Lettland und ihre Einwirkung auf den Jahresablauf biologischer Vorgänge in den Gewässern. Latv. PSR Zin. akad. Vēstis **9** (62), 59—64 (russ. mit lett. Zus. fass.).

—, 1953: Artbestand der Fischfauna der Lettischen SSR. Trudy Latv. otd. VNIRO **1**, 5—27 (russ.).

ORAV, V., 1956: Ursachen des Rückgangs des Lachsertrages im Flusse Daugava. Rybnoe choz. (Moskva) **32** (10), 57—58 (russ.).

OSTROUMOV, N., 1955: Ergebnisse der komplexen fischwirtschaftlichen Expedition des Instituts für Biologie der Lettischen Akademie der Wissenschaften in den Jahren 1952–1953. Rybnoe choz. vnutr. vod. LSSR **1**, 17–25 (russ.).

OSTROUMOV, N. & Z. SPURIS, 1955: Lebensbedingungen für die Fische in den Seen Südostlettlands Dridza und Sivers. Latv. PSR Zin. akad. Vēstis **1** (90), 89–100 (russ. mit lett. Zus. fass.).

OZERECKOVSKAJA, N. & N. SMIRNOVA, 1958: Chemismus der Teiche der Teichwirtschaft „Rīta ausma" im Zusammenhang mit der Düngung. Rybnoe choz. vnutr. vod. LSSR **2**, 19–41 (russ.).

—, 1959: Hydrochemische Untersuchungen des Teiches Ezergaļi und der Teiche der Kolchose Pirmrindnieks im Zusammenhang mit der Düngung. Rybnoe choz. vnutr. vod. LSSR **3**, 307–327 (russ.).

OZOIS, G., 1961: *Thymallus thymallus* L. und sein Angelfang. Mednieks un Makšķernieks **3** (13), 13–15 (lett.).

PANKRATOVA, V., 1958: Ergebnisse der Teichdüngung in der Kolchose Pirmrindnieks. Rybnoe choz. vnutr. vod. LSSR **2**, 153–168 (russ.).

—, 1959: Fauna der Chironomidenlarven der Gewässer des Einzugsgebietes des Flusses Venta. Rybnoe choz. vnutr. vod. LSSR **3**, 181–197 (russ.).

–, 1959: Bodenfauna des Teiches Ezergaļi. Rybnoe choz. vnutr. vod. LSSR **3**, 345–358 (russ.).

PASTORS, A., 1961: Wasserhaushalt und Rayonierung der Flüsse der Lettischen SSR. Tezisy dokl. IX Konf. izuč. vor. Pribaltiki, 15–16 (russ.).

PERA, F., 1955: Hydrochemische Charakteristik einiger tiefer Seen der Lettischen SSR. Latv. PSR Zin. akad. Vēstis **6** (95), 51–64 (russ. mit lett. Zus. fass.).

–, 1957: Bedingungen der Fixierung des ungebundenen Stickstoffs in den Seen der Lettischen SSR. 1. Fixierung des Stickstoffs im Wasser. Latv. PSR Zin. akad. Vēstis **3** (116), 97–110 (russ. mit lett. Zus. fass.).

—, 1957: Bedingungen der Fixierung des ungebundenen Stickstoffs in den Seen der Lettischen SSR. 2. Fixierung des Stickstoffs in den Bodenablagerungen. Latv. PSR Zin. akad. Vēstis **7** (120), 93–106 (russ. mit lett. Zus. fass.).

—, 1958: Chemische Zusammensetzung der Bodenablagerungen in den Seen der Lettischen SSR. Latv. PSR Zin. akad. Vēstis **1** (126), 67–74 (russ.).

—, 1959: Bedingungen der Fixierung des ungebundenen Stickstoffs in den Seen der Lettischen SSR. Trudy V Konf. izuč. vod. Pribaltiki, 207–212 (russ.).

—, 1960: Thermische und hydrochemische Untersuchungen des Sees Rezna in Zusammenhang mit der Akklimatisation der Coregonen. Rybnoe choz. vnutr. vod. LSSR **5**, 85–102 (russ.).

—, 1961: Hydrochemische Charakteristik kleiner Seen der Hügellandschaft von Latgale im Zusammenhang mit ihrer Typologie. Latv. PSR Zin. akad. Vēstis **1** (162), 93–100 (russ. mit lett. Zus. fass.).

—, 1961: Hydrochemische Charakteristik der Seen der Lettischen SSR. Tezisy dokl. IX Konf. izuč. vod. Pribaltiki, 17–18 (russ.).

—, 1962: Hydrochemische Charakteristik tiefer Seen der Hügellandschaft von Latgale. Latv. PSR Zin. akad. Vēstis **8** (181), 87–93 (russ.).

PERA, F. & H. RAMANE, 1959: Hydrochemische Untersuchungen im Zusammenhang mit der Typologie der Seen der Lettischen SSR. Latv. PSR Zin. akad. Vēstis **6** (143), 131–142 (lett. mit russ. Zus. fass.).

PERA, F. & K. ŠKOLNIKOVA, 1955: Hydrochemische Charakteristik industrieller Seen der Lettischen SSR. Rybnoe choz. vnutr. vod. LSSR **1**, 247–292 (russ.).

PINSKIJ, F., 1961: Über den täglichen Rhythmus der Ernährung einsömmriger Lachse. Trudy Inst. rybn. choz. Soveta nar. choz. LSSR **3**, 495–503 (russ.).

PIŠČULA, G., 1950: Entwicklungswege der Fischwirtschaft in der Lettischen SSR. Vestnik Leningrad. univ. **8**, 42–56 (russ.).

PLAUDE, O., 1960: Untersuchungen über die Dynamik der Mikroflora einiger Moorwasser-Fischzuchtteiche in der Lettischen SSR im Zusammenhang mit der Düngung. Voprosi obšč. i. med. mikrobiol. **3**, 23–36 (russ.).

POKROVSKAJA, Z., 1957: Einfluß der Avitaminosen A und B_1 auf Wachstum, Lebensdauer und physiologischen Zustand der Junglachse. Trudy Latv. otd. VNIRO **2**, 291–299 (russ.).

PRIEDĪTIS, A., 1950: Fauna der Süßwasserfische, ihre Verbreitung und Laichplätze in den Flüssen Sowjetlettlands. Riga. 21 S. (lett.).
—, 1951: Migrationen und Fang der Fische in den Seen und Flüssen Sowjetlettlandes. Riga. 72 S. (lett.).
—, 1955: Die Fische und das Angeln. Riga. 203 S. (lett.).
—, 1956: Züchtet die Forellen! Riga. 92 S. (lett.).
—, 1960: Mit der Angel an den Seen und Flüssen der Lettischen SSR. Riga. 148 S. (lett.).
—, 1961: Aufzucht von Speisekarpfen im Laufe einer Vegetationsperiode in der Lettischen SSR. Tezisy dokl. IX Konf. izuč. vod. Pribaltiki, 150—152 (russ.).
—, 1962: Produktion der Fischpaste für die Fütterung der Teichfische. Trudy sov. Ichthyol. kom. Akad. nauk SSSR (Moskva) **14**, 48—52 (russ.).
PRIEDĪTIS, A. & E. KONDRATOVIČS, 1960: Bedeutung kombinierten Futters für die Karpfen- und Forellenfütterung und ihre Produktionsmöglichkeiten. Latv. PSR Zin. akad. Vēstis **10** (159), 111—116 (lett. mit russ. Zus. fass.).
—, 1962: The importance of trace elements, vitamins and antibiotic substances in enhancing productivity of fish ponds of the Latvian SSR. Latv. PSR Zin. akad. Vēstis **3** (176), 79—88 (russ. mit engl. Zus. fass.).
REDLIHA, A., 1961: Charakteristik der Ichthyofauna des Staubeckens von Ķegums. Tezisy dokl. IX Konf. izuč. vod. Pribaltiki, 94—95 (russ.).
REINSONE, A., 1955: Fauna der Fischparasiten industrieller Seen der Lettischen SSR. Riga. 20 S. (russ.).
—, 1955: Beitrag zur Kenntnis der Fischparasitenfauna des Sees Sivers. Rybnoe choz. vnutr. vod. LSSR **1**, 191—205 (russ.).
—, 1956: Parasitische Erkrankungen der Fische in den Teichwirtschaften der Lettischen SSR und ihre Bekämpfung. Riga. 48 S. (lett.).
—, 1957: Fischparasiten und ihre Bekämpfung. Sammelband „Biol. zin. lauks. un mežsaimn." **3**, 123—124 (lett.).
—, 1958: Parasitenfauna der Karpfen in den Teichwirtschaften „Rīta ausma" und „Pirmrindnieks". Rybnoe choz. vnutr. vod. LSSR **2**, 169—177 (russ.).
—, 1959: Parasitenfauna der Fische in den industriellen Seen der Lettischen SSR. Rybnoe choz. vnutr. vod. LSSR **3**, 145—162 (russ.).
REINSONE, A. & G. ANDRUŠAITIS, 1959: Parasitische Erkrankungen der Peledmaräne und des Baikalomuls bei Akklimatisation in den Teichen der Lettischen SSR. Latv. PSR Zin. akad. Vēstis **12** (149), 121—122 (russ.).
REINSONE (JURĀNE), A., M. MATISONE, D. VADZE & A. VOLKOVA, 1961: Hydrobiologische und fischwirtschaftliche Untersuchungen der Teichwirtschaften der Kolchosen und Sowchosen Westlettlands und die Hauptmaßnahmen zu ihrer Ertragssteigerung. Rybnoe choz. vnutr. vod. LSSR **6**, 127—180 (russ.).
RODINA, A., 1958: Dynamik des Gehaltes an Bakterien im Wasser und in den Bodenablagerungen einiger Fischzuchtteiche der Lettischen SSR bei Düngung. Rybnoe choz. vnutr. vod. LSSR **2**, 43—60 (russ.).
—, 1958: Stickstoffhaltige Düngemittel für Fischzuchtteiche und Denitrifikation. Rybnoe choz. vnutr. vod. LSSR **2**, 61—78 (russ.).
—, 1958: Nitrifikation in einigen Flüssen und Teichen der Lettischen SSR. Tezisy dokl. VI Konf. izuč. vod. Pribaltiki, 80—82 (russ.).
—, 1959: Zur Mikrobiologie der Flüsse. Rybnoe choz. vnutr. vod. LSSR **3**, 173—180 (russ.).
—, 1959: Mikrobiologie gedüngter Teiche. Rybnoe choz. vnutr. vod. LSSR **3**, 329—344 (russ.).
—, 1959: Dynamik der *Azotobacter*-Anzahl bei Teichdüngung. Trudy V Konf. izuč. vod. Pribaltiki, 186—206 (russ.).
RUDZROGA, A., 1960: Untersuchungen über die Cyanophyceenflora des Naturschutzgebietes Ķemeri. Latv. PSR veģetācija **3**, 149—171 (lett. mit russ. Zus. fass.).
—, 1961: An outline of the algoflora of the Ķemeri State Reservation. Bot. Ž. (Moskva) **46** (2), 263—266 (russ.).
—, 1961: Einige Algencoenosen der Gewässer des Naturschutzgebietes Ķemeri. Tezisy dokl. IX Konf. izuč. vod. Pribaltiki. 137—138 (russ.).
—, 1962: Flora der Süßwasseralgen des Naturschutzgebietes Ķemeri. Leningrad. 16 S. (russ.).

SAKUN, O., 1951: *Vimba vimba* L. in den Flüssen der Lettischen SSR als Fischereiobjekt. Rybnoe choz. (Moskva) **27** (7), 30–32 (russ.).

SARMA, B., 1960: Hydrologie der Flüsse. Riga. 204 S. (lett.).

SAVINA., 1958: *Lucioperca lucioperca* L. als Gegenstand der Fischzucht in den Gewässern des Baltischen Einzugsgebietes. Tezisy dokl. VI Konf. izuč. vod. Pribaltiki, 96–97 (russ.).

SELKERE (LAGANOVSKA), R., 1955: Zooplankton und Ernährung plantonfressender Fische in einigen industriellen Seen der Lettischen SSR. Rybnoe choz. vnutr. vod. LSSR **1**, 107–118 (russ.).

SLOKA, J., 1956: Die Seen der Lettischen SSR und ihre Fische. Riga. 48 S. (lett.).

—, 1956: Materialien zur Hirudineenfauna der Lettischen SSR. Latv. PSR Zin. akad. Vēstis **3** (104), 89–93 (russ. mit lett. Zus. fass.).

—, 1957: Hauptmaßnahmen zur Verbesserung des Fischbestandes in den industriellen Seen der Lettischen SSR. Sammelband „Biol. zin. lauks. un mežsaimn." **3**, 115–116 (lett.).

—, 1958: Biologie des Flußbarsches und dessen wirtschaftliche Bedeutung in den Seen der Lettischen SSR. Tezisy dokl. VI Konf. izuč. vod. Pribaltiki, 86–88 (russ.).

—, 1959: Biologie und Rolle des Hechtes in den Gewässern der Lettischen SSR. Mednieks un Makšķernieks **1** (4), 20–21 (lett.).

—, 1959: Fischertrag des Sees Rezna. Latv. PSR Zin. akad. Vēstis **3** (140), 77–82 (lett. mit russ. Zus. fass.).

—, 1959: Biologie der Fische des Sees Rezna. Latv. PSR Zin. akad. Vēstis **10** (147), 139–146 (lett. mit russ. Zus. fass.).

—, 1959: Biologie der Wirtschaftsfische der Seen Sivers und Dridza. Rybnoe choz. vnutr. vod. LSSR **3**, 7–44 (russ.).

—, 1960: Untersuchungen über die Ichthyofauna der Lettischen SSR und weiterer Ausbau der Seenwirtschaft. Latv. PSR iekšējo ūdeņu zivsaim. **4**, 27–39 (lett.).

—, 1960: Ichthyofauna und Fischertrag des Sees Rezna. Rybnoe choz. vnutr. vod. LSSR **5**, 5–49 (russ.).

—, 1962: Einfluß der Befischung auf den Fischertrag der Seen der Lettischen SSR. Trudy VII Konf. izuč. vnutr. vod. Pribaltiki, 97–99 (russ.).

SLOKA, N., 1954: Materialien zur Ernährung der Plötze in den Seen Südostlettlands. Latv. PSR Zin. akad. Vēstis **5** (82), 71–80 (lett. mit russ. Zus. fass.).

—, 1956: Zooplankton des Unterlaufes des Flusses Daugava. Riga. 19 S. (russ.).

—, 1961: Beiträge zur Hydrobiologie der Seen der Hügellandschaft von Vidzeme Alauksts, Inesis, Kāls un Kaķītis. Latv. Valsts univ. Zin. raksti **39** (Biol. zin.), 153–200 (lett. mit russ. und deutsch. Zus. fass.).

—, 1961: Zooplankton großer Flüsse der Lettischen SSR. Tezisy dokl. IX Konf. izuč. vod. Pribaltiki, 123 (russ.).

—, 1962: Zooplankton einiger Seen der Hügellandschaft von Vidzeme. Trudy VII Konf. izuč. vnutr. vod. Pribaltiki, 183–185 (russ.).

SLOKA, N. & J. SLOKA, 1955: Beiträge zur Biologie der Jungen der Wirtschaftsfische im See Dridza. Rybnoe choz. vnutr. vod. LSSR **1**, 119–135 (russ.).

SPURIS, Z., 1950: Beiträge zur Kenntnis der Heteropterenfauna der Lettischen SSR 1. Latv. PSR Zin. akad. Vēstis **8** (37), 83–94 (lett. mit russ. Zus. fass.).

—, 1951: Hydrologische Charakteristik des Sees Dridza. Latv. PSR Zin. akad. Vēstis **5** (46), 789–800 (russ. mit lett. Zus. fass.).

—, 1951: Südliche Elemente in der Odonatenfauna der Lettischen SSR. Entomol. Obozr. **31** (3/4), 500–503 (russ.).

—, 1952: Wichtigste Phytocoenosen der höheren Pflanzen im See Lielauce und das Verwachsen des Sees. Latv. PSR Zin. akad. Vēstis **3** (56), 127–137 (lett. mit russ. Zus. fass.).

—, 1952: Neue Angaben über die Odonatenfauna der Lettischen SSR. Latv. PSR Zin. akad. Vēstis **6** (59), 160–161 (lett. mit russ. Zus. fass.).

—, 1953: Über Stand und Aufgaben der Seenforschung und der Seen-Fischwirtschaft in der Lettischen SSR. Latv. PSR Zin. akad. Vēstis **2** (67), 35–42 (lett. mit russ. Zus. fass.).

—, 1953: Über die wichtigsten Tierarten in den Hauptbiotopen der Seen der Lettischen SSR und ihre Verbreitung. Latv. PSR Zin. akad. Vēstis **9** (74), 67–82 (lett. mit russ. Zus. fass.).

—, 1954: Einige Eigentümlichkeiten in der Fauna der Seen Südostlettlands. Latv. PSR Zin. akad. Vēstis **3** (80), 79–84 (lett. mit russ. Zus. fass.).

SPURIS, Z., 1954: Hauptelemente in der Insektenfauna großer Seen Lettlands und ihre Bedeutung für die Ernährung der Fische. Riga. 18 S. (russ.).
—, 1955: Einige Angaben über Zikaden, Blattläuse und Wanzen, Bewohner wassernaher Lokalitäten in der Lettischen SSR. Entomol. Obozr. **34**, 178—179 (russ.).
—, 1955: Chironomidenlarven aus großen Seen der Lettischen SSR. Rybnoe choz. vnutr. vod. LSSR **1**, 159—189 (russ.).
—, 1955: Neue Angaben über die Verbreitung einiger Pflanzen in der Lettischen SSR. Latv. PSR Zin. akad. Vēstis **9** (98), 61—63 (lett.).
—, 1956: Odonaten der Lettischen SSR. Riga. 96 S. (russ.).
—, 1958: Biologie unserer Seen. Riga. 100 S. (lett.).
—, 1958: Lettländische faunistische und zooökologische Literatur für 1945—1956. Trudy Inst. biol. Akad. nauk LSSR **5**, 291—323 (russ.).
—, 1958: Variabilität bei Odonaten 1. Variabilität der Libelle *Libellula quadrimaculata* L. in der Lettischen SSR. Latv. PSR Zin. akad. Vēstis **11** (136), 109—114 (russ. mit lett. Zus. fass.).
—, 1959: Über die Möglichkeiten, die Ergebnisse der Erforschung der Chironomidenlarven für die Aufstellung der Typologie der Seen der Lettischen SSR auszunutzen. Rybnoe choz. vnutr. vod. LSSR **3**, 137—143 (russ.).
—, 1959: Der See Engure. Mednieks un Makšķernieks **3** (6), 16—18 (lett.).
—, 1960: Limnologische Charakteristik des Sees Engure. Rybnoe choz. vnutr. vod. LSSR **5**, 167—198 (russ.).
—, 1960: Lettländische limnologische und fischwirtschaftliche Literatur. Latv. PSR iekšējo ūdeņu zivsaimn. **4**, 115—140 (lett.).
—, 1960: Variations in dragonflies. 2. Variations in wing venation of the dragonflies of the genus *Leucorrhinia* BRITT. Latv. Ent. **1**, 53—59 (lett. mit russ. und engl. Zus. fass.).
—, 1960: Neue Angaben über die Schlammfliegen (Megaloptera, Sialidae) Lettlands. Latv. Ent. **2**, 69—72 (russ. mit lett. und deutsch. Zus. fass.).
—, 1960: Chironomidenlarven des Staubeckens Ķegums. Latv. Ent. **2**, 76—83 (lett. mit russ. und deutsch. Zus. fass.).
—, 1960: Möglichkeiten einer Fischertragssteigerung im See Engure. Sammelband „Biol. zin. lauks. un mežsaimn.“ **4**, 139—140 (lett.).
—, 1961: Chironomidenlarven des Sees Rezna. Rybnoe choz. vnutr. vod. LSSR **6**, 415—426 (russ.).
—, 1961: New data on the fauna of horse-flies in the Latvian SSR. Latv. Ent. **3**, 51—58 (lett. mit russ. und engl. Zus. fass.).
—, 1961: Bemerkungen zur Stratiomyiden-Fauna der Lettischen SSR. Latv. Ent. **3**, 82—85 (lett. mit russ. und deutsch. Zus. fass.).
—, 1961: Chironomidenlarven im See Rušoni im Jahre 1959. Latv. Ent. **3**, 75—81 (lett. mit russ. und deutsch. Zus. fass.).
—, 1961: Chironomidenlarven des Sees Usma. Latv. Ent. **4**, 39—48 (lett. mit russ. und deutsch. Zus. fass.).
—, 1961: Die Seen Inesis un Tauns. Mednieks un Makšķernieks **3** (13), 12 (lett.).
—, 1962: Variabilität bei Odonaten. 3. Flügeladerung der Libelle *Aeschna grandis* L. in der Lettischen SSR. Latv. Ent. **5**, 41—46 (russ. mit deutsch. Zus. fass.).
—, 1962: Beiträge zur Kenntnis der Heteropterenfauna der Lettischen SSR. 5. Latv. Ent. **5**, 53—56 (lett. mit russ. Zus. fass.).
—, 1962: Contribution on the fauna of caddis-flies of lakes of the Latvian SSR. Latv. Ent. **6**, 55—75 (russ. mit engl. Zus. fass.).
SPURIS, Z., I. LAPIŅA & G. KASPARSONS, 1958: Unsere geschützten Tiere .Riga. 76 S. (lett.).
SPURIS, Z. & V. ŠMITS, 1962: Vogelschutzgebiet auf dem See Engure. Riga. 168 S. (lett. und russ. mit deutsch. und engl. Erörterungen zu Fotos).
ŠAPOŠNIKOVA, G., 1958: Materialien zur Fischfauna des Flusses Venta. Rybnoe choz. vnutr. vod. LSSR **2**, 313—322 (russ.).
ŠMITS, J., 1953: Züchtung der Karpfenbrut in Treibhäusern. Kolchoznik Sow. Latvii **5** (8), 28 (russ.).
—, 1956: Laichen der Karpfen in Treibhäusern hat großen Vorrang. Kolchoznik Sow. Latvii **8** (2), 24—25 (russ.).
—, 1956: Teichwirtschaft (2. Aufl.). Riga. 184 S. (lett.).

ŠULMAN, S., 1950: Fischparasiten in den Gewässern der Lettischen SSR. Trudy Gelmintol. lab. Akad. nauk SSSR (Moskva) **4**, 278—281 (russ.).

—, 1953: Neue Arten monogenetischer Trematoden von Cypriniden. Raboti po gelmintol. k 75-letiju akad. SKRJABINA (Moskva), 778—780 (russ.).

—, 1958: Fauna der Fischparasiten in den Gewässern der ostbaltischen Sowjetrepubliken. Tezisy dokl. VI Konf. izuč. vod. Pribaltiki, 99—100 (russ.).

ŠULMAN, S. & M. VICHROVA, 1952: Eine neue interessante Art der Myxosporidien. Učenye zap. Leningr. univ. **141**, ser. biol. **28**, 265—267 (russ.).

TOŠA, I., 1960: Phytoplankton des Sees Burtnieki. Latv. PSR veģetācija **3**, 173—186 (lett. mit russ. Zus. fass.).

VADZE, D., 1961: Anwachsen der Biomasse von Bodentieren in den Moorwasserteichen der Teichwirtschaft Jēkabpils bei komplexer Düngung. Rybnoe choz. vnutr. vod. LSSR **6**, 35—54 (russ.).

VEINBERGA, T. & E. LINDE, 1961: Dynamik der Mikroflora im Sapropelschlamm des Sees Babite 2. Latv. PSR Zin. akad. Vēstis **6** (167), 105—110 (lett. mit russ. Zus. fass.).

—, 1961: Dynamik der Mikroflora und kurze chemische Charakteristik des Sapropelschlammes des Sees Babite. Vopr. obščcej i med. mikrobiol. **4**, 3—17 (russ.).

VEINBERGA, T., E. LINDE & G. RUDZĪTIS, 1960: Mikroflora und chemische Charakteristik des Sapropelschlammes des Sees Kaņieris. Vopr. obščej i med. mikrobiol. **3**, 3—21 (russ.).

V¯KSNE, J., 1961: Der See Kaņieris. Mednieks un Makšķernieks **1** (11), 18—19 (lett.).

VĪKSNE, V., 1958: Materialien zur Epizootologie der Fasciolosis in der Lettischen SSR. Trudy Inst. biol. Akad. nauk LSSR **5**, 227—242 (russ.).

VIMBA, B., N. BRAKŠS, I. STREIPA & D. MATVEJEVA, 1960: Über den Gehalt an Bor, Jod und Brom im Sapropelschlamm in der Lettischen SSR. Latvijas Lauks. akad. Raksti **9**, 129—133 (lett. mit russ. Zus. fass.).

VIMBA, B., E. TAUCIŅŠ, N. BRAKŠS & A. VALDMANIS, 1959: Sapropelschlämme lettischer Seen, ihre Zusammensetzung und biologischen Eigenschaften. Physiol. i biochim. pitanija selskochoz. životnich **2**, 113—124 (russ.).

VISMANIS, K., 1961: The fauna of fish parasites in the lake of Burtnieki. Latv. Valsts univ. Zin. raksti **39** (Biol. zin.) 113—127 (lett. mit russ. und engl. Zus. fass.).

—, 1962: On philometrosis of the carp in fish ponds of the Latvian SSR. Latv. PSR Zin. akad. Vēstis **4** (177), 93—96 (russ. mit engl. Zus. fass.).

VISMANIS, K. & J. PESLAKS, 1961: Parasitologische Untersuchungen der Karpfen und Amurkarpfen in den Teichwirtschaften Lettlands. Tezisy dokl. IX Konf. izuč. vod. Pribaltiki, 83—84 (russ.).

VOLKOVA, A., 1961: Anwachsen der Biomasse des Zooplanktons in den Moorwasserteichen der Teichwirtschaft Jēkabpils bei komplexer Düngung. Rybnoe choz. vnutr. vod. LSSR **6**, 55—70 (russ.).

—, 1961: Artenzusammensetzung und Dynamik des Zooplanktons in den Teichen des Fischzuchtbetriebes „Mušas". Rybnoe choz. vnutr. vod. LSSR **6**, 109—126 (russ.).

VOLKOVA, A., T. CUKURS & R. BUŅĶIS, 1961: Einfluß der Düngung auf die Entwicklung der Futtertiere in den Teichen der Teichwirtschaft Tukums. Tezisy dokl. IX Konf. izuč. vod. Pribaltiki, 77—79 (russ.).

ZIRNĪTIS, J., 1960: Das Angeln der Meerforellen. Mednieks un Makšķernieks **2** (9), 18—20; **3** (10), 23—25 (lett.).

ŽADIN (SHADIN), V., 1958: Einige Ergebnisse der Teichdüngung in der Lettischen SSR. Rybnoe choz. vnutr. vod. LSSR **2**, 7—17 (russ.).

—, 1959: Mollusken des Flusses Venta und einiger anderer Gewässer der Lettischen SSR und der Litauischen SSR. Rybnoe choz. vnutr. vod. LSSR **3**, 163—171 (russ.).

—, 1959: Hauptsächliche Ergebnisse der Untersuchungen über die Düngung der Fischteiche des Sowjetbaltikums. Trudy V Konf. izuč. vod. Pribaltiki, 173—186 (russ.).

Anschrift des Referenten:
ZANDIS SPURIS, C. Sc.,
Institut für Biologie der Lettischen Akademie der Wissenschaften,
Meistaru iela 10
Riga 47, Lettische SSR

Limnologica (Berlin)	2	1	1964	139–143

Buchbesprechungen

REIMER SIMONSEN: Untersuchungen zur Systematik und Ökologie der Bodendiatomeen der westlichen Ostsee (Systematische Beihefte zur „Internationalen Revue der gesamten Hydrobiologie, Nr. 1). Berlin: Akademie-Verlag 1962. 144 S., 11 Abb., 2 Taf., brosch. DM 31,50.

Der Entschluß zur Herausgabe einer neuen Publikationsreihe zur Aufnahme umfangreicherer Arbeiten auf taxonomischem Gebiet ist äußerst begrüßenswert. Der im Geleitwort zum ersten jetzt vorliegenden Heft gegebenen Begründung wird jeder nicht ausschließlich als Laboratoriumsbiologe Tätige, der die heutige Situation kennt, nur zustimmen. Man muß sich aber darüber im Klaren sein, daß die Schaffung von Publikationsmöglichkeiten eigentlich das letzte Glied einer Kette von Maßnahmen darstellt, die erforderlich sind, um die Folgen der jahrelangen Vernachlässigung der Heranbildung guter Spezialisten auf dem Gebiet der zoologischen und botanischen Taxonomie zu beheben. Entscheidend ist vor allem, der Erkenntnis von der Daseinsberechtigung und der Aufgabenfülle dieser Arbeitsrichtung auch im Zeitalter blühender Biochemie und Molekularbiologie Bahn zu brechen und damit junge Nachwuchskräfte anzuziehen, die geeignet sind, alte Tradition mit neuen Ideen und Methoden fortzuführen. Als Ausdruck solcher Erkenntnis aber darf man auch den Entschluß von Herausgeber und Verlag zur Schaffung der neuen Reihe sehen und begrüßen.

Das vorliegende Heft 1 behandelt die Boden-Bacillariophyceen der gesamten Beltsee auf Grund von etwa 300 in den Jahren 1954–1956 gesammelten Proben. Die Lage der Hauptentnahmestellen, darunter vier Lokalitäten, an denen regelmäßig monatlich oder zweimonatlich Tiefenprofile in 5-m-Stufen aufgenommen wurden, ist in einer Karte dargestellt. Nach einem kurzen Überblick über die Geschichte der Erforschung der Bacillariophyceen-Flora der Ostsee, in dem auf eine gewisse Vernachlässigung der Bodendiatomeen gegenüber den planktischen Formen in den bisherigen Arbeiten hingewiesen wird, folgen Angaben zur Methodik. Verfasser empfielt zur bildlichen Darstellung eine Kombination von Photographie und Zeichnung der Art, daß nach Mikrophotographien vergrößerte Positive auf Dokumentationspapier mit matter Oberfläche hergestellt, dann die Linien mit Tusche nachgezeichnet und anschließend die Silberschwärzungen durch Abschwächer entfernt werden, so daß nur die überzeichneten Konturen erhalten bleiben. Referent hat dieses „indirekte" Zeichenverfahren früher bei anderen Objekten auch versucht, fand jedoch die Nachteile gegenüber einer guten Mikrophotographie — die dann keiner Überzeichnung bedarf — oder einer sorgfältigen Zeichnung, bei der die geringe Tiefenschärfe der Mikroskopobjektive ausgeglichen werden kann, überwiegend.

Den Schwerpunkt des Bändchens bildet mit rund 80 Seiten der „spezielle systematische Teil", in dem die beobachteten Formen (503 Formen aus 464 Arten, darunter 3 Neukombinationen) mit Fundort und Halobiotop einzeln behandelt werden. Es finden sich darunter auch einige sicherlich tychobenthische Formen, die aus dem Plankton sedimentiert sind. Vorausgeschickt sind einige „Allgemeine Vorbemerkungen zur Autökologie der Diatomeen"; abschließend behandelt ein „biologisch synökologischer Teil" die „Lebensräume der Bodenbewohner" und — kurz — die „Lebensräume des Aufwuchses". Während sich über den systematischen Hauptteil im ganzen kaum Meinungsverschiedenheiten ergeben werden (abgesehen von der Frage, in wieweit die verzeichneten Formen tatsächlich an der Fundstelle lebten, was nur für die Aufwuchsformen gesichert erscheint), dürften sich über die in den allgemeinen Erörterungen diskutierten Probleme noch anregende Diskussionen ergeben. Referent hat vor allem eine gewisse Reserve gegen ökologische Systeme und die Einordnung von Arten in solche Systeme, solange die Ansprüche der Arten hinsichtlich des als Einteilungsprinzip verwendeten Faktors (etwa der Salztoleranz) nicht im Einzelfalle — was durchaus möglich, aber langwierig ist — an Hand von Kulturen experimentell gründlich unter verschiedenen Bedingungen geprüft sind. RIETH

Meeresalgen. Industrielle Bedeutung und Verwendung. Botanica Marina Vol. III/Supplement. Hamburg: Verlag Cram, de Gruyter & Co. 1962. 122 S., 41 Abb., kart. DM 35,—.

In dem vorliegenden Heft soll dem sich ständig vergrößernden Kreis der an praktischer Nutzung von Meeresalgen Interessierten — wohl vorwiegend aus der Industrie — ein konzentrierter allgemeiner Überblick geboten werden. Man findet Aufsätze über „The Vegetation in the Sea“ (3 S.), „Geschichtliche Entwicklung der Auswertung von Meeresalgen“ (4 S.), „Meeresalgen als moderne Industrieprodukte“ (51 S.), „Die Inhaltsstoffe der Meeresalgen“ (8 S.), „Die chemisch-physikalischen Eigenschaften der Alginate und Carragheenate“ (11 S.), „Über die Verwendungsmöglichkeiten von Alginaten“ (15 S.), „Meeresalgen als Dünge-, Futter- und Nahrungsmittel“ (19 S.); ein Referat über den IV. Internationalen Kongreß über Meeresalgen beschließt das Bändchen. Zusammenfassungen in deutscher, englischer und französischer Sprache finden sich nicht nur am Ende jeder Mitteilung (nur dem englisch geschriebenen Beitrag von LEVRING fehlen sie), sondern in den beiden Abhandlungen von HOPPE und SCHMID sogar innerhalb des Textes nach jedem Absatz. Nach dem Eindruck, den die rein referierenden Darstellungen machen, dürfte im Vordergrund das Bestreben stehen, die Gewinnung von Rohstoffen aus Meeresalgen und die Ziele der Studiengesellschaft, die als Herausgeber der „Botanica Marina“ zeichnet, in Industriekreisen zu popularisieren.

Der Botaniker wird neben der immerhin interessanten Erkenntnis, daß die Meeresalgen „moderne Industrieprodukte“ darstellen, weder in dem knapp 3 Seiten umfassenden Aufsatz über die Vegetation des Meeres noch in den 4 Seiten über die Geschichte der Nutzung von Meeresalgen etwas Neues finden, aus den übrigen Artikeln aber doch eine gewisse Vorstellung von der derzeitigen industriellen Bedeutung der Meeresalgen als Rohstoffquelle gewinnen. RIETH

L. E. HAWKER, A. H. LINTON, B. F. FOLKER, M. J. CARLILE: Einführung in die Biologie der Mikroorganismen (Übersetzung aus dem Englischen). Stuttgart: Georg Thieme Verlag 1962. VIII + 483 S., 40 Taf., 48 Abb., 8 Tab. Lw. DM 37,—.

Der Herausgeber eines neuen Lehrbuches der Mikrobiologie in deutscher Sprache kann gegenwärtig einer breiten interessierten Leserschaft sicher sein, denn der Mangel an entsprechender Literatur ist noch immer nicht behoben. Die vorliegende Übersetzung von „An Introduction to the Biology of Mikro-Organisms“ entspricht diesem Bedürfnis um so mehr, als es sich um eine Einführung in alle wesentlichen Gebiete der Mikrobiologie handelt.

Im ersten Abschnitt werden Morphologie und Lebenszyklus der Mikroorganismen behandelt. Vorkommen, Organisationsstufen, Ernährung und die Grundlinien der Taxonomie von Bakterien, Pilzen, Protozoen, Myxophyten, Algen und Viren werden erläutert. Die Darstellung wird durch zahlreiche gute Tafeln und Abbildungen unterstützt. Der zweite Abschnitt umfaßt die Physiologie und den Stoffwechsel. Nach einer chemischen Betrachtung der Zellelemente werden die wichtigsten Stoffabläufe skizziert. Weitere Kapitel betreffen Ernährung, Wachstum, Differenzierung sowie Altern und Abtötung von Mikroorganismen mit Hinweisen auf Desinfektion und Chemotherapie. Den mannigfaltigen Wechselbeziehungen der Mikroorganismen untereinander und ihrem Verhältnis zur Umwelt ist der dritte Abschnitt gewidmet. Verhältnismäßig ausführlich wird über Struktur und Chemismus des Bodens in Hinblick auf seine Bewohner und die wichtigsten sich im Boden vollziehenden Stoffumwandlungen berichtet. Nach einer kurzen Behandlung der mikrobiologischen Luftanalyse unter hygienischen Gesichtspunkten folgt eine „Mikrobiologie des Wassers“. Eine knappe Charakteristik des Wassers als Lebensraum gibt Hinweise auf wichtige physikalische und chemische Faktoren in Binnengewässern und im Meerwasser, die die Verteilung der Organismen beeinflussen. Näher behandelt werden Plankton und Benthos. Der Leser erhält ferner ein Bild von den aktuellen Fragen der Trinkwasserversorgung und der Abwasserreinigung. In weiteren Kapiteln werden die möglichen parasitischen und symbiontischen Beziehungen zwischen Pflanzen, Tieren und Mikroorganismen, die Verbreitung durch tierische Träger und Möglichkeiten zu ihrer Bekämpfung erörtert; auch immunbiologische Prinzipien sind erwähnt. Abschließend werden technische Aspekte der Mikrobiologie behandelt, wie Lebensmittelkonservierung, Korrosionsfragen und industrielle Fermentation. Ein Anhang vermittelt die Grundlagen für einige wichtige Arbeitsmethoden. Jedem Kapitel ist ein kurzes Literaturverzeichnis beigefügt, das auf grundlegende Lehrbücher verweist.

Totz einer erstaunlichen Stoffülle bleibt das Buch übersichtlich, da es gut untergliedert ist und ein ausführliches Sachregister enthält. Da sich das Buch an einen weiten Leserkreis wendet, ist vielen Fragen gleichermaßen Raum gegeben; doch scheint uns die Darstellung des Stoffwechsels und der Genetik etwas zu kurz geraten. Verschiedene etwas unglückliche Definitionen (Pleomorphismus, Gonidien) oder Ungenauigkeiten (der Stiel von *Gallionella* besteht nicht nur aus $Fe(OH)_3$) sollten bald beseitigt werden. Auch ist es im Deutschen nicht üblich, von einer „bazillären Form" zu sprechen, wenn die Stäbchenform gemeint ist. Obgleich an der Übersetzung elf Bearbeiter beteiligt waren, ist das Buch gut lesbar geblieben. Es wird sich viele Freunde erwerben.

BABENZIEN

EARL S. HERALD — DIETER VOGT: Fische. KNAURS Tierreich in Farben Band VII. München/Zürich: Droemersche Verlagsanstalt Th. Knaur Nachf. 1961, 360 S., 295 Abb., davon 145 farbig. Lw. DM 39,50.

Als letzter der schmucken großformatigen Bände von „KNAURS Tierreich in Farben" erschien die von DIETER VOGT besorgte deutsche Bearbeitung des 1960 in den USA erschienen Buches von EARL S. HERALD „Living Fishes of the World". Dieser 7. Band der Reihe beschließt die allgemeinverständlich geschriebene repräsentative Enzyklopädie der Tiere, die mit Recht als „BREHM des 20. Jahrhunderts" bezeichnet wurde. Nach einem kurzen einleitenden Abschnitt über den Bau des Fischkörpers werden in systematischer Reihenfolge aus den Klassen der Kieferlosen (Agnatha), der Knorpelfische (Chondrichthyes) und der Knochenfische (Osteichthyes) die Ordnungen mit allen wichtigen Familien behandelt, so daß der Leser einen guten Überblick über die Vielfalt der rezenten Formen erhält. Der Autor der englischen Originalausgabe ist Kurator für Ichthyologie am Aquarium der Kalifornischen Akademie der Wissenschaften zu San Francisco und ebenso bekannt als Forscher wie als Verfasser populärwissenschaftlicher Veröffentlichungen. In der flüssig geschriebenen deutschen Bearbeitung sind die einheimischen Formen und die Aquarienfische besonders berücksichtigt worden. Das Werk ist mit einer großen Anzahl von hervorragenden Abbildungen ausgestattet, von denen die 145 Farbbilder allein 80 Druckseiten füllen. Viele Aufnahmen stammen von Menschen, die sich der Unterwasserforschung verschrieben haben, als autonome Taucher mit der Kamera die Fische in ihrem Biotop unmittelbar aufsuchen und auf diese Weise Bilddokumente schaffen, an die noch vor wenigen Jahren nicht zu denken war. Das Buch stellt unter den zahlreichen allgemeinverständlichen Fischbüchern, die in der letzten Zeit erschienen, eine unerreichte Spitzenleistung dar, für dessen Herausgabe in deutscher Bearbeitung dem Verlag Anerkennung und Dank gebühren. Über den Kreis der Liebhaber hinaus wird es auch der Biologe und Student, der sich eine Übersicht über das System verschaffen will, mit Nutzen verwenden. Dank der hohen Auflage des Werkes konnte der Preis bei hervorragender Ausstattung erstaunlich niedrig gehalten werden.

SCHRÄDER

Beiträge zur Meereskunde. Herausgegeben von ERICH BRUNS. Berlin: Akademie-Verlag.

Heft 5 (1962). 43 S., 12 Abb., 2 Kartenbeilagen. Brosch. DM 12,—. E. BRUNS beschreibt einen neuen Hochseewellenschreiber, der unter seiner Mitwirkung im Institut für Regelungstechnik für das Institut für Meereskunde der Deutschen Akademie der Wissenschaften entwickelt wurde und diskutiert seine Vor- und Nachteile gegenüber anderen Konstruktionen analoger Geräte. Ferner gibt E. BRUNS eine kurze Übersicht über den Verlauf von drei weiteren Forschungsfahrten (1960 und 1961) der „MICHAIL LOMONOSSOV" im Atlantischen Ozean; an einer dieser Fahrten beteiligte sich wiederum eine deutsche Gruppe von Wissenschaftlern. In seinem Beitrag über die Variation der Hochwasser-Eintrittszeiten in der Nordsee, dem Kanal und der Irischen See im Ablauf einer Tideperiode macht G. SAGER im Anschluß an einen früheren Beitrag ergänzende Angaben über die zeitliche Variation des Eintritts der Hochwasser während eines Ablaufs der Mondphasen und zur Zeit der Solstitien und Äquinoktien sowie im Perigäum und Apogäum des Mondes. In einem zweiten Beitrag beschäftigt sich G. SAGER mit dem Problem der präzisen Definition des Begriffes „Sturmflut" und versucht, aus der Vielzahl von Definitionen diejenigen mit allgemeinster Gültigkeit auszusondern. Für eine Anzahl Orte im Bereich der deutschen Nordseeküste werden einige Definitionen einander gegenübergestellt und aus den brauchbarsten Definitionen Mittelwerte gebildet, die als annähernd repräsentativ gelten können. Drei Buchbesprechungen beschließen das Heft.

Heft 6 (1962). 65 S., 16 Abb., 2 Kartenbeilagen. Brosch. DM 12,70. In einem Nachruf gedenkt E. Bruns des 1960 verstorbenen namhaften sowjetischen Ozeanologen N. N. Subov. In seinem Beitrag über Wellen in Seegebieten der wichtigsten Fangplätze der Hochseefischerei der DDR gibt E. Bruns zusammengefaßte Ergebnisse über die Wellenabmessungen in den Fanggebieten der Ostsee, der Nordsee und des Atlantik, die überwiegend auf unmittelbaren Beobachtungen beruhen und durch einige theoretische Berechnungen einzelner Wellenelemente ergänzt werden. G. Sager entwickelt und erläutert für das Gebiet der Nordsee, des Ärmelkanals und der Irischen See eine Karte mit Linien gleichen Verhältnisses der maximalen Gezeitenströme bei mittlerer Nipp- und Springzeit und gibt einen Hinweis auf die durch den Linienverlauf bedingten Abweichungen bei der Bestimmung der Stärke des Tidestroms auf See aus den Gezeitenstromkarten. Für dieselben Seegebiete entwickelt der Verfasser in einem zweiten Beitrag eine Karte mit Linien gleicher Richtung des maximalen Gezeitenstroms zur mittleren Springzeit; eine zweite Karte mit Richtungssektoren des maximalen Gezeitenstroms von jeweils 45° macht die Haupttendenzen der Tideströme deutlich sichtbar und dient der schnelleren Übersicht und einer ersten nautischen Orientierung. R. Schemainda berichtet über das Ergebnis von Trübungsmessungen im Raum der ozeanischen Polarfront westlich von Spitzbergen. Das Wasser des Polarstroms und das atlantische Wasser weisen starke Unterschiede im Trübstoffgehalt auf; die Übergänge zwischen den beiden Wasserkörpern waren nicht nur durch einen schnellen Wechsel der thermischen und halinen Bedingungen, sondern auch durch eine rasche Änderung der Extinktion charakterisiert. Die Unterschiede im Trübstoffgehalt der beiden Wasserkörper waren auf eine unterschiedliche Zusammensetzung und Dichte des Planktons zurückzuführen; das Polarwasser war reich an Diatomeen (*Thalassiosira nordenskiöldi*, *Th. gravida* und *Navicula granii* in großen Mengen), während in den Regionen des atlantischen Wassers nur eine relativ arme Zooplanktonbevölkerung vorwiegend aus Copepoden (*Calanus finmarchicus* u. a.) vorhanden war. In einem Beitrag über Windstauunterschiede längs der Südküste der westlichen Ostsee macht K. Voigt für die vier Pegelstationen Wismar, Darßerort, Saßnitz und Heringsdorf Angaben über die Differenzen zum Pegel Warnemünde in Abhängigkeit von Windrichtung und Windgeschwindigkeit. Drei Buchbesprechungen beschließen das vorliegende Heft der Schriftenreihe des Instituts für Meereskunde Warnemünde der Deutschen Akademie der Wissenschaften zu Berlin. Schräder

Die Talsperren Österreichs. Heft 12: Statistik der Österreichischen Talsperren. Statistik 1961. Wien: Springer-Verlag 1962. 178 S., 39 Photos, 47 Strichzeichnungen, 8 Ausschlagtaf., Lw. DM 40,—.

In allen Erdteilen und Ländern entstehen Jahr für Jahr neue Talsperren; ihre Dimensionen werden immer gewaltiger und viele der modernen künstlichen Binnenseen unseres technischen Jahrhunderts können in ihren Ausmaßen bereits mit den großen natürlichen Seen der Erde konkurrieren, die das Bild der Landkarten prägen. In den letzten Jahrzehnten hat sich auch die Limnologie verstärkt für diese künstlichen Seen interessiert, die infolge ihrer besonderen Abflußverhältnisse und durch das Fehlen eines echten Litorals einen Sondertyp der stehenden Binnengewässer darstellen. Bei der vor allem nach dem zweiten Weltkrieg schnell angewachsenen Anzahl der Talsperren ist es dankbar zu begrüßen, wenn für ein bestimmtes Gebiet eine zuverlässige Statistik dieser Bauten vorgelegt wird. Eine solche Übersicht neuesten Datums bringt der vorliegende Band in erschöpfender und ansprechender Gestalt für die Republik Österreich. In einem längeren einleitenden Beitrag berichtet O. Lanser über die Anfänge des österreichischen Talsperrenbaus, während die neuere Entwicklung von H. Gengg dargestellt wird. Den Hauptteil des Bandes bildet dann die Statistik der 39 Talsperren Österreichs in der Reihenfolge ihres Entstehens, beginnend mit den ersten, im Jahre 1912 angestauten noch sehr bescheidenen Bauten, bis zu den beiden im Jahre 1961 begonnenen Talsperren, unter denen sich als Krönung des österreichischen Talsperrenbaus der Gepatsch-Damm befindet, der mit 140 hm^3 Inhalt und 150 m Dammhöhe über Fels die größte Talsperre des Landes darstellt. Die ausführlichen Daten für jede dieser Talsperren werden ergänzt durch zahlreiche Lagepläne und Schnitte sowie durch eine

Anzahl hervorragender Lichtbilder, die den besonderen landschaftlichen Reiz vor allem der im Hochgebirge gelegenen Stauseen eindrucksvoll wiedergeben. Der Limnologe wird bei der Durchsicht des Buches bedauern, daß nur die eigentlichen Talsperren, nicht auch die Flußstaue berücksichtigt wurden; im übrigen wird er aber wünschen, daß ähnliche verdienstvolle Zusammenstellungen auch für andere Länder erscheinen mögen. SCHRÄDER.

SIEGFRIED HOC: Die Moostiere (Bryozoa) der deutschen Süß-, Brack- und Küstengewässer. Neue Brehm-Bücherei, Nr. 310. Wittenberg-Lutherstadt 1963: A. Ziemsen Verlag. 62 S., 107 Abb. Brosch. DM 3,75.

Das vorliegende Heft wird eingeleitet mit einem kurzen Überblick der Erforschungsgeschichte der Bryozoen und der Erklärung einiger anatomischer und morphologischer Begriffe der Ordnung der Stelmatopoda, die vielleicht günstiger im Text selbst erfolgt wäre. Dann werden kurz die beiden Ordnungen der Bryozoa, die hauptsächlich marinen Stelmatopoda und die im Süßwasser lebenden Lophopoda gekennzeichnet. Es folgen relativ ausführlich Morphologie und Anatomie der beiden Ordnungen: Körpergliederung, Cölom, Tentakelkrone, Darmtraktus, Nervensystem, Exkretion, Gonaden, Knospung, Polymorphismus, Embryonalentwicklung und Statoblastenbildung. Ein weiterer Abschnitt beschäftigt sich mit Physiologie und Ökologie der Bryozoen. Aus der Physiologie werden Verhalten auf Umweltreize, Bewegungsvermögen, Atmung, Verdauung, Exkretion und Leuchtvermögen, aus der Ökologie Substratbesiedlung, Vergesellschaftung mit anderen Tieren und Epökie, Kommensalismus, Feinde und Parasiten behandelt. Von autökologischen Faktoren werden Salzgehalt und Wassertemperatur erwähnt; ferner werden einige Angaben über die Tiefenverteilung im Meere und über die geographische Verbreitung gemacht. Es folgt eine schöne Übersicht über die in Deutschland vorkommenden Arten (keine Bestimmungsschlüssel!) mit knapper morphologischer Beschreibung und Erwähnung ihres ökologischen und geographischen Vorkommens. Ein abschließendes Kapitel ist der Materialbeschaffung, Kultivierung und Präparation der Bryozoen gewidmet. Besonders für den Anfänger wertvoll ist die sehr reichhaltige Ausstattung des Bändchens mit ausführlich erläuterten Abbildungen; fast jede im Text erwähnte Art ist auch bildlich dargestellt. SCHÖNBORN.

Bei Fragen zur Produktsicherheit wenden Sie sich bitte an:
If you have any questions regarding product safety,
please contact:

Walter de Gruyter GmbH
Genthiner Straße 13
10785 Berlin
productsafety@degruyterbrill.com